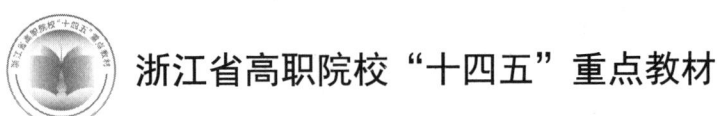

浙江省高职院校"十四五"重点教材

电子技术项目教程
（微课版）

张丽萍　王　楠　主　编
舒巧琪　潘海燕　副主编

电子工业出版社
Publishing House of Electronics Industry
北京·BEIJING

内 容 简 介

本书从工程应用实际出发，选取 8 个项目作为载体，共包含 34 个技能训练、近 50 个知识点。为方便组织日常教学，每个技能训练都以任务书的形式提供了测量或测试电路示意图、步骤；每个项目都有学习目标、工作任务，以及相应的技能训练、任务书、知识点和习题等。

项目 1~4 以模拟电子技术方面的知识为主，包括直流稳压电源的制作、音频前置放大电路的制作、功率放大电路的制作、红外线报警器的制作；项目 5~8 以数字电子技术方面的知识为主，包括三人表决电路的设计与制作、四路抢答器的制作、电风扇模拟阵风调速电路的制作、60 秒计时电路的设计与制作。

本书适合高职、高专院校电子、电气、机电、计算机类等专业学生使用，也可供从事电类产品开发制作的技术人员参考。

未经许可，不得以任何方式复制或抄袭本书之部分或全部内容。
版权所有，侵权必究。

图书在版编目（CIP）数据

电子技术项目教程：微课版 / 张丽萍，王楠主编.
北京：电子工业出版社，2025.6. -- ISBN 978-7-121-50132-6

Ⅰ.TN

中国国家版本馆 CIP 数据核字第 2025BM1656 号

责任编辑：郭乃明　　特约编辑：田学清
印　　刷：三河市鑫金马印装有限公司
装　　订：三河市鑫金马印装有限公司
出版发行：电子工业出版社
　　　　　北京市海淀区万寿路 173 信箱　邮编：100036
开　　本：787×1092　1/16　印张：18　字数：460.8 千字
版　　次：2025 年 6 月第 1 版
印　　次：2025 年 6 月第 1 次印刷
定　　价：55.00 元

凡所购买电子工业出版社图书有缺损问题，请向购买书店调换。若书店售缺，请与本社发行部联系，联系及邮购电话：（010）88254888，88258888。
质量投诉请发邮件至 zlts@phei.com.cn，盗版侵权举报请发邮件至 dbqq@phei.com.cn。
本书咨询联系方式：（010）88254561，guonm@phei.com.cn。

前　　言

党的二十大报告强调："坚持把发展经济的着力点放在实体经济上，推进新型工业化，加快建设制造强国、质量强国、航天强国、交通强国、网络强国、数字中国。实施产业基础再造工程和重大技术装备攻关工程，支持专精特新企业发展，推动制造业高端化、智能化、绿色化发展。"电子技术作为现代制造业的一项基础技术，已经广泛应用于各个领域，并且伴随着制造业不断升级，电子技术的应用也将更加深入。本书作为电子技术教材，在内容的组织和安排上突出应用能力的培养，强调实践环节，按项目精心组合，以项目制作和实施为总目标，强调以学生为中心，把培养职业能力作为主线并贯穿始终。

本书共包括 8 个项目，与目前高职、高专同类教材相比，本书的特点如下。

（1）多方合作。

与合作企业及其他院校进行充分交流和研讨，并邀请企业技术人员及一线教师、技师参与本书的编写，将理论知识点和实践操作有机结合起来，拓展常见电子元器件选型和参数表，强调职业技能的训练，如仪器仪表测试、电子电路识图和绘图、电路焊接等，有助于学生更快地适应工作岗位。

（2）全新形态。

结合项目式教材与活页式教材的特点，通过项目实施和调试来完成对学生知识与技能的培养。每个项目均有明确的学习目标和工作任务，完成项目所需的操作技能分解到各个技能训练中，每个技能训练所需的理论知识由知识点提供，实现"做中学、学中做"。围绕项目内容分解的技能训练和知识点重点突出、层次分明、针对性强。

（3）资源丰富。

图表的形式使内容更加具有可读性，除配套常规数字资源外，还提供了所有项目电路原理图和 PCB 图，并配备大量微课视频，不仅讲解知识点，还对项目和任务过程进行详细说明，手把手教技能操作。

（4）便于教学。

为方便教学实施，每个项目除提供原理图外，还提供 PCB 参考图和元器件清单，根据实际课时，可以提前制作项目 PCB、采购元件等，缩短课内项目制作时间。在设计项目 PCB 图时，预先设置若干断点，作为电路信号的测量点，断点通过跳线插针连接，根据教学需求，可选取测量点进行测量观察，使项目教学落在实处。

本书主编为台州职业技术学院张丽萍、王楠；副主编为台州技师学院舒巧琪和台州职业技术学院潘海燕；参编人员包括台州职业技术学院金珍珍、洪武、张林友、杨利亚、何建慧，浙江大学台州研究院杨扬戬工程师，路桥中等职业技术学校技师蒋继华。台州职业技术学院练雅琦、徐新宇对全书进行审阅，本书在编写的过程中得到了台州职业技术学院机电工程学院全体教师的支持和帮助，在此表示感谢。

由于编者水平有限，书中难免存在疏漏和不足之处，敬请广大读者批评指正，以不断提高教材水平。

目 录

项目 1 直流稳压电源的制作 ············· 1
 技能训练 1 二极管检测 ············· 2
 技能训练 2 稳压二极管稳压电路仿真测试 ············· 10
 技能训练 3 发光二极管电路仿真测试 ············· 13
 技能训练 4 桥式整流电路仿真测试 ············· 17
 技能训练 5 滤波电路仿真测试 ············· 23
 技能训练 6 线性三端稳压电路仿真测试 ············· 29
 技能训练 7 电子产品焊接 ············· 35
 项目实施 直流稳压电源的制作 ············· 40
 习题 1 ············· 41

项目 2 音频前置放大电路的制作 ············· 45
 技能训练 8 三极管的检测 ············· 46
 技能训练 9 基本共射放大电路测试 ············· 57
 技能训练 10 分压式偏置共射放大电路性能参数仿真测试 ············· 67
 技能训练 11 共集放大电路性能参数仿真测试 ············· 72
 技能训练 12 多级放大电路仿真测试 ············· 79
 项目实施 音频前置放大电路的制作 ············· 84
 习题 2 ············· 87

项目 3 功率放大电路的制作 ············· 89
 技能训练 13 差分放大电路仿真测试 ············· 90
 技能训练 14 互补对称功率放大电路仿真测试 ············· 97
 项目实施 功率放大电路的制作 ············· 106
 习题 3 ············· 108

项目 4 红外线报警器的制作 ············· 111
 技能训练 15 运算放大电路功能测试 ············· 112
 技能训练 16 迟滞电压比较器电路功能测试 ············· 126
 技能训练 17 三角波产生电路制作与测试 ············· 131
 技能训练 18 三角波-矩形波转换电路测试与仿真 ············· 135
 技能训练 19 电压串联负反馈放大电路测试 ············· 140
 项目实施 红外线报警器的制作 ············· 146
 习题 4 ············· 148

项目 5 三人表决电路的设计与制作 ············· 153
 技能训练 20 常用集成门电路逻辑功能测试 ············· 154

  技能训练 21 二进制加法器电路的制作 ································· 167
  项目实施 三人表决电路的设计与制作 ······································· 184
  习题 5 ·· 185

项目 6 四路抢答器的制作 ·· 189
  技能训练 22 数据选择器逻辑功能测试 ·· 190
  技能训练 23 译码器逻辑功能测试 ·· 194
  技能训练 24 编码器逻辑功能测试 ·· 198
  技能训练 25 LED 显示译码电路的制作 ·· 201
  技能训练 26 集成缓冲器功能测试 ·· 207
  项目实施 四路抢答器的制作 ·· 213
  习题 6 ·· 214

项目 7 电风扇模拟阵风调速电路的制作 ··· 215
  技能训练 27 基本 RS 触发器功能测试 ··· 216
  技能训练 28 施密特触发器功能测试 ·· 221
  技能训练 29 555 多谐振荡器制作与测试 ··· 228
  项目实施 电风扇模拟阵风调速电路的制作 ································ 233
  习题 7 ·· 234

项目 8 60 秒计时电路的设计与制作 ··· 237
  技能训练 30 集成边沿触发器功能测试 ·· 238
  技能训练 31 集成锁存器功能测试 ·· 247
  技能训练 32 集成寄存器功能测试 ·· 252
  技能训练 33 集成二进制计数器测试 ·· 259
  技能训练 34 八进制计数器的设计 ·· 266
  项目实施 60 秒计时电路的设计与制作 ······································ 276
  习题 8 ·· 279

项目 1 直流稳压电源的制作

学习目标

- 了解二极管的结构和特性。
- 掌握稳压二极管的使用方法和发光二极管的电路设计方法。
- 理解桥式整流电路和电容滤波电路的工作原理。
- 掌握三端稳压器件的使用方法。
- 掌握简单电子产品的电路安装和手工焊接技术。

工作任务

很多电子产品都需要直流电源供电,直流电源除使用电池提供外,还可以利用交流电通过直流稳压电路变换得到。本项目制作带电源指示的直流稳压电源,输入电压为单相交流 220V 电网电压(市电),输出为 5V 直流电压、电流为 1A,撰写项目制作测试报告。5V/1A 直流稳压电源电路原理图如图 1-1 所示。

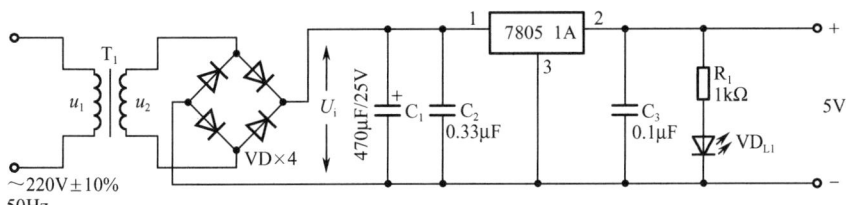

图 1-1 5V/1A 直流稳压电源电路原理图

不建议使用本项目制作的 5V/1A 直流稳压电源直接给手机充电,标准的手机充电器除有直流稳压电路外,还需要恒流、限压、限时、过充等控制电路,以防手机电池过充,影响电池的使用寿命。

技能训练 1 二极管检测

完成本任务所需仪器仪表及材料如表 1-1 所示。

二极管的检测

表 1-1 完成本任务所需仪器仪表及材料

序 号	名 称	型号或规格	数 量	备 注
1	数字万用表	DT9205	1只	
2	二极管	1N4007	1只	
3	二极管	1N4148	1只	

项目 1　直流稳压电源的制作

任务书 1-1

任务书 1-1 如表 1-2 所示。

表 1-2　任务书 1-1

任 务 名 称	二极管检测
测量电路示意图	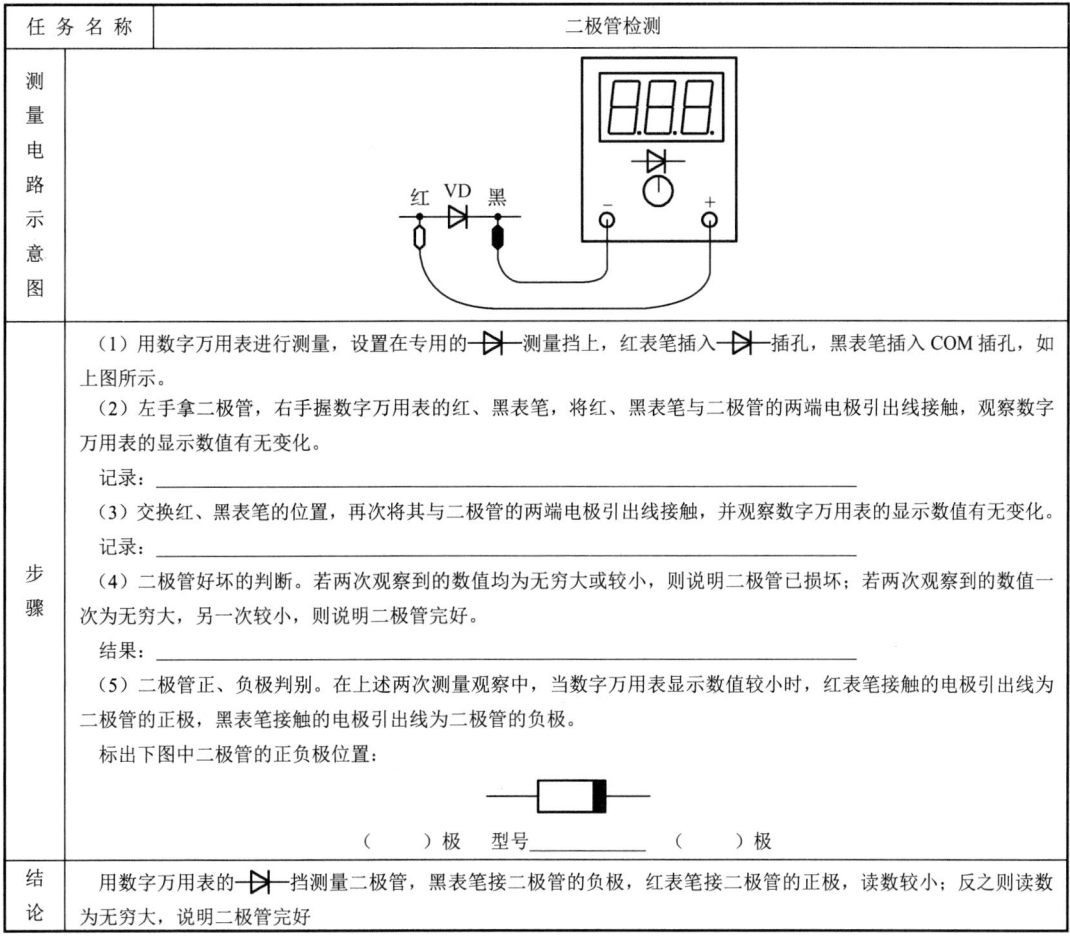
步骤	（1）用数字万用表进行测量，设置在专用的 ─▶├─ 测量挡上，红表笔插入 ─▶├─ 插孔，黑表笔插入 COM 插孔，如上图所示。 （2）左手拿二极管，右手握数字万用表的红、黑表笔，将红、黑表笔与二极管的两端电极引出线接触，观察数字万用表的显示数值有无变化。 记录：_____ （3）交换红、黑表笔的位置，再次将其与二极管的两端电极引出线接触，并观察数字万用表的显示数值有无变化。 记录：_____ （4）二极管好坏的判断。若两次观察到的数值均为无穷大或较小，则说明二极管已损坏；若两次观察到的数值一次为无穷大，另一次较小，则说明二极管完好。 结果：_____ （5）二极管正、负极判别。在上述两次测量观察中，当数字万用表显示数值较小时，红表笔接触的电极引出线为二极管的正极，黑表笔接触的电极引出线为二极管的负极。 标出下图中二极管的正负极位置： （　　）极　型号_____　（　　）极
结论	用数字万用表的 ─▶├─ 挡测量二极管，黑表笔接二极管的负极，红表笔接二极管的正极，读数较小；反之则读数为无穷大，说明二极管完好

知识点 二极管

半导体二极管

1. 二极管的结构

根据导电性能不同，可以把物质分为导体、半导体和绝缘体。铜、铝等金属属于导体，橡胶、塑料等物质属于绝缘体，硅（Si）和锗（Ge）材料的导电性能介于导体与绝缘体之间，属于半导体。纯净的半导体的导电性能极差，若在纯净的半导体材料中掺入杂质磷元素，则可以形成 N 型半导体，它主要靠带负电的自由电子导电，掺入的杂质越多，N 型半导体的自由电子的浓度越高，导电性能也就越强。若在纯净的半导体材料中掺入杂质硼元素，则可以形成 P 型半导体，它主要靠带正电的空穴导电，与 N 型半导体相同，掺入的杂质越多，空穴的浓度越高，导电性能也就越强。

在同一块纯净的半导体材料（如硅片）上制作 N 型半导体和 P 型半导体，在它们的交界面，带负电的自由电子与带正电的空穴就会复合，P 区由于复合掉空穴而形成负离子区，N 区由于复合掉自由电子而形成正离子区，从而形成 PN 结。PN 结中的内电场方向由 N 区指向 P 区，如图 1-2 所示。

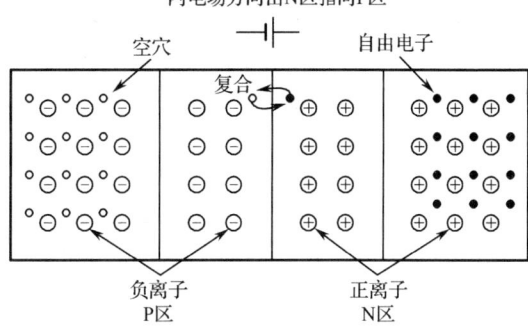

图 1-2 PN 结

如图 1-3（a）所示，当电源的正极、负极分别接 PN 结的 P 端和 N 端时，称 PN 结外加正向偏置，此时，内电场宽度（PN 结）变窄，P 区的空穴和 N 区的自由电子向另一端的移动加剧，形成正向电流，PN 结导通。如图 1-3（b）所示，当电源的正极、负极分别接 PN 结的 N 端和 P 端时，称 PN 结外加反向偏置，此时，内电场宽度变宽，阻止了 P 区的空穴和 N 区的自由电子向另一端的移动，形成的电流非常小，PN 结处于截止状态。因此，外加电压极性不同，PN 结表现出截然不同的导电性能，即 PN 结具有单向导电性。

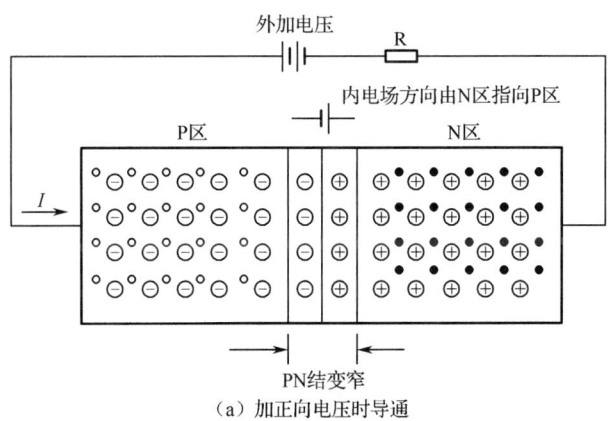

（a）加正向电压时导通

图 1-3 PN 结的单向导电性

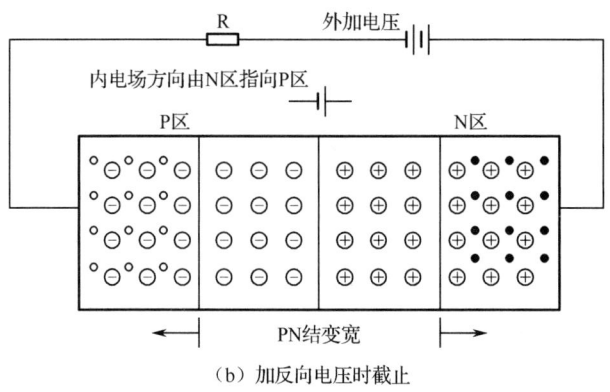

（b）加反向电压时截止

图 1-3　PN 结的单向导电性（续）

将 PN 结用外壳封装起来，加上相应的电极引出线，就构成了半导体二极管，简称二极管。如图 1-4（a）所示，P 区的引出线称为二极管的正极，N 区的引出线称为二极管的负极。二极管在电路图中用如图 1-4（b）所示的电气符号来表示。与 PN 结一样，二极管具有单向导电性。

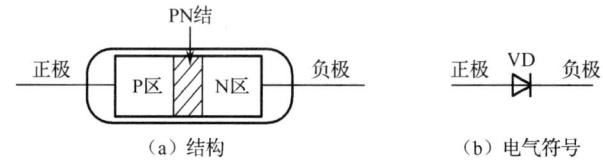

（a）结构　　　　　　　　（b）电气符号

图 1-4　二极管的结构和符号

2．二极管的伏安特性

二极管的伏安特性是指二极管两端的电压和流过二极管的电流之间的关系曲线，如图 1-5 所示，坐标轴 u_D 表示加在二极管两端的直流电压，i_D 表示流过二极管的直流电流。

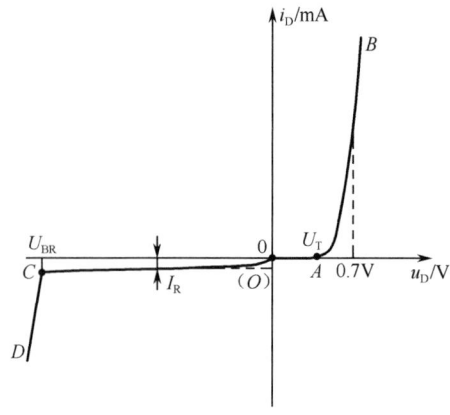

图 1-5　二极管的伏安特性

1）正向特性

OA 段：常称"死区"。此时，二极管两端所加正向电压 u_D 较低，正向电流 i_D 也非常小，几乎为零。二极管开始导通的临界电压称为门槛电压 U_T，OA 段就是正向电压 u_D 的值为 $0 \sim U_T$ 时的情况。U_T 的高低与管子的材料和所处温度有关。

AB 段：称为正向导通区。此时，二极管两端所加正向电压 u_D 越过门槛电压 U_T，随着电压的升高，正向电流 i_D 急速增大，表现为 AB 段是一条较陡的线段，二极管两端的正向压降很小，且几乎不随电流而改变。对于硅管，这个正向电压基本保持在 0.7V 左右；对于锗管，这个正向电压基本保持在 0.3V 左右。

2）反向特性

OC 段：称为反向截止区。当二极管两端所加反向电压升高时，反向电流 I_S 很小且几乎不变，通常可忽略。

CD 段：称为反向击穿区。表示当反向电压升高到超过某一值时，反向电流急剧增大，这一现象称为反向击穿。反向击穿时所加的电压叫反向击穿电压，记为 U_{BR}，反向击穿电流过大会使普通二极管烧坏，称为击穿断路。

3．二极管的主要参数

二极管的主要参数有以下 3 个。

（1）最大整流电流 I_F：二极管长期安全工作时允许通过管子的最大正向平均电流。I_F 的数值是由二极管允许的温升限定的。使用时，管子的平均电流不得超过此值；否则，二极管的 PN 结将可能因过热而损坏。

（2）最高反向工作电压 U_R：二极管在工作时，加在其两端的反向电压不得超过此值，为了留有余地，手册上查到的 U_R 通常取反向击穿电压 U_{BR} 的一半。

（3）最大反向工作电流 I_R：在室温条件下，二极管在最高反向工作电压下允许流过的反向电流值。I_R 越小，管子的单向导电性越好。值得注意的是，I_R 受环境温度的影响大，因此，在使用二极管时，要注意温度的影响。

4．常用二极管的型号和参数

（1）整流二极管。整流二极管大多采用硅材料构成，塑料封装；PN 结面积较大，能承受较大的正向电流和较高的反向工作电压，工作频率一般在几十千赫兹以下，常应用于各种线性电源整流电路。在使用时，一般根据电源电路的要求，选择最大整流电流和最大反向工作电流符合要求的整流二极管。常见的整流二极管有 1N 系列、2CZ 系列、RLR 系列等。常见的 1N 系列整流二极管的型号和参数如表 1-3 所示。

表 1-3 常见的 1N 系列整流二极管的型号和参数

型号或规格	反向峰值电压/V	额定整流电流/A	正向浪涌电流/A	正向压降/V	最大反向工作电流/μA
1N4001	50	1	30	≤1	<5
1N4007	1000				
1N5101	100	1.5	75	≤1	<5
1N5108	1000				
1N5201	100	2	100	≤1	<10

续表

型号或规格	反向峰值电压/V	额定整流电流/A	正向浪涌电流/A	正向压降/V	最大反向工作电流/μA
1N5208	1000	2	100	≤1	<10
1N5401	100	3	150	≤0.8	<10
1N5408	1000				

（2）检波二极管。检波的作用是把调制在高频电磁波上的低频信号检出来，检波二极管要求 PN 结面积小，最大反向工作电流也小，工作频率可达 100MHz 以上。检波二极管的封装常采用玻璃或陶瓷外壳，以保证良好的高频特性。常用的检波二极管有国外的 1N34、1N60，以及国产的 2AP 系列锗玻璃封装二极管。常见的检波二极管的型号和参数如表 1-4 所示。

表 1-4 常见的检波二极管的型号和参数

型号或规格	最大整流电流 I_F/mA	正向电压 U_F/V	最高反向工作电压 U_{RM}/V	反向击穿电压 U_{BR}/V	截止频率 f/MHz
1N34A	50	≤1V	45	—	—
1N60/1N60P	30/50	≤1V	40/45	—	—
2AP1	16	≤1.2	20	40	150
2AP7	12		100	150	150
2AP11	25	≤1	10	—	40
2AP17	15		100	—	40
2AP9	8	≤1	10	65	100

（3）开关二极管。利用二极管的单向导电性，在电路中对电流进行控制，可起到接通或断开的开关作用。开关二极管从截止到导通的时间叫开通时间，从导通到截止的时间叫反向恢复时间，两个时间加在一起统称开关时间。一般反向恢复时间远长于开通时间。开关二极管的开关速度要求很快，硅开关二极管的反向恢复时间只有几纳秒，锗开关二极管的反向恢复时间要长一些，但也只有几百纳秒。开关稳压电源的整流电路及脉冲整流电路中使用的二极管应选用反向恢复时间较短的开关二极管。常用的开关二极管分为普通开关二极管、高速开关二极管、超高速开关二极管等多种。普通开关二极管常用的国产管有 2AK 系列锗开关二极管；高速开关二极管常用的国产管有 2CK 系列，国外的有 1N 系列、1S 系列等。引线塑封的 1SS 系列和表面封装的 RLS 系列属于高速/超高速开关二极管。常见的开关二极管的型号和参数如表 1-5 所示。

表 1-5 常见的开关二极管的型号和参数

型号或规格	正向压降 U_F/V	最高反向工作电压 U_{RM}/V	反向击穿电压 U_{BR}/V	最大整流电流 I_F/mA	最大反向工作电流 I_R/μA	反向恢复时间/ns
1N4148	1	75	100	150	0.025	4
1N4150	1	50	60	200	0.1	6

续表

型号或规格	正向压降 U_F/V	最高反向工作电压 U_{RM}/V	反向击穿电压 U_{BR}/V	最大整流电流 I_F/mA	最大反向工作电流 I_R/μA	反向恢复时间/ns
1N4152	0.88	30	40	150	0.05	2
2CK9	≤1	10	15	30	≤1	≤5
2CK10		20	30			
2CK19		50	75			
2CK20/A/B/C/D	≤0.8	15/20/30/40/50	20/30/45/60/75	50	≤1	≤3
2CK70/A/B/C/D/E	≤0.8	20/30/40/50/60	30/45/60/75/90	≥10	≤1	≤5
2CK80/A/B/C/D/E	≤1	20/30/40/50/60	30/45/60/75/90	≥300	≤1	≤10
1SS130	1	75	100	130	0.5	4
1SS252	1.2	80	90	130	0.5	4
1SS92	1	65	75	200	0.5	2
RLS-92	1	65	75	200	0.5	2

（4）肖特基二极管。肖特基二极管的反向恢复时间极短（可以达到几纳秒），正向压降仅在0.4V左右，而整流电流却可达几千毫安，是低功耗、大电流、超高速半导体器件。肖特基二极管的缺点是其反向偏压较低及反向漏电流偏大。肖特基二极管适合在低电压、大电流输出场合用于高频整流。常见的肖特基二极管的型号和参数如表1-6所示。

表1-6 常见的肖特基二极管的型号和参数

型号或规格	最大整流电流 I_F/A	最高反向工作电压 U_{RM}/V	正向压降 U_F/V
1N5817	1	20	0.75
1N5818	1	30	0.55
1N5819	1	40	0.6
1N5820	3	20	0.85
1N5821	3	30	0.38
1N5822	3	40	0.52
MBR160	1	60	1
MBR360	3	60	1
MBR735	7.5	35	0.84
MBR1035	10	35	0.84
MBR1660	16	60	0.75
MBR20100CT	20	100	0.8
MBR4045WT	40	45	0.59
MBR4060WT	40	60	0.77
MBR6045WT	60	45	0.73
SS12	1	20	0.5

续表

型号或规格	最大整流电流 I_F/A	最高反向工作电压 U_{RM}/V	正向压降 U_F/V
SS34	3	40	0.5
STPS16045TV	160	45	0.95
STPS24045TV	240	45	0.91
MBR2080CT	20	80	0.85
STQ080	8	80	0.72
10MQ060N	0.77	90	0.65
MBR2090CT	20	90	0.8
30CPQ100	30	100	0.86
40CPQ100	40	100	0.77
30CPQ150	30	150	1
40L15CTS	10	150	0.41
150K40A	150	400	1.33

技能训练 2　稳压二极管稳压电路仿真测试

完成本任务所需仪器仪表及材料如表 1-7 所示。

稳压二极管稳压电路仿真

表 1-7　完成本任务所需仪器仪表及材料

序 号	名 称	要 求	数 量	备 注
1	计算机	安装 Multisim10.0 仿真软件	1 台	

任务书 1-2

任务书 1-2 如表 1-8 所示。

表 1-8　任务书 1-2

任务名称	稳压二极管稳压电路仿真测试
测量电路示意图	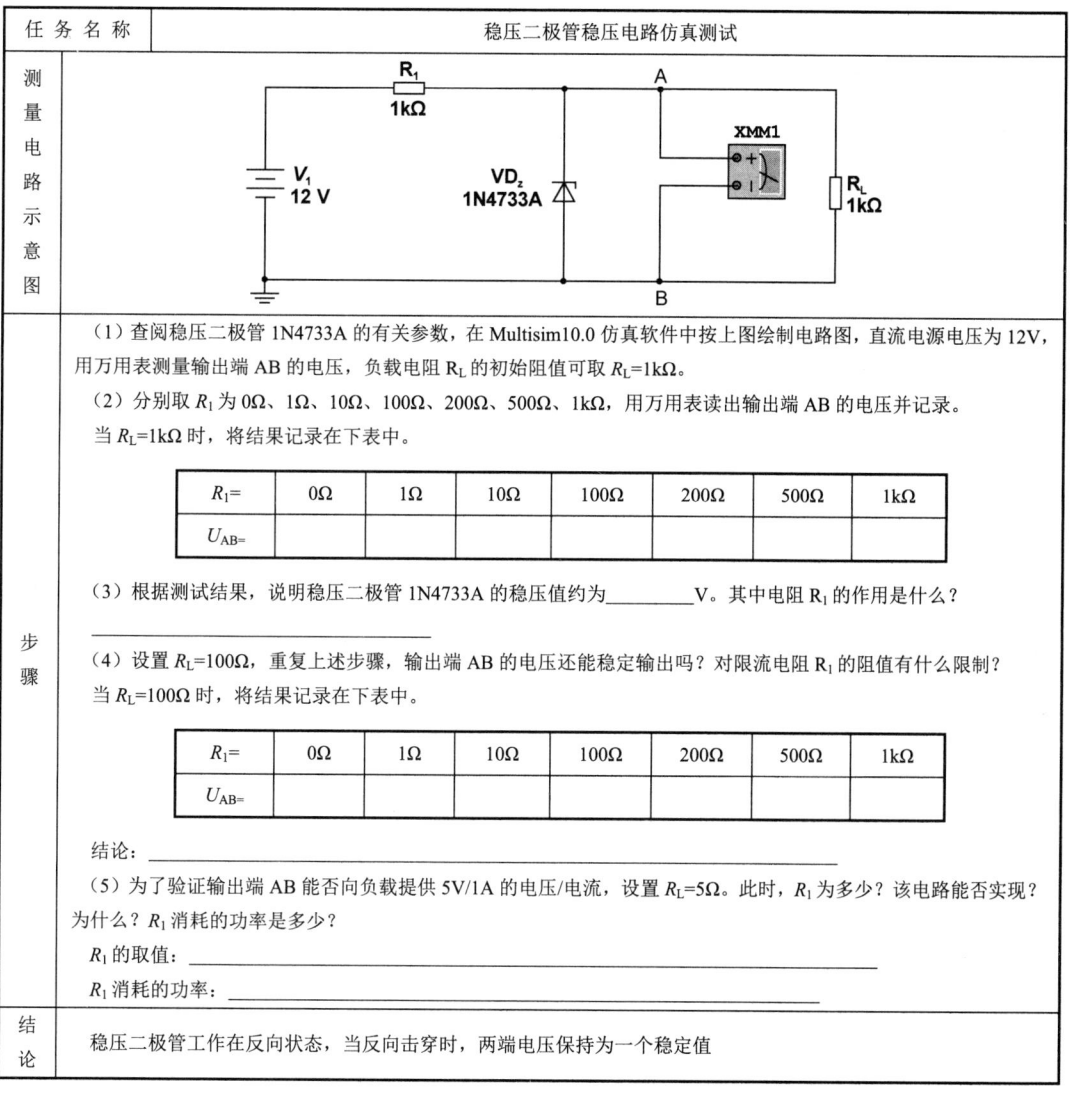
步骤	（1）查阅稳压二极管 1N4733A 的有关参数，在 Multisim10.0 仿真软件中按上图绘制电路图，直流电源电压为 12V，用万用表测量输出端 AB 的电压，负载电阻 R_L 的初始阻值可取 R_L=1kΩ。 （2）分别取 R_1 为 0Ω、1Ω、10Ω、100Ω、200Ω、500Ω、1kΩ，用万用表读出输出端 AB 的电压并记录。 当 R_L=1kΩ 时，将结果记录在下表中。 | R_1=	0Ω	1Ω	10Ω	100Ω	200Ω	500Ω	1kΩ | |---|---|---|---|---|---|---|---| | U_{AB}= | | | | | | | | （3）根据测试结果，说明稳压二极管 1N4733A 的稳压值约为_____V。其中电阻 R_1 的作用是什么？ _____ （4）设置 R_L=100Ω，重复上述步骤，输出端 AB 的电压还能稳定输出吗？对限流电阻 R_1 的阻值有什么限制？ 当 R_L=100Ω 时，将结果记录在下表中。 | R_1=	0Ω	1Ω	10Ω	100Ω	200Ω	500Ω	1kΩ | |---|---|---|---|---|---|---|---| | U_{AB}= | | | | | | | | 结论：_____ （5）为了验证输出端 AB 能否向负载提供 5V/1A 的电压/电流，设置 R_L=5Ω。此时，R_1 为多少？该电路能否实现？为什么？R_1 消耗的功率是多少？ R_1 的取值：_____ R_1 消耗的功率：_____
结论	稳压二极管工作在反向状态，当反向击穿时，两端电压保持为一个稳定值

知识点　稳压二极管

稳压二极管

稳压二极管是用特殊工艺制成的二极管,它工作于反向击穿区,具有稳压功能。它的伏安特性曲线和电气符号如图 1-6 所示。

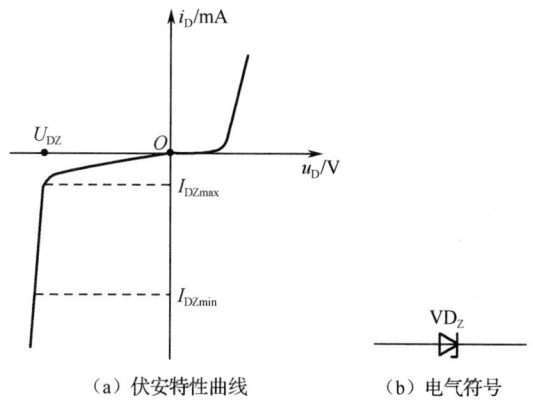

(a) 伏安特性曲线　　　　(b) 电气符号

图 1-6　稳压二极管的伏安特性曲线和电气符号

从伏安特性曲线上来看,稳压二极管与普通二极管极其相似,只是稳压二极管的反向击穿特性曲线更陡,当稳压二极管反向击穿后,流过管子的电流在很大范围($I_{DZmin} \sim I_{DZmax}$)内变化,而管子两端的电压基本不变(保持为 U_{DZ}),起到稳压作用。

稳压二极管的主要参数如下。

(1) 稳定电压 U_{DZ}:反向击穿电压,是选用稳压二极管要考虑的一个主要参数。

(2) 稳定电流 I_{DZ}:稳压二极管正常工作时的电流值,范围为 $I_{DZmin} \sim I_{DZmax}$,当 I_{DZ} 较小时,稳压效果不佳;当 I_{DZ} 过大时,管子功耗也将增大,若功耗超过管子允许值,管子将不够安全。

(3) 耗散功率 P_M:管子允许的最大功耗 $P_M = I_{DZmax} U_{DZ}$。当管子功耗超过最大功耗时,管子将发生热击穿而损坏。

目前,稳压二极管有国产的 2CW 系列、2DW 系列和国外的 1N41 系列、1N47 系列、1N52 系列、1N59 系列、1N700 系列、1N900 系列等,其中 1N47 系列稳压二极管的常用型号与稳定电压如表 1-9 所示。

表 1-9　1N47 系列稳压二极管的常用型号与稳定电压

型号	1N4728	1N4729	1N4730	1N4732	1N4733	1N4734	1N4735	1N4744	1N4750	1N4751	1N4761
稳定电压/V	3.3	3.6	3.9	4.7	5.1	5.6	6.2	15	27	30	75

技能训练 3　发光二极管电路仿真测试

完成本任务所需仪器仪表及材料如表 1-10 所示。

发光二极管电路仿真

表1-10 完成本任务所需仪器仪表及材料

序号	名称	要求	数量	备注
1	计算机	安装Multisim10.0仿真软件	1台	

任务书 1-3

任务书 1-3 如表 1-11 所示。

表 1-11　任务书 1-3

任务名称	发光二极管电路仿真测试
测量电路示意图	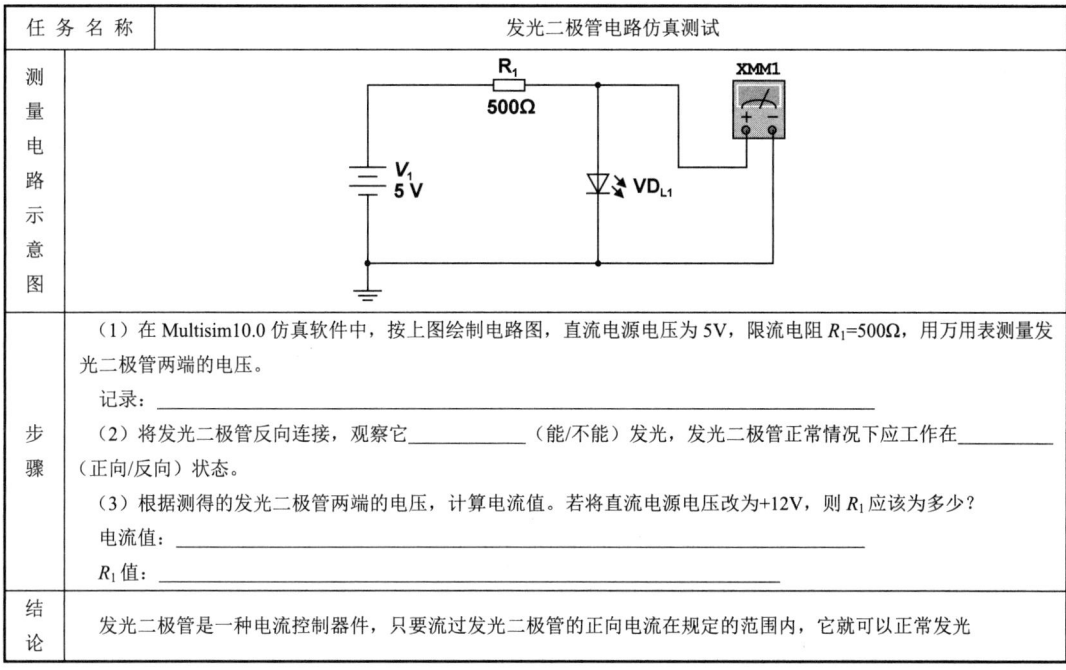
步骤	（1）在 Multisim10.0 仿真软件中，按上图绘制电路图，直流电源电压为 5V，限流电阻 R_1=500Ω，用万用表测量发光二极管两端的电压。 记录：_____ （2）将发光二极管反向连接，观察它_____（能/不能）发光，发光二极管正常情况下应工作在_____（正向/反向）状态。 （3）根据测得的发光二极管两端的电压，计算电流值。若将直流电源电压改为+12V，则 R_1 应该为多少？ 电流值：_____ R_1 值：_____
结论	发光二极管是一种电流控制器件，只要流过发光二极管的正向电流在规定的范围内，它就可以正常发光

知识点　发光二极管（LED）

发光二极管

发光二极管（LED）工作在正向状态。LED 对工作电流要求比较高，通常由电源电压 U 和限流电阻来供给，必须根据电压 U 来合理选择限流电阻的值，使 LED 工作在额定工作电流下。如图 1-7 所示，限流电阻可以根据下式来确定：

$$R = \frac{U - U_{VD}}{I}$$

式中，U_{VD} 为额定工作电流下 LED 的正向电压；I 为 LED 实际所需的正向工作电流。

红光 LED 和绿光 LED 的正向工作电流 I 一般为 10～20mA，正向电压 U_{VD} 一般为 1.5～2.3V，常应用于指示灯、显示板等场合。随着白光 LED 的出现，LED 也用于照明领域，白光 LED 的正向电压 U_{VD} 一般为 3～4V。

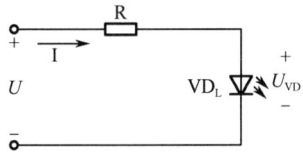

图 1-7　LED 直流驱动电路

技能训练 4　桥式整流电路仿真测试

桥式整流电路仿真

完成本任务所需仪器仪表及材料如表 1-12 所示。

表 1-12　完成本任务所需仪器仪表及材料

序　号	名　称	要　求	数　量	备　注
1	计算机	安装 Multisim10.0 仿真软件	1 台	

项目 1 直流稳压电源的制作

任务书 1-4

任务书 1-4 如表 1-13 所示。

表 1-13 任务书 1-4

任 务 名 称	桥式整流电路仿真测试			
测量电路示意图	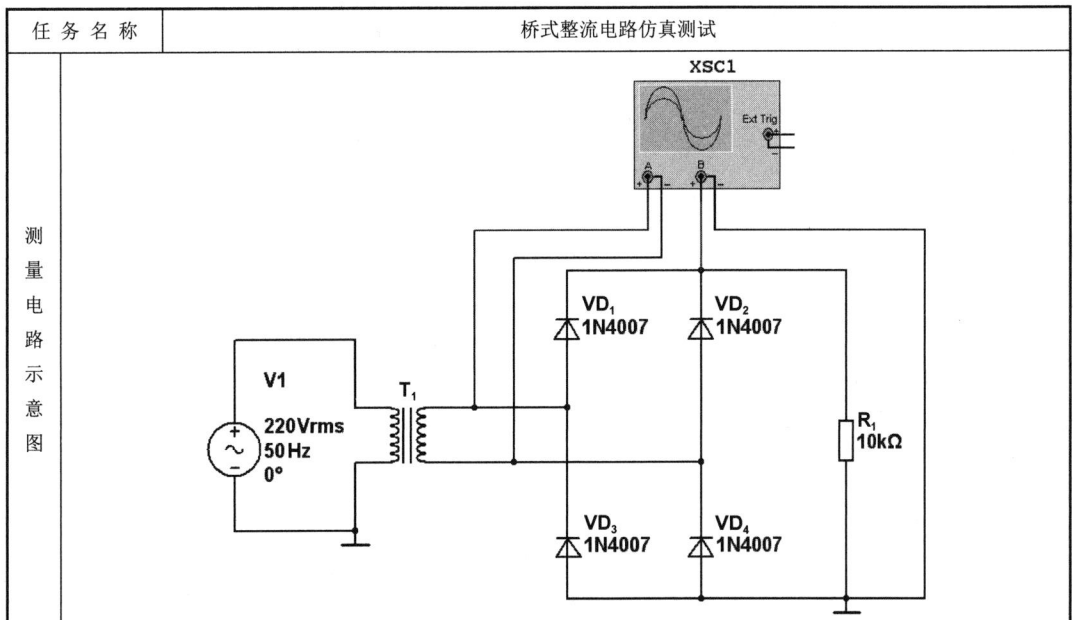			
步骤	（1）在 Multisim10.0 仿真软件中按上图绘制电路图，变压器初级绕组输入电压为单相 220V、50Hz 交流电，设置变压器 T_1 的匝数比为 $n_1/n_2=9/220\approx0.04$。 （2）在以下 3 种情况下运行仿真电路，观察示波器 XSC1 的输出波形，分析波形并记录。			
		断开 VD_2、VD_3 与变压器的连线时	断开 VD_1、VD_4 与变压器的连线时	VD_1、VD_2、VD_3、VD_4 均与变压器相连时
	波形			
	分析结果			
分析	（1）断开 VD_2、VD_3，VD_1、VD_4 在电源的正半周相当于半波整流电路，因此得到如图（a）所示的波形。 （2）断开 VD_1、VD_4，VD_2、VD_3 在电源的负半周相当于半波整流电路，因此得到如图（b）所示的波形。			

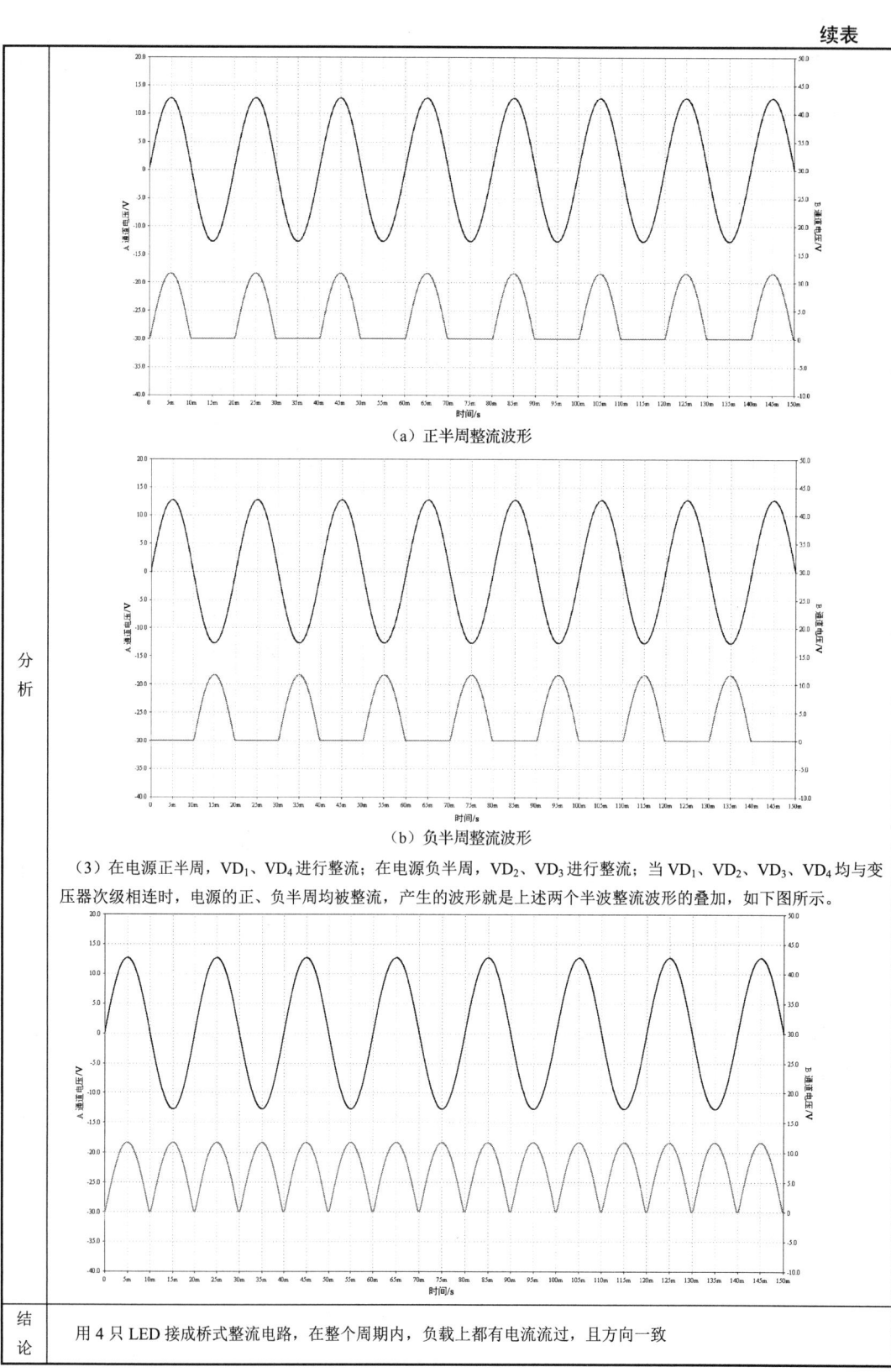

分析	（a）正半周整流波形 （b）负半周整流波形 （3）在电源正半周，VD_1、VD_4进行整流；在电源负半周，VD_2、VD_3进行整流；当VD_1、VD_2、VD_3、VD_4均与变压器次级相连时，电源的正、负半周均被整流，产生的波形就是上述两个半波整流波形的叠加，如下图所示。
结论	用4只LED接成桥式整流电路，在整个周期内，负载上都有电流流过，且方向一致

知识点　整流电路

1. 半波整流电路

整流电路

电网电压（市电）是频率为 50Hz、有效值为 220V 的单相正弦交流电压，用万用表测量得到的电压就是这个有效值电压 220V。峰值电压 U_m 与有效值电压 U 的关系为 $U_m = \sqrt{2}U$，对于有效值为 220V 的市电，峰值电压 $U_m = \sqrt{2}U = \sqrt{2} \times 220\text{V} \approx 311\text{V}$。

图 1-8（a）所示为纯电阻负载的半波整流电路，由电源变压器 T_1、整流二极管 VD_1 和负载电阻 R_L 组成。电源变压器 T_1 的作用是将较高的市电 220V 转换成较低的交流电压（如 12V）。在图 1-8 中，U_1、U_2 表示变压器正、次级电压有效值，u_2 表示变压器次级瞬时电压，u_L 表示负载电阻 R_L 两端的瞬时电压，$u_2 = \sqrt{2}U_2 \sin \omega t$。

由于二极管单向导电性的作用，当电源电压为正半周时，二极管承受正向电压而导通，有电流流过负载，负载电阻 R_L 上得到一个上正下负的电压，当忽略二极管上的压降时，负载电阻 R_L 上的电压 u_L 等于电源变压器次级的电压 u_2，即 $u_L = u_2 = \sqrt{2}U_2 \sin \omega t$；当电源电压为负半周时，二极管承受反向电压而截止，没有电流流过负载，负载电阻 R_L 上的电压 $u_L = 0$。u_1、u_2、u_L 的波形如图 1-8（b）所示。由图 1-8（b）可以看出，使用单只整流二极管，在一个电源周期内，负载上只有半个电压波形输出。

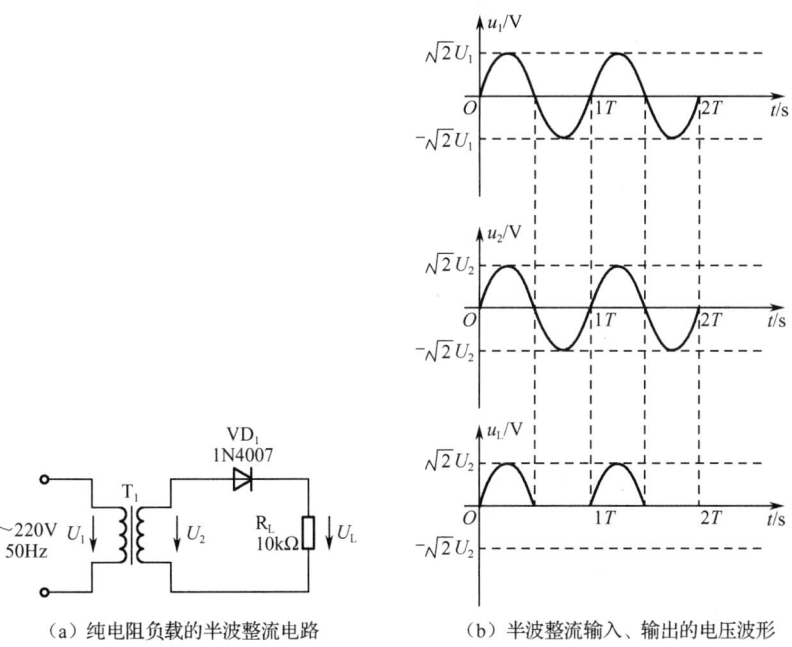

（a）纯电阻负载的半波整流电路　　（b）半波整流输入、输出的电压波形

图 1-8　二极管半波整流电路检测

2. 桥式整流电路

桥式整流电路如图 1-9 所示。其中，T_1 是电源变压器，VD_1、VD_2、VD_3、VD_4 及 R_L 构成了一个桥式整流电路。

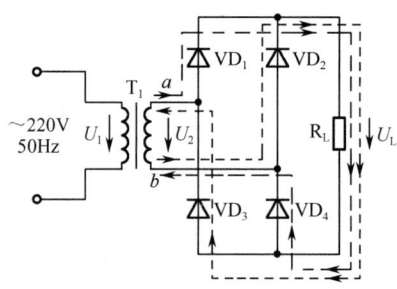

图 1-9 桥式整流电路

当电源为正半周时，VD_1、VD_4 承受正向电压而导通，VD_2、VD_3 承受反向电压而截止，导电通路为 $a \to VD_1 \to R_L \to VD_4 \to b$，此时，电路可简化为图 1-10（a）。

当电源为负半周时，VD_2、VD_3 承受正向电压而导通，VD_1、VD_4 承受反向电压而截止，导通回路为 $b \to VD_2 \to R_L \to VD_3 \to a$，此时，电路可简化为图 1-10（b）。

忽略导通管的压降，在整个周期内，负载电阻 R_L 中都有电流流过，其两端获得了电源正、负半周的全部电压，方向均为上正下负。

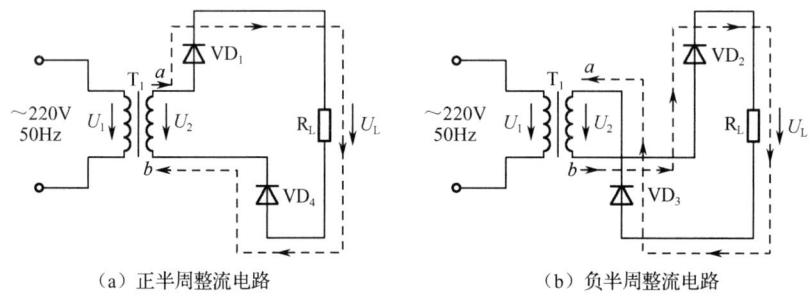

（a）正半周整流电路　　　　　　　　　　（b）负半周整流电路

图 1-10 桥式整流电路的分解

设变压器次级电压有效值为 U_2，则有以下结论。

（1）负载电阻 R_L 上的直流电压平均值为 $U_L = 0.9 U_2$。

（2）负载电阻 R_L 上流过的直流电流平均值为 $I_L = U_L / R_L = 0.9 U_2 / R_L$。

（3）整流元件 VD_1、VD_2、VD_3、VD_4 中通过的电流平均值为 $I_D = I_L / 2 = 0.45 U_2 / R_L$。

（4）VD_1、VD_2、VD_3、VD_4 承受的最高反向工作电压为 $U_{RM} = \sqrt{2}\, U_2$。

桥式整流电路还可以画成如图 1-11 所示的形式。

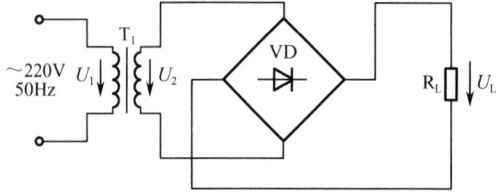

图 1-11 桥式整流电路的简易画法

由于桥式整流电路应用很广，因此生产厂家专门生产了将 4 只整流二极管制作并封装在一起的器件，称为整流桥，它的 2 个引脚为交流输入端，另外 2 个引脚为直流输出端，其常用封装外形如图 1-12 所示。

图 1-12 整流桥常用的封装外形

技能训练 5 滤波电路仿真测试

完成本任务所需仪器仪表及材料如表 1-14 所示。

滤波电路仿真

表 1-14 完成本任务所需仪器仪表及材料

序号	名称	要求	数量	备注
1	计算机	安装 Multisim10.0 仿真软件	1 台	

任务书 1-5

任务书 1-5 如表 1-15 所示。

表 1-15 任务书 1-5

任务名称	滤波电路仿真测试	
测量电路示意图	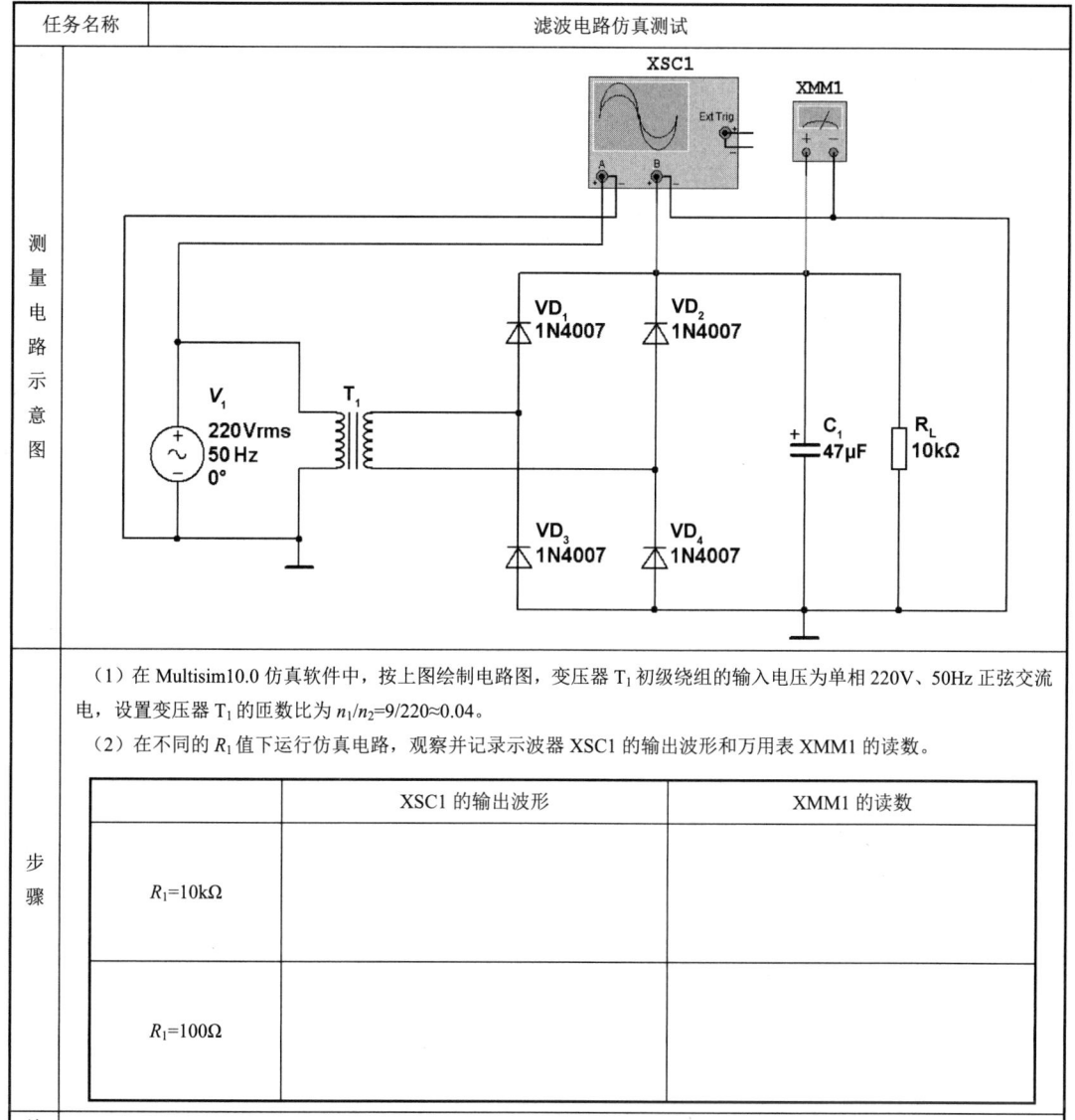	
步骤	（1）在 Multisim10.0 仿真软件中，按上图绘制电路图，变压器 T_1 初级绕组的输入电压为单相 220V、50Hz 正弦交流电，设置变压器 T_1 的匝数比为 $n_1/n_2=9/220≈0.04$。 （2）在不同的 R_1 值下运行仿真电路，观察并记录示波器 XSC1 的输出波形和万用表 XMM1 的读数。	
	XSC1 的输出波形	XMM1 的读数
	$R_1=10\text{k}\Omega$	
	$R_1=100\Omega$	
结论	整流后，负载电阻上的脉动直流电通过电容 C_1 的滤波获得了较平滑的直流电压波形	

知识点　滤波电路

滤波电路

桥式整流电路的输出电压是一个脉动式的直流电压,含有较大比例的交流成分,希望获得较平滑的直流电提供给电子设备,还必须对其进行滤波。滤波电路的种类主要有电容滤波电路、电感滤波电路等。

1. 电容滤波电路

电容滤波电路结构简单,效果明显,但只适用于电流小且变化范围不大的负载。如图 1-13（a）所示,利用电容通交流隔直流的作用,经 $VD_1 \sim VD_4$ 整流后的脉动直流电流通过电容 C,其中的交流成分被短路,直流成分提供给负载电阻 R_L,使负载电阻 R_L 获得较平滑的直流电压。

设变压器次级电压为 $u_2=\sqrt{2}U_2\sin\omega t$,$U_2$ 为电压有效值,电容 C 的电压初值为 0,当 u_2 为正半周时,VD_1、VD_4 正向导通,电流从 a 点出发,经 VD_1 后一路向负载电阻 R_L 供电,另一路向电容 C 充电,之后经过 VD_4 回到 b 点。由于充电电路中的电阻仅为 VD_1、VD_4 的正向电阻,因此充电很快,电容 C 两端的电压（负载电阻 R_L 的电压）u_L 几乎跟随电源电压 u_2 迅速上升,当 u_2 达到正峰值（$\sqrt{2}U_2$）时,u_L 也接近 $\sqrt{2}U_2$;随后 u_2 按正弦规律下降,但 u_L 下降较慢,当 $u_2<u_L$ 时,原来导通的 VD_1、VD_4 因承受反向电压而被迫提前截止（若无电容 C,则 VD_1、VD_4 将一直导通到正半周结束）,而此时 VD_2、VD_3 也是截止的,负载电阻 R_L 与电源之间相当于断开,电容 C 将通过负载电阻 R_L 放电。由于放电时间常数 R_LC 很大,放电很慢,因此此时 u_2 仍按正弦规律变化,当正半周结束而负半周刚开始时,因为 $|u_2|<u_L$,VD_2、VD_3 仍反向截止（若无电容 C,则 VD_2、VD_3 将开始导通）;当 $|u_2|>u_L$ 时,VD_2、VD_3 导通,电流由 b 点出发,经 VD_2 后一路向负载电阻 R_L 供电,另一路向电容 C 充电,之后经过 VD_3 回到 a 点。与正半周类似,当 u_2 过了峰值而下降到 $|u_2|<u_L$ 时,原来导通的 VD_2、VD_3 被迫提前截止,C 再次通过 R_L 放电,以后每个周期重复上述过程。变压器次级电压 u_2、负载电阻 R_L 两端的电压 u_L 和 VD_1 的电流 i_D 的波形如图 1-13（b）所示。由于 $|u_2|$ 较低时,电容仍以接近 u_2 峰值的电压向 R_L 供电;而当 $|u_2|>u_L$ 时,电源向 R_L 供电,并同时向电容 C 充电,因此,负载电阻 R_L 在一个周期内基本上能获得接近峰值的电压。这里有如下关系式成立。

（1）负载 $R_L=\infty$ 即空载时,$U_L=\sqrt{2}\ U_2$。
（2）带有负载时,U_L 的平均值一般取 $U_L\approx1.2U_2$。
（3）流过负载电阻 R_L 的电流平均值 $I_L=U_L/R_L$。
（4）流过每只整流二极管的电流平均值 $I_D\approx I_L/2$。
（5）整流二极管承受的最高反向工作电压 $U_{RM}=\sqrt{2}\ U_2$。

与桥式整流电路做比较,接上滤波电容后,负载电阻上的直流电压平均值明显升高了,而且交流成分减少了,但整流二极管的导通角变小了（在无滤波电容时,整流二极管的导通角为 π;加上滤波电容后,整流二极管的导通角为 θ）,即通过整流二极管的浪涌电流变大了。

从图 1-13（a）中也可看出,流过负载电阻 R_L 的电流变化会直接影响电容 C 的放电速度,即负载电阻 R_L 的阻值的变化会使输出电压 U_L 明显变化。R_L 变小,I_L 变大,U_L 降低;

R_L 变大，I_L 变小，U_L 升高；当负载开路（$R_L=\infty$，$I_L=0$）时，C 无放电回路，它将保持其充电后的最高电压 $U_L=\sqrt{2}U_2$。滤波电容 C 的放电速度由放电时间常数 $\tau_{放}=R_LC$ 决定，当 $\tau_{放}$ 较大时，放电速度慢，输出电压平均值较高；当 $\tau_{放}$ 较小时，放电速度快，输出电压平均值较低，如图 1-14 所示。在设计电容滤波电路时，应保证 $R_LC \geq (3\sim5)\dfrac{T}{2}$，其中 T 是市电的周期，T=20ms。当 $R_LC \geq (3\sim5)\dfrac{T}{2}$ 时，$U_L \approx 1.2U_2$。

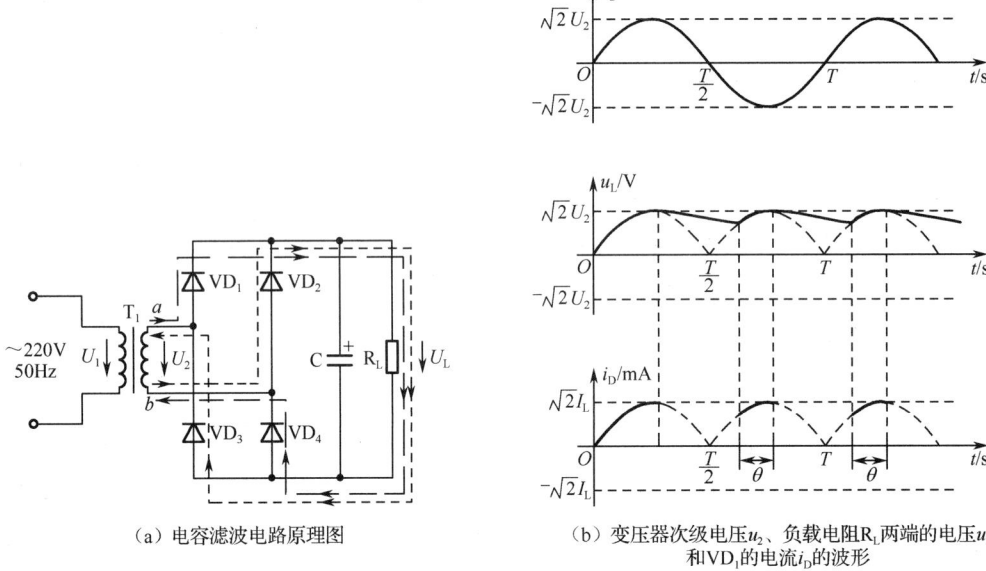

（a）电容滤波电路原理图　　（b）变压器次级电压u_2、负载电阻R_L两端的电压u_L和VD_1的电流i_D的波形

图 1-13　电容滤波电路

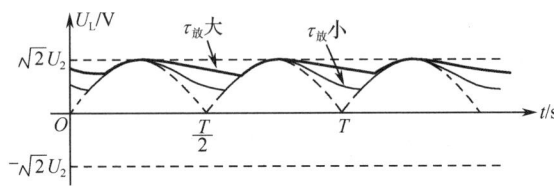

图 1-14　桥式整流电容滤波 $\tau_{放}$ 不同时 U_L 的波形

2．电感滤波电路

电感滤波电路如图 1-15（a）所示。我们知道，电感 L 能阻碍通过它的电流发生变化，当电流 I_L 增大时，L 阻止它增大；而当电流 I_L 减小时，L 又阻止它减小，结果使电流变化较为平缓，即电感具有对脉动电压进行滤波的作用。也可以这样理解：电感的直流电阻很小、交流电阻很大，R_L 一般较小（但远大于电感的直流电阻，又远小于电感的交流电阻），因此，整流后的交流电压主要降在电感上，负载上分得的交流电压低；而直流电压主要降在负载上，电感上的直流压降很小。从理论上讲，滤波电感越大，效果越好，但 L 太大会增加成本，同时直流损耗也会增大，使输出电压和电流降低（减小）。增加电感滤波电路后，输出波形如图 1-15（b）所示。

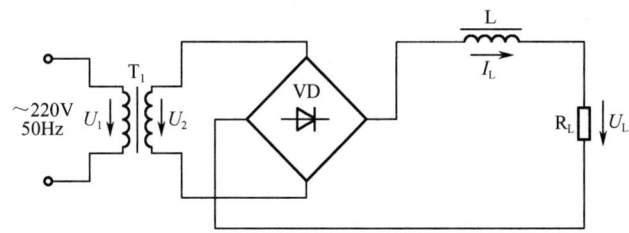

（a）电感滤波电路

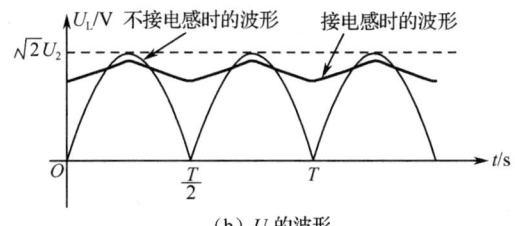

（b）U_L 的波形

图 1-15　电感滤波

技能训练 6　线性三端稳压电路仿真测试

完成本任务所需仪器仪表及材料如表 1-16 所示。

线性三端稳压电路仿真

表 1-16　完成本任务所需仪器仪表及材料

序号	名称	要　　求	数　量	备　注
1	计算机	安装 Multisim10.0 仿真软件	1 台	

任务书 1-6

任务书 1-6 如表 1-17 所示。

表 1-17 任务书 1-6

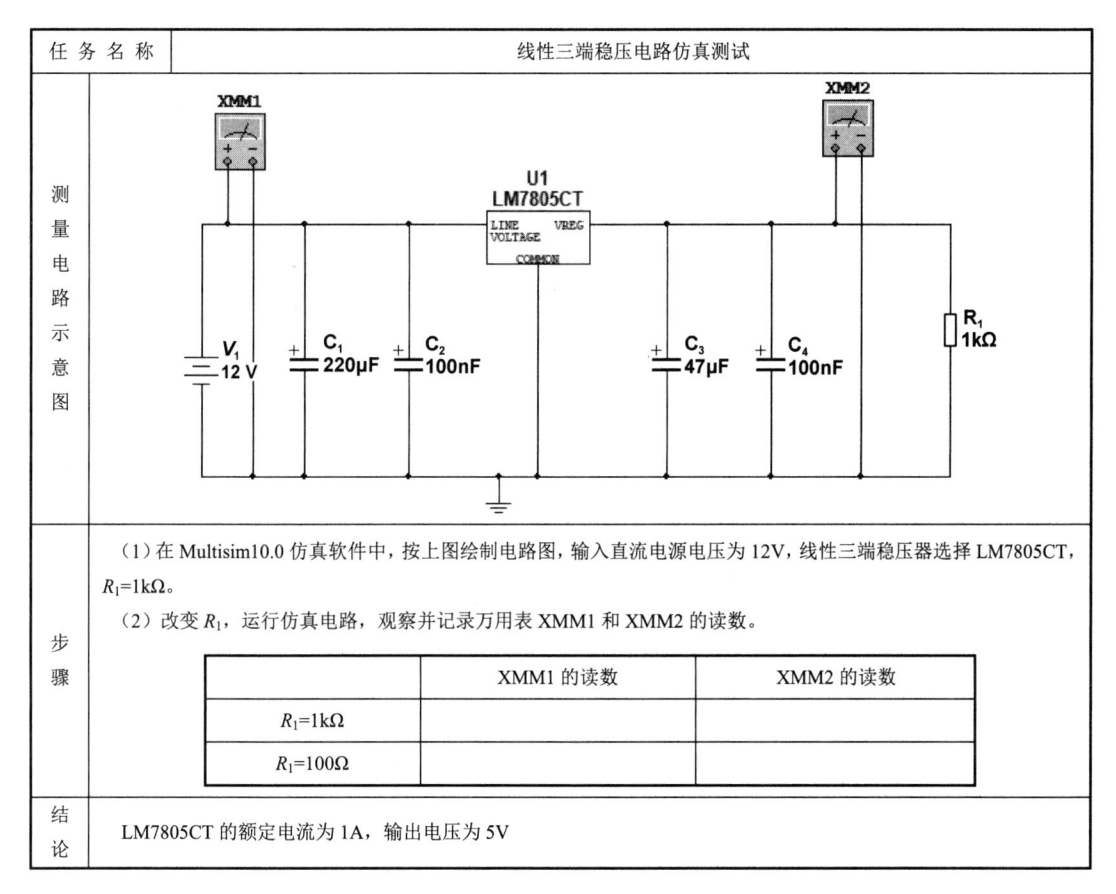

任务名称	线性三端稳压电路仿真测试
测量电路示意图	
步骤	(1) 在 Multisim10.0 仿真软件中，按上图绘制电路图，输入直流电源电压为 12V，线性三端稳压器选择 LM7805CT，R_1=1kΩ。 (2) 改变 R_1，运行仿真电路，观察并记录万用表 XMM1 和 XMM2 的读数。 | | XMM1 的读数 | XMM2 的读数 | | --- | --- | --- | | R_1=1kΩ | | | | R_1=100Ω | | |
结论	LM7805CT 的额定电流为 1A，输出电压为 5V

项目1 直流稳压电源的制作

知识点　常用线性集成稳压器

常用线性集成稳压器

线性集成稳压器就是将调整管、取样电路、比较放大器、基准电压、启动和保护电路等全部集成在一块半导体芯片上形成的一种集成稳压电路。由线性集成稳压器组成的稳压电源电路很简单，因此应用十分广泛。

1. CW78××/CW79××系列三端集成稳压器

常用的CW78××（其中××表示输出电压U_o的值，单位为V）系列三端集成稳压器是输出固定正电压的稳压器，CW79××系列三端集成稳压器是输出固定负电压的稳压器，它们都只有3个引出端（输入端、输出端和公共接地端），外形很像三极管，其使用和安装与三极管一样简便。CW78××、CW79××系列三端集成稳压器的外形及引脚排列如图1-16所示。CW78L××系列三端集成稳压器的输出电流为100mA，CW78M××系列三端集成稳压器的输出电流为500mA，CW78××系列三端集成稳压器的输出电流为1～1.5A。

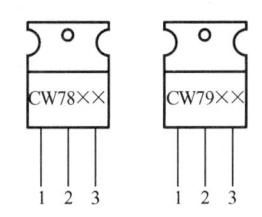

图1-16　CW78××、CW79××系列三端集成稳压器的外形及引脚排列

图1-17和图1-18所示分别为由CW78××和CW79××系列三端集成稳压器组成的输出正、负固定电压的稳压器的典型接线图，对于CW78××系列三端集成稳压器，1、2为输入端；3、2为输出端；对于CW79××系列三端集成稳压器，2、1为输入端，3、1为输出端。

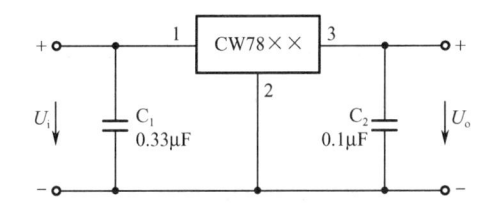

图1-17　输出固定正电压的稳压器的典型接线图

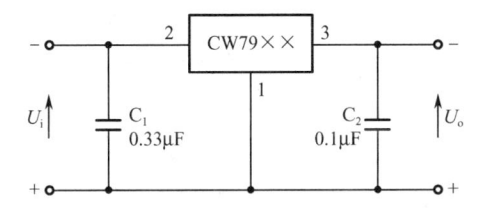

图1-18　输出固定负电压的稳压器的典型接线图

2. 用CW78××系列三端集成稳压器组成输出固定电压的集成稳压电源

由CW78××系列三端集成稳压器组成输出固定电压的稳压电源电路的结构十分简单。图1-19所示为一个输出电压为12V、最大输出电流为1A的稳压电源电路，只要根据

电路原理图合理地选取其中部分元件参数即可轻易制作完成。

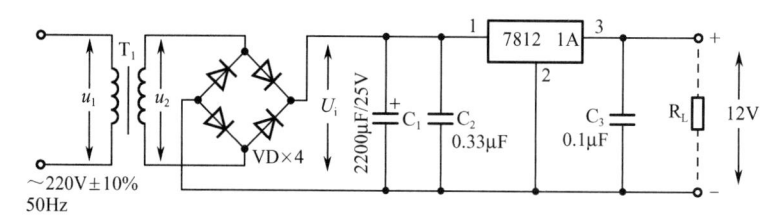

图 1-19 用 CW78×× 系列三端集成稳压器组成的稳压电源电路

（1）三端集成稳压器根据输出电压和输出电流选定。本电源要求输出 12V、1A，故选择三端集成稳压器 CW7812，C_2、C_3 一般取 $0.1\sim0.33\mu F$。

（2）变压器的匝数比的计算。变压器次级电压为

$$u_{2min} \geq \frac{12V + 4V}{1.2} \approx 13.3V$$

式中，12V 是输出电压；4V 电压是保证三端集成稳压器 CW7812 正常工作时 1、2 脚之间的最低电压。

电源变压器 T_1 的匝数比为

$$n_1/n_2 = 198V/13.3V \approx 15$$

（3）变压器次级功率 $P_次$ 的计算。当 $U_1 = U_{1max} = 242V$ 时，$U_{2max} = 242V/15 \approx 16.2V$，故

$$P_次 = 16.2V \times 1A = 16.2W$$

当考虑留有余量时，可取 $P_次 = 20W$。

（4）C_1 的计算。为了保证 $U_3 = 1.2U_2$，应使 $R_{min}C_1 \geq (3\sim5)T/2$，其中，$R_{min} = 16V/1A = 16\Omega$，$T/2 = 10ms = 0.01s$，按 $R_{min}C_1 = 4T/2$ 计算，$C_1 \approx 0.04s/16\Omega = 2500\mu F$，取 C_1 为 $2200\mu F/50V$。

（5）整流二极管参数的计算。流过整流二极管的平均电流 $I_{VD} = \frac{1}{2}I_L = 0.5A$，考虑到电容滤波时的瞬态电流，取 $I_{VDmax} = 1A$，整流二极管的最高反向工作电压 $U_{RM} = U_{2max} \times \sqrt{2} \approx 16.2V \times 1.4 \approx 23V$。考虑到应留有余量，实际选用整流二极管时要求 $I_{VD} \geq 1A$，$U_B \geq 50V$（U_B 是整流二极管的反向击穿电压）。

3. 用 CW78×× 和 CW79×× 系列三端集成稳压器组成输出正负固定电压的集成稳压电源

用 CW78×× 和 CW79×× 系列三端集成稳压器组成输出 ±15V 固定电压的稳压电源电路，如图 1-20 所示，有关元件的参数标在电路图中，整流二极管的选择及变压器的功率计算与前面相同。

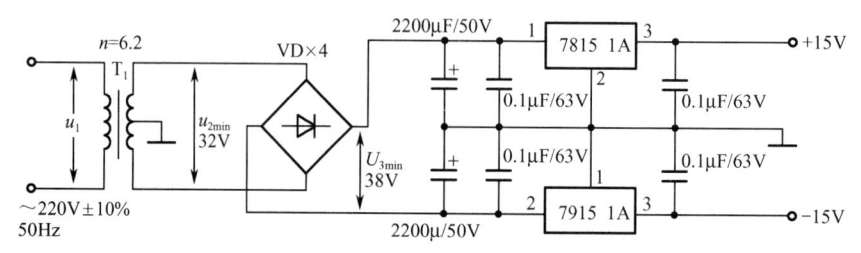

图 1-20 用 CW78×× 和 CW79×× 系列三端集成稳压器组成输出正、负固定电压的稳压电源电路

技能训练 7　电子产品焊接

完成本任务所需仪器仪表及材料如表 1-18 所示。

电子产品的焊接

表 1-18　完成本任务所需仪器仪表及材料

序　号	名　　称	型号或规格	数　量	备　注
1	数字万用表/模拟万用表	DT9205/MF47	1 只	
2	电工工具箱	含电烙铁、斜口钳等	1 套	
3	万能电路板	10cm×5cm	1 块	
4	电源变压器	12V 单路输出	1 只	
5	自锁按钮开关	8.5mm×8.5mm	1 只	
6	电容	470μF/25V	1 只	
7	整流二极管	1N4007	4 只	
8	电容	0.33μF 104	各 1 只	
9	发光二极管	2EF102	1 只	
10	负载电阻	1kΩ	1 只	
11	三端集成稳压器	7805	1 片	

任务书 1-7

任务书 1-7 如表 1-19 所示。

表 1-19 任务书 1-7

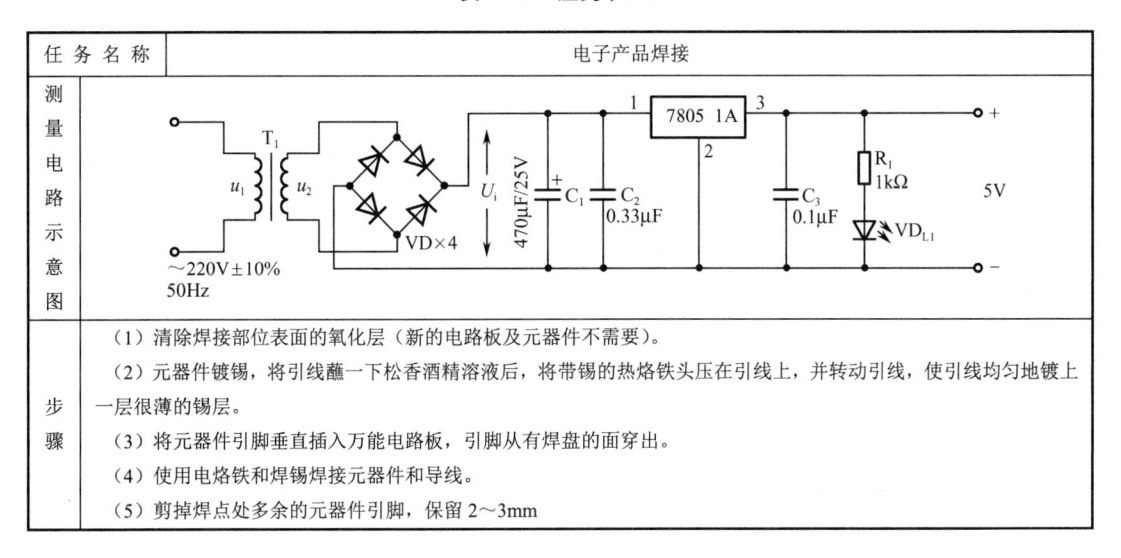

任 务 名 称	电子产品焊接
测量电路示意图	（电路图：T_1 变压器，u_1、u_2，桥式整流 $VD×4$，U_i，470μF/25V，C_1，C_2 0.33μF，7805 1A，C_3 0.1μF，R_1 1kΩ，VD_{L1}，输出 5V，~220V±10% 50Hz）
步骤	（1）清除焊接部位表面的氧化层（新的电路板及元器件不需要）。 （2）元器件镀锡，将引线蘸一下松香酒精溶液后，将带锡的热烙铁头压在引线上，并转动引线，使引线均匀地镀上一层很薄的锡层。 （3）将元器件引脚垂直插入万能电路板，引脚从有焊盘的面穿出。 （4）使用电烙铁和焊锡焊接元器件和导线。 （5）剪掉焊点处多余的元器件引脚，保留 2~3mm

知识点　焊接的基本知识

焊接是使金属连接起来的一种方法，是电子产品生产中必须掌握的一项基本操作技能。虽然现代电子产品焊接已经普遍使用自动焊接技术，但在一些特殊场合，如产品试制、小批量生产、某些不适合自动焊接技术的场合等还采用手工焊接技术。

1．焊接工具

在焊接普通电子元器件和导线时，焊接工具选用20W内燃式电烙铁。使用前，应认真检查电烙铁电源线有无损坏，检查烙铁头是否松动。手工焊接者握电烙铁的方式有反握式、正握式及笔握式3种，如图1-21所示。

电烙铁在使用中，不能用力敲击以防损坏；不使用时，应将电烙铁放在烙铁架上，注意电源线不可搭在烙铁头上，以防烫坏绝缘层而发生事故。

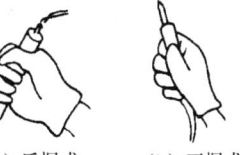

(a) 反握式　　(b) 正握式　　(c) 笔握式

图1-21　握电烙铁的方式

使用结束后，应及时切断电源，拔下电源插头，待烙铁头冷却后，将电烙铁收回工具箱。

2．焊料和助焊剂

能熔合两种或两种以上的金属，使其成为一个整体的易熔金属或合金叫作焊料。在电子产品焊接中，最常用的焊料为锡铅合金焊料（又称焊锡），它具有熔点低、机械强度高、抗腐蚀性能好的特点。

焊锡焊接的辅助材料是助焊剂，它能去除被焊金属表面的氧化物，防止焊接时被焊金属和焊料再次出现氧化，并减小焊料表面的张力，提高焊接质量。常用的助焊剂有松香、焊膏等。

3．焊接技术

一手拿焊锡丝，一手握电烙铁，将加热好的电烙铁放在引脚与电路板的连接处，烙铁头与平面成45°夹角，加热整个焊件，使焊件均匀受热，停留2～3s，当焊件被加热到能熔化焊料的温度后，将焊锡丝从电烙铁对面置于焊点上，焊料开始熔化并润湿焊点。当熔化一定量的焊锡丝后，将焊锡丝沿45°方向移开，焊锡丝渡润焊层或焊件的焊接位置后，沿45°方向移走电烙铁。

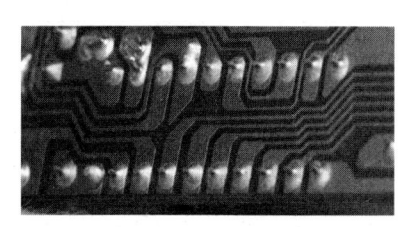

图1-22　标准焊点

注意：

（1）焊接时电烙铁应有足够的热量，只有这样才能保证焊接质量，防止虚焊和日久脱焊。

（2）电烙铁在焊接处停留的时间不宜过长。

（3）焊点完全冷却前，不可移动电烙铁。

标准焊点如图1-22所示，焊点呈锥形，焊锡要适量，表面有光泽，光滑，清洁等。

项目实施　直流稳压电源的制作

1．印制电路板（PCB）

根据图 1-1 制作完成的参考 PCB 如图 1-23 所示。

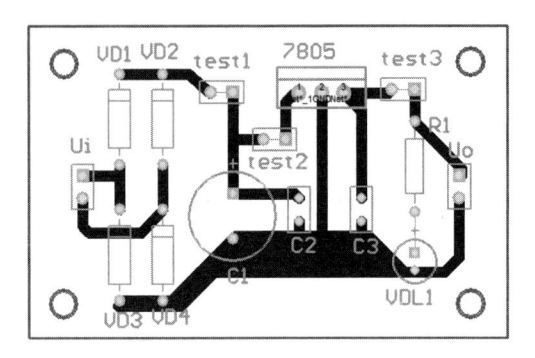

图 1-23　参考 PCB

2．仪器仪表及材料

完成本项目所需仪器仪表及材料如表 1-20 所示。

表 1-20　完成本项目所需仪器仪表及材料

序　号	名　称	型号或规格	数　量	备　注
1	直流稳压电源	JC2735D	1个	
2	数字万用表	DT9205	1个	
3	20MHz 双踪示波器	GDS-1062A	1台	
4	函数信号发生器	STR-F220	1台	
5	电工工具箱	含电烙铁、斜口钳等	1套	
6	成品 PCB 或万能电路板	10cm×10cm	1块	
7	裸装电源变压器	5W，单路 12V 输出	1个	
8	整流二极管	1N4007	4只	
9	发光二极管	2EF102	1只	
10	三端集成稳压器	7805	1只	
11	电阻	1kΩ	1只	
12	电容	470μF/50V 104 334	各1只	
13	电源插头线	—	1根	
14	自锁按钮开关	—	1只	

3．对元器件进行检测

（1）判断电阻 R_1 的阻值是否准确。

（2）判断发光二极管 VD_{L1} 的正负极，并测试其是否完好。
（3）判断整流二极管 $VD_1 \sim VD_4$ 的正负极。
（4）判断电容 C_1 的正负极，用万用表测试电容 C_2、C_3 是否完好。
（5）判断电源变压器 T_1 的好坏并确定其正、次级绕组的引出线。

以数字万用表为例，用万用表测电阻 200Ω 挡或 20kΩ 挡，表笔分别与电源变压器的 4 个引脚两两一组进行接触，如果能得到如图 1-24 所示的测量结果（表笔不分正、负），则说明该变压器完好可用。

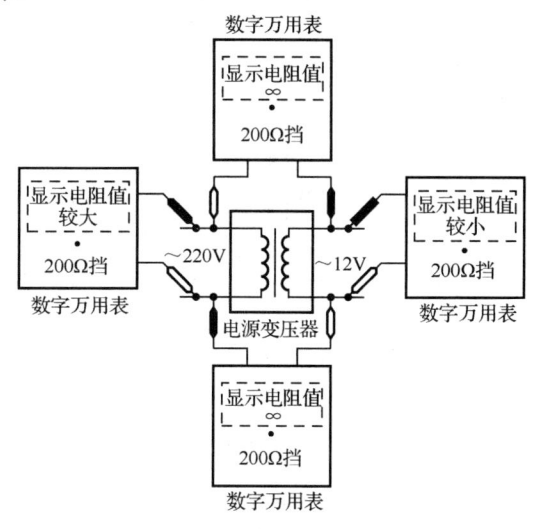

图 1-24 电源变压器测试

4．焊接电路板及电路测试

（1）对元器件引脚进行去锈、搪锡处理，以便可靠焊接。
（2）对元器件进行焊接，注意焊接顺序，先焊接体积小且所处安装位置比较低的元器件。
（3）检查焊点是否独立、光滑，检查并测试各元器件之间的连接和焊盘是否可靠。
（4）通电测试前检查二极管、电容等的极性。
（5）加电测试，检查电源电压输出值是否满足要求。
（6）加入负载电阻（如 $R_L = 100Ω/1W$）进行测试，检查电源输出的电压值和电流值是否满足要求。
（7）撰写项目制作测试报告。

习题 1

1-1 如何用万用表检测二极管的正负极？应注意什么问题？

1-2 如图 1-25 所示，二极管两端的压降和流过二极管的电流是多少？若调换二极管的极性，则二极管两端的压降和通过二极管的电流又是多少？（设二极管的反向电流 $I_s = 0$。）

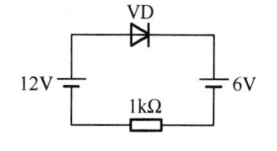

图 1-25 习题 1-2 图

1-3 设普通二极管和稳压二极管的正向压降均可忽略不计，稳压二极管的反向击穿电压为5V，试求如图1-26所示的各电路中流过2kΩ电阻的电流。

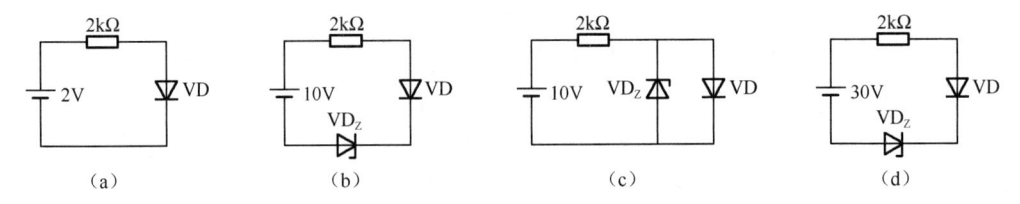

图1-26 习题1-3图

1-4 分析如图1-27所示的电路中各二极管是导通还是截止？并求出A、O两端的电压U_{AO}（设二极管为理想二极管）。

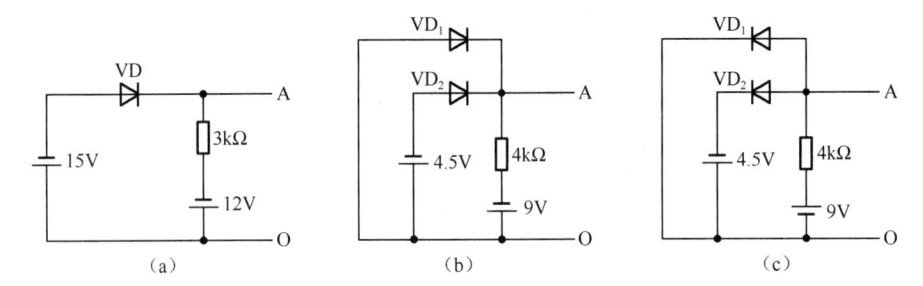

图1-27 习题1-4图

1-5 二极管桥式整流电路如图1-28所示，试分析如下问题。
（1）若已知U_2=20V，试估算U_L的值。
（2）若有一只二极管脱焊，则U_L的值如何变化？
（3）若二极管VD_1的正负极焊接时颠倒了，则会出现什么问题？
（4）若负载短接，则会出现什么问题？

1-6 如图1-29所示，已知输入信号为正弦交流电，且$U_{im}>E$，试画出输出电压的波形。

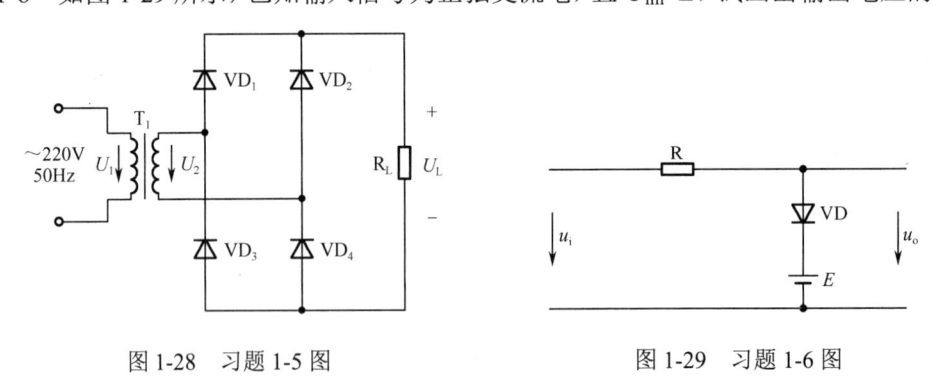

图1-28 习题1-5图　　　　　图1-29 习题1-6图

1-7 设VD_{Z1}和VD_{Z2}的稳定电压分别为5V与10V，求如图1-30所示的各电路的输出电压。

1-8 电路如图1-31所示，电路中有3只性能相同的二极管VD_1、VD_2、VD_3和3只220V、40W的灯泡L_1、L_2、L_3，接入220V的交流电压u，试分析哪只（或哪些）二极管承受的反向电压最高？

项目1　直流稳压电源的制作

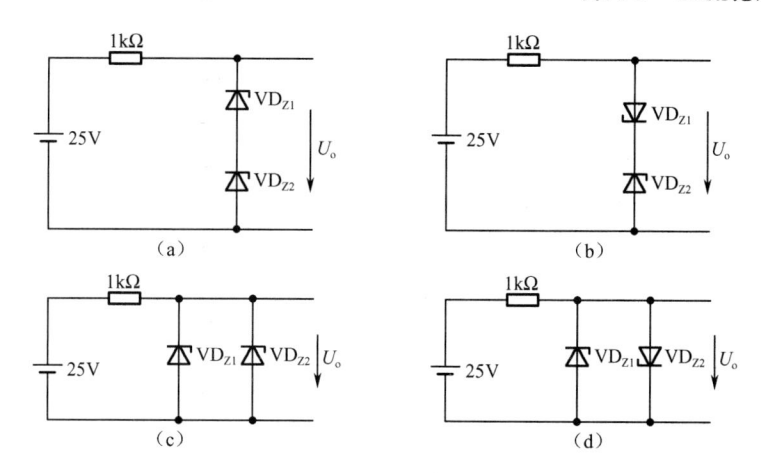

图 1-30　习题 1-7 图

1-9　一硅稳压电路如图 1-32 所示，其中未经稳压的直流输入电压 U_i=18V，R=1kΩ，R_L=2kΩ，硅稳压二极管 VD_Z 的稳定电压 U_{DZ}=10V，其动态电阻及未击穿时的反向电流均可忽略。

（1）试求 U_o、I_o、I 和 I_{DZ} 的值。

（2）试求 R_L 减小到多大时，电路的输出电压将不再稳定。

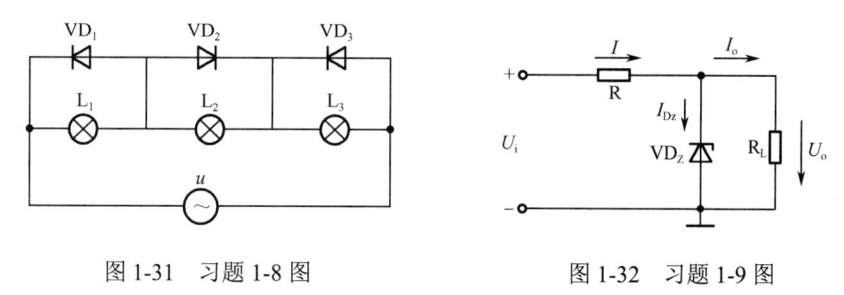

图 1-31　习题 1-8 图　　　　图 1-32　习题 1-9 图

1-10　分别列出单相半波、全波和桥式整流电路的以下几项参数的表达式并进行比较。

（1）输出直流电压 U_o。

（2）二极管正向平均电流 I_D。

（3）二极管承受的最高反向工作电压 U_{RM}。

1-11　整流电路输出直流电压 40V，在下列情况下，变压器次级电压各为多少？每只整流二极管承受的最高反向工作电压各是多少？

（1）单相半波整流。

（2）单相全波整流。

（3）单相桥式整流。

1-12　在单相桥式整流电路中，4 只二极管的极性全部接反对输出电压有何影响？其中一只二极管断开、短路或接反时对输出电压有什么影响？

1-13　在万能电路板上，电源变压器、4 只二极管和负载电阻、滤波电容排列如图 1-33 所示，如何在 4 只二极管各个端点处接入交流电源、电阻、电容，实现桥式整流电容滤波？要求完成的电路简明、整齐。

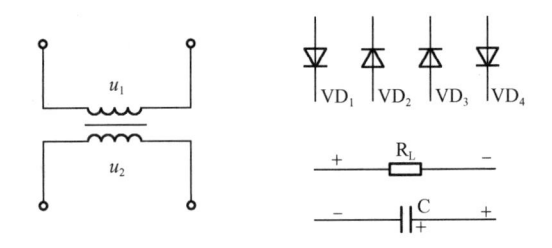

图 1-33 习题 1-13 图

1-14 桥式整流电容滤波电路如图 1-34 所示，已知 U_2=20V，R_L=40Ω，C=1000μF，试问：

（1）正常工作时，直流输出电压 U_o 是多少？

（2）若测得直流输出电压 U_o 为下列数值，则说明可能出现了什么故障：①U_o=18V；②U_o=28V；③U_o=9V。

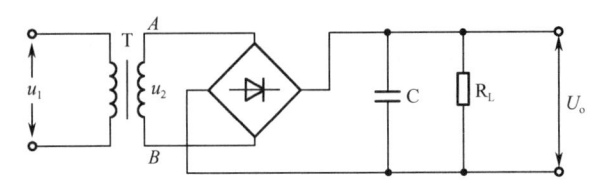

图 1-34 习题 1-14 图

1-15 在如图 1-34 所示的桥式整流电容滤波电路中，已知交流电频率 f=50Hz，变压器次级电压有效值 U_2=10V，R_L=50Ω，C=2200μF，试问：

（1）输出电压 U_o 是多少？

（2）R_L 开路时 U_o 是多少？

（3）C 开路时 U_o 是多少？

（4）若整流桥中有 1 只二极管开路，则 U_o 是多少？

1-16 电容和电感为什么能起到滤波作用？它们在电路中应如何与 R_L 连接？

1-17 画出用 CW78××、CW79××系列三端集成稳压器组成输出固定正、负电压的变压、整流、电容滤波的集成稳压电路并标出参数。

1-18 试用 CW79××系列三端集成稳压器设计简单的稳压电源，要求画出电路的变压、整流、滤波及稳压部分，并合理选择参数标于电路中（写出设计内容及步骤）。要求指标如下。

（1）输入交流电压：(220±10%)V，50Hz。

（2）输出直流电压：-15V。

（3）输出电流：0～500mA。

项目 2 音频前置放大电路的制作

学习目标

- 了解三极管的结构特点。
- 掌握三极管的电流放大作用。
- 掌握共射放大电路的组成、原理和分析方法。
- 了解共集放大电路的作用。
- 掌握多级放大电路的安装、调试、测试技巧。

工作任务

在音频信号进入主扬声器之前对信号进行放大的电路称为音频前置放大电路。本项目由分立元件制作音频前置放大电路,输入信号幅度最低约为 5mV,输出信号幅度不低于 0.2V,撰写项目制作测试报告。

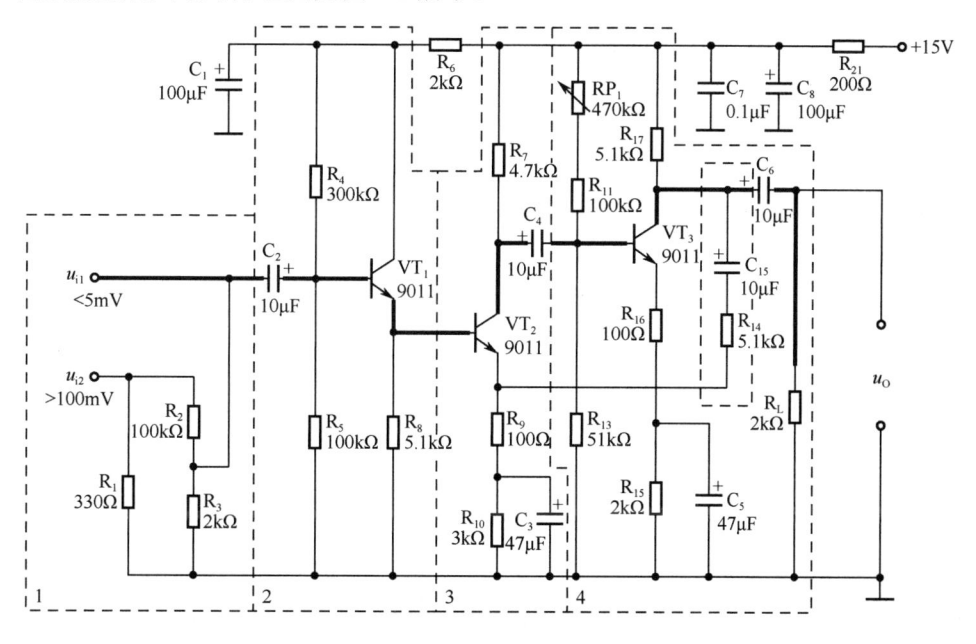

音频前置放大电路原理图如图 2-1 所示。

图 2-1 音频前置放大电路原理图

技能训练 8　三极管的检测

完成本任务所需仪器仪表及材料如表 2-1 所示。

表 2-1　完成本任务所需仪器仪表及材料

序　号	名　称	型号或规格	数　量	备　注
1	数字万用表	DT9205	1 只	
2	三极管	9013、9012、8050、8550 等	各 1 只	

项目 2　音频前置放大电路的制作

任务书 2-1

任务书 2-1 如表 2-2 所示。

表 2-2　任务书 2-1

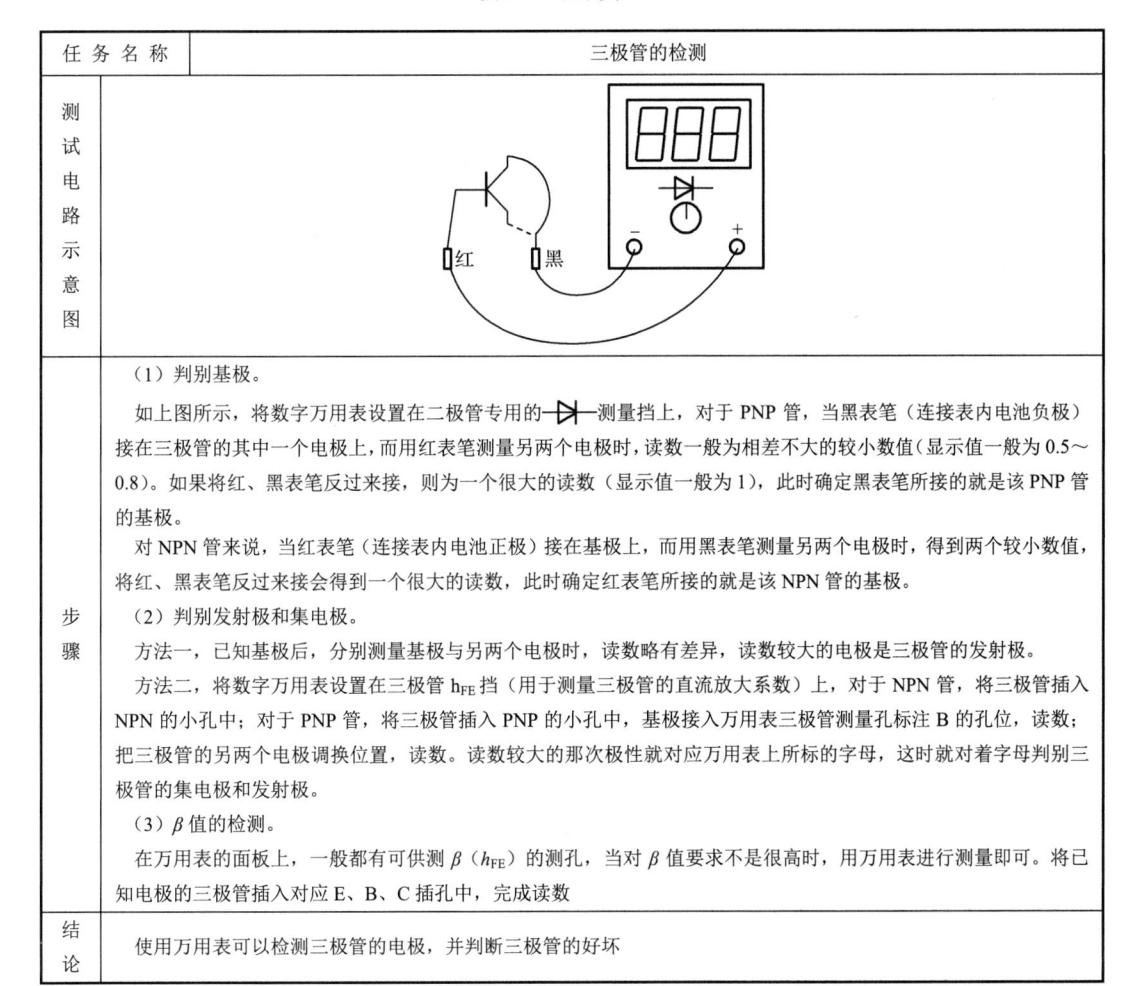

任务名称	三极管的检测
测试电路示意图	
步骤	（1）判别基极。 如上图所示，将数字万用表设置在二极管专用的 —▶|— 测量挡上，对于 PNP 管，当黑表笔（连接表内电池负极）接在三极管的其中一个电极上，而用红表笔测量另两个电极时，读数一般为相差不大的较小数值（显示值一般为 0.5～0.8）。如果将红、黑表笔反过来接，则为一个很大的读数（显示值一般为 1），此时确定黑表笔所接的就是该 PNP 管的基极。 对 NPN 管来说，当红表笔（连接表内电池正极）接在基极上，而用黑表笔测量另两个电极时，得到两个较小数值，将红、黑表笔反过来接会得到一个很大的读数，此时确定红表笔所接的就是该 NPN 管的基极。 （2）判别发射极和集电极。 方法一，已知基极后，分别测量基极与另两个电极时，读数略有差异，读数较大的电极是三极管的发射极。 方法二，将数字万用表设置在三极管 h_{FE} 挡（用于测量三极管的直流放大系数）上，对于 NPN 管，将三极管插入 NPN 的小孔中；对于 PNP 管，将三极管插入 PNP 的小孔中，基极接入万用表三极管测孔标注 B 的孔位，读数；把三极管的另两个电极调换位置，读数。读数较大的那次极性就对应万用表上所标的字母，这时就对着字母判别三极管的集电极和发射极。 （3）β 值的检测。 在万用表的面板上，一般都有可供测 β（h_{FE}）的测孔，当对 β 值要求不是很高时，用万用表进行测量即可。将已知电极的三极管插入对应 E、B、C 插孔中，完成读数
结论	使用万用表可以检测三极管的电极，并判断三极管的好坏

知识点　三极管

1. 结构和符号

半导体三极管

半导体三极管也称晶体三极管，简称三极管，是电子电路中最重要的器件，它最主要的功能是进行电流放大和开关作用。

二极管是由一个 PN 结构成的，而三极管由两个 PN 结构成，两个 PN 结把一块半导体分成 3 部分，中间公用的部分是基区，两侧分别是发射区和集电区，从 3 个区引出相应的电极，分别为基极 b（B）、发射极 e（E）和集电极 c（C），根据 PN 结的类型，可分为 PNP 型和 NPN 型两种三极管，其结构如图 2-2（a）所示。

发射区和基区之间的 PN 结叫发射结，集电区和基区之间的 PN 结叫集电结。基区很薄，而发射区较厚，杂质浓度大，PNP 型三极管的发射区"发射"的是空穴，其移动方向与电流方向一致，故发射极箭头向里；NPN 型三极管的发射区"发射"的是自由电子，其移动方向与电流方向相反，故发射极箭头向外，如图 2-2（b）所示。带箭头的电极表示发射极，箭头的方向也是 PN 结在正向电压下的发射极电流的实际方向。

三极管的种类很多，根据 PN 结的类型，可分为 PNP 型和 NPN 型两种；根据材料，可分为锗三极管、硅三极管；根据其截止频率，可分为高频管和低频管；根据其耗散功率，可分为大功率管、中功率管和小功率管等。

（a）三极管结构示意图　　（b）三极管的电气符号

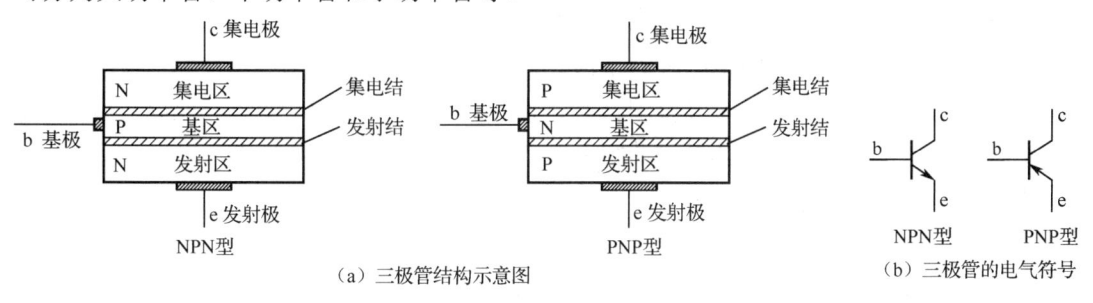

图 2-2　三极管的结构和符号

2. 电流控制关系

三极管的基本功能是进行电流放大，要使三极管具有电流放大作用，它必须同时满足以下两个条件。

（1）发射结加正向电压（一般低于 1V）。

（2）集电结加反向电压（一般为几伏至几十伏）。

为了满足上述两个条件，需要在基极加电源 V_{BB}，在集电极加电源 V_{CC}，如图 2-3 所示，且 $V_{CC}>V_{BB}$。

（a）NPN 型三极管　　（b）PNP 型三极管

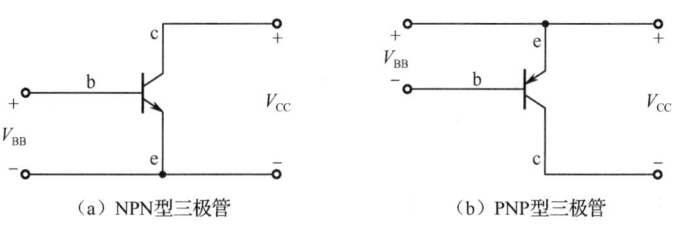

图 2-3　三极管放大工作的条件

在上述条件下，三极管的3个电极的电流分配关系如图2-4所示，它们具有如下关系。

（1）$I_C = \beta I_B$，β 称为三极管电流放大系数，其值近似为常数。

（2）$I_E = I_C + I_B$。

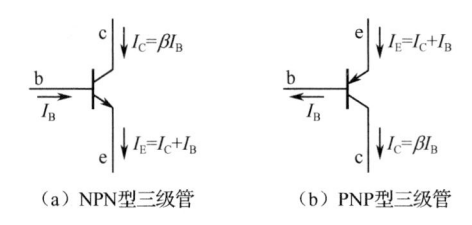

（a）NPN型三级管　　（b）PNP型三级管

图2-4　三极管的3个电极的电流分配关系

3．三极管的特性

三极管的特性包括输入特性和输出特性。

1）输入特性

输入特性是指当三极管的集电极和发射极之间的电压 U_{CE} 一定时，加在三极管的基极和发射极之间的电压 u_{BE} 和它所产生的基极电流 i_B 之间的关系，如图2-5（a）所示，用函数关系式表示为

$$i_B = f(u_{BE})\big|_{U_{CE}=常数}$$

三极管的输入特性曲线如图2-5（b）所示。当 $U_{CE}=0$ 时，输入特性曲线和二极管伏安特性的正向特性曲线完全一致；当 U_{CE} 升高时，输入特性曲线将右移。对于小功率三极管，当 $U_{CE}>1V$ 时，不同 U_{CE} 下的输入特性曲线不再右移而基本保持不动，因此可以用 $U_{CE}>1V$ 的任何一条曲线来近似。当三极管工作在放大状态时，$U_{CE}>1V$ 的条件一定是满足的。

（a）输入特性电路模型　　（b）输入特性曲线

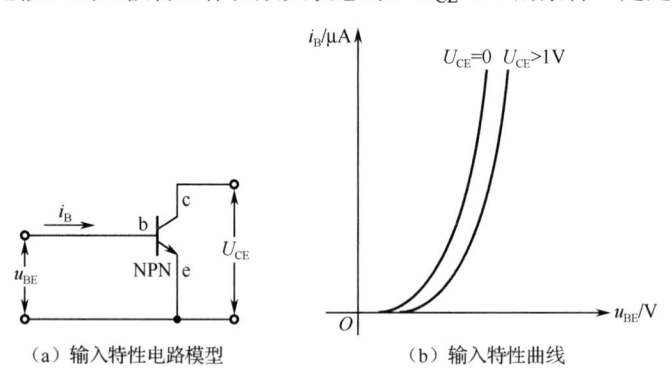

图2-5　三极管的输入特性

2）输出特性

输出特性是指当基极电流 I_B 为一固定值时，加在三极管集电极和发射极之间的电压 u_{CE} 与集电极电流 i_C 之间的关系，如图2-6（a）所示，用函数关系式表示为

$$i_C = f(u_{CE})\big|_{I_B=常数}$$

三极管的输出特性曲线如图2-6（b）所示，对输出特性曲线的分析如下。

（1）当 $u_{CE}=0$ 时，$i_C \approx 0$，曲线过坐标原点。

（2）若 I_B 为某一常数值，则在 u_{CE} 较低时，随着 u_{CE} 的升高，i_C 迅速增大，即图2-6（b）中特性曲线的起始上升部分。

（3）当 u_{CE} 继续升高时，i_C 不能继续增大而趋于平缓，即图2-6（b）中特性曲线的平坦部分，在这一区域，u_{CE} 的变化很大而 i_C 几乎不变，呈现一种恒流特性。在该区域，$i_C=\beta i_B$，i_C 几乎和 u_{CE} 无关。

（4）当调整 I_B 为不同的值时，可得到一簇曲线，如图2-7所示。当 $I_B=0$ 时，在外加电压 u_{CE} 的作用下，$I_C=I_{CEO}\approx 0$（I_{CEO} 称为三极管的穿透电流）；随着 I_B 的增大，I_C 也增大，但始终满足 $I_C=\beta I_B$，体现了 I_B 对 I_C 的控制作用。因此，三极管属于电流控制器件。

（a）输出特性电路模型　　（b）输出特性曲线

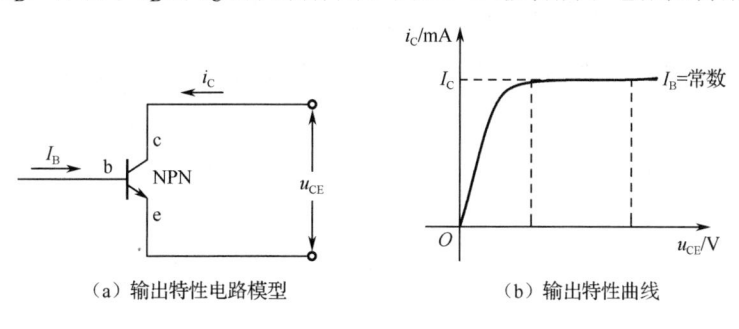

图2-6　三极管的输出特性

4．三极管的3种工作状态

由三极管的输出特性曲线可知，三极管工作时可分成3个工作区，如图2-8所示。其中，中间的线性区域称为放大区，该区域的 u_{CE} 逐渐升高，i_C 变化很小，特性曲线近似水平，$i_C\approx \beta i_B$。

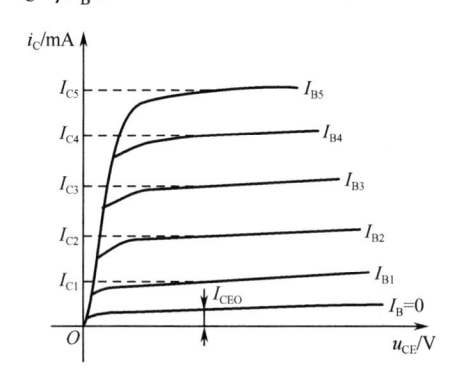

图2-7　I_B 为不同常数时的输出特性曲线簇　　图2-8　三极管的3个工作区

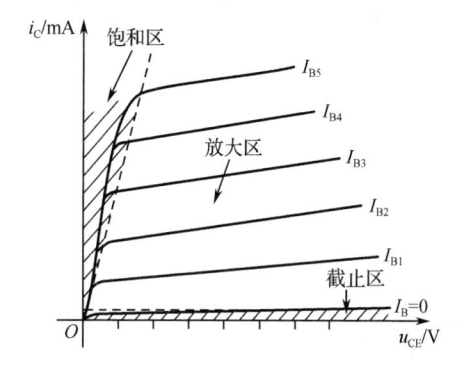

由 $I_B=0$ 与横轴所围成的小区域称为截止区。在图2-8中，当 $I_B=0$ 时，$i_C=I_{CEO}$。I_{CEO} 一般较小，但在高温下，对于锗管，该值较大。

在特性曲线的起始部分，$u_{CE}\leqslant U_{BE}$（饱和压降），i_C 随着 u_{CE} 的变化增大很快，因此，在该区域，$i_C\neq \beta i_B$，i_B 对 i_C 失去控制作用，此区域称为饱和区。

三极管的3种工作状态是指三极管工作在3个区域的状态：截止状态、放大状态和饱和状态。三极管作为开关使用时工作在截止状态和饱和状态。在图2-8中，三极管处于3种工作状态下的特点及参数之间的关系如表2-3所示。

表2-3 三极管处于3种工作状态下的特点及参数之间的关系

工作状态	截止状态	放大状态	饱和状态
条件	发射结反偏 集电结反偏	发射结正偏 集电结反偏	发射结正偏 集电结正偏
参数关系	$I_B=0$ $u_{CE}\approx V_{CC}$ $i_C\approx 0$	$i_C=\beta i_B$ $u_{CE}\approx V_{CC}-i_C R_C$	$i_C=\dfrac{V_{CC}}{R_C}\neq \beta i_B$ $U_{CE}\approx 0.3\text{V}$（硅管） $U_{CE}\approx 0.1\text{V}$（锗管）
应用	开关电路	放大电路	开关电路

三极管的3种工作状态的特点及参数之间的关系是检测放大电路中管子正常工作与否的主要依据。

5．三极管的主要参数

1）电流放大系数

三极管的电流放大系数分直流电流放大系数和交流电流放大系数两种，分别用 $\overline{\beta}$ 和 β 表示。其中，共射极（发射极作为公共输入/输出端）直流电流放大系数为 $\overline{\beta}=\dfrac{I_C}{I_B}$；当三极管输入交流量时，共射极交流电流放大系数为 $\beta=\dfrac{\Delta I_C}{\Delta I_B}\bigg|_{U_{CE}=C(常数)}$。

对一个三极管来说，电流放大系数 β 是一个定值，它在制造三极管时就确定了，不可改变。由于三极管在制造时，β 值具有一定的离散性，即使同一批次的管子，也不能保证每个管子的 β 值是一样的，因此，在使用时，需要先对 β 值进行测量，可以从输出特性曲线上直接求取，也可以用测量仪测量。从输出特性曲线上直接求 β 值的方法如图2-9所示，在管子的放大区作一条 $U_{CE}=C$ 的直线，在 Q 点附近，可以看出，当 I_B 从 50μA 增大到 100μA 时，I_C 由 6mA 增大到 12.5mA，故

$$\beta=\dfrac{\Delta I_C}{\Delta I_B}=\dfrac{(12.5-6)\times 10^{-3}}{(100-50)\times 10^{-6}}=130$$

而 Q 点处的 $I_C=12.5\text{mA}$，$I_B=100\text{μA}$，故

$$\overline{\beta}=\dfrac{I_C}{I_B}=\dfrac{12.5\times 10^{-3}}{100\times 10^{-6}}=125$$

可以看出，β 为 Q 点附近的 I_C 的变化量与 I_B 的变化量之比，因此，在讨论小信号的变化量时，应选用 β。而 $\overline{\beta}$ 是 Q 点处的 I_C 与 I_B 之比，在估算直流量的关系时，采用 $\overline{\beta}$ 较合适。事实上，在特性曲线近似平行等距且 I_{CEO} 很小的情况下，可以认为 $\overline{\beta}=\beta$，因此，工程估算时常混用。

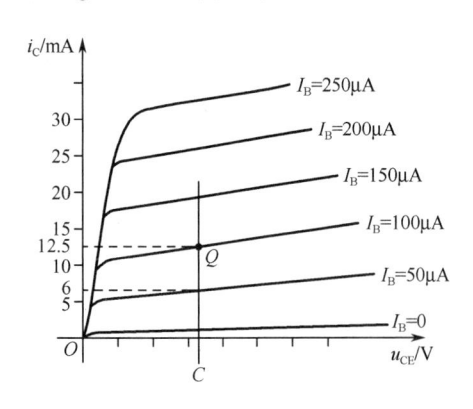

图2-9 从输出特性曲线上直接求 β 值的方法

电流放大系数并不是常数，它的数值受许多因素的影响。而且，由于管子参数的离散性，相同型号、同一批管子的 β 值也有区别，甚至同一个管子通过的电流不同，或者环境温度的变化都会使 β 值发生变化。

2）极间反向电流

三极管的极间反向电流主要指集电结反向电流 I_{CBO} 和集电极、发射极之间的穿透电流 I_{CEO}，如图 2-10 所示。

（1）I_{CBO} 定义为发射极开路而在集电极和基极之间加反向电压时，流过集电结的电流。它的大小反映了集电结质量的好坏，I_{CBO} 越小越好。在常温下，小功率锗管的 I_{CBO} 为微安级，小功率硅管的 I_{CBO} 为纳安级。

（2）I_{CEO} 定义为基极开路而在集电极和发射极之间加上一定的反向电压时的集电极电流。该电流从集电区穿过基区到达发射区，因此称为穿透电流，$I_{CEO}=(1+\beta)I_{CBO}$。穿透电流是反映管子质量的重要参数，I_{CEO} 越小越好。

在选择管子时，要兼顾 β 和 I_{CEO} 这两个参数。

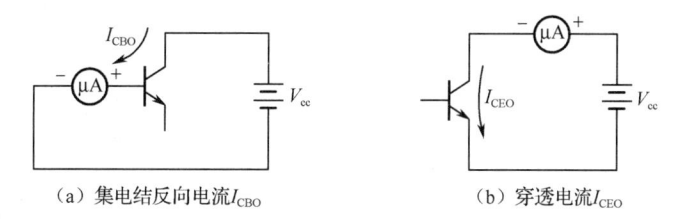

(a) 集电结反向电流 I_{CBO} (b) 穿透电流 I_{CEO}

图 2-10 三极管的极间反向电流

3）三极管的极限参数

三极管的极限参数就是当三极管正常工作时，最大（最高）的电流、电压、功率等的数值，是三极管能够长期、安全使用的保证。

（1）集电极最大允许电流 I_{CM}。当集电极的电流过大时，三极管的电流放大系数 β 将下降，一般把 β 下降到规定的允许值（如额定值的 $\frac{1}{2} \sim \frac{2}{3}$）时的集电极最大电流称为集电极最大允许电流。使用中，若 $I_C > I_{CM}$，则管子不一定立即损坏，但性能将变坏。

（2）集电极-发射极间击穿电压 $U_{(BR)CEO}$。当基极开路时，加于集电极和发射极之间的反向电压逐渐升高，当其升高到某一电压值 $U_{(BR)CEO}$ 时，管子开始击穿，$U_{(BR)CEO}$ 称为集电极-发射极间击穿电压。当温度上升时，击穿电压下降，因此工作电压要选得比击穿电压低很多，一般选击穿电压的一半，以保证有一定的安全系数。

（3）集电极最大允许耗散功率 P_{CM}。由于集电结是反向连接的，因此电阻很大，通过电流 I_C 后会产生热量，使集电结温度上升。根据管子工作时允许的集电结最高温度 T_J（锗管为 70℃，硅管可达 150℃），定出集电极最大允许耗散功率 P_{CM}，使用时应满足 $P_C = U_{CE} I_C < P_{CM}$，否则管子将因发热而损坏。根据 P_{CM} 的值，在输出特性上画出一条 P_{CM} 线，称为允许管耗线。如图 2-11 所示，允许管耗线的左下方范围是安全区，而在允许管耗线的右上方，即 $P_C > P_{CM}$ 区，称为过损耗区。

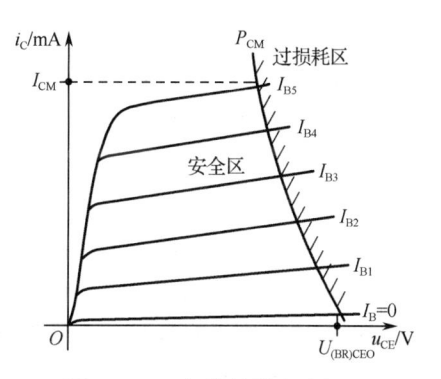

图 2-11 三极管的最大功耗区

6. 常见的小功率三极管

901X 系列是常见的小功率三极管，大多是以 90 开头的，也有以 ST90、C 或 A90、S90、SS90、UTC90 开头的，它们的特性及引脚排列都是一样的。S901X 系列三极管的电流放大系数 β 分为 6 级，在三极管上有标识，分别如下。

D 级：$\beta=64\sim91$　　　　E 级：$\beta=78\sim112$　　　　F 级：$\beta=96\sim135$

G 级：$\beta=112\sim166$　　　H 级：$\beta=144\sim220$　　　I 级：$\beta=190\sim300$

常见的 901X 系列小功率三极管的型号及主要参数如表 2-4 所示。

表 2-4　常见的 901X 系列小功率三极管的型号及主要参数

名 称	封 装	极 性	耐压（集电极-发射极间击穿电压）$U_{(BR)CEO}$/V	集电极最大允许电流 I_{CM}/A	集电极最大允许耗散功率 P_{CM}/W	特征频率 f_T/MHz	配 对 管
9011	TO-92 或 SOT-23	NPN	50	0.03	0.4	150	—
9012	TO-92 或 SOT-23	PNP	50	0.5	0.625	150	9013
9013	TO-92 或 SOT-23	NPN	50	0.5	0.625	150	9012
9014	TO-92 或 SOT-23	NPN	50	0.1	0.4	150	9015
9015	TO-92 或 SOT-23	PNP	50	0.1	0.4	150	9014
9016	TO-92 或 SOT-23	NPN	30	0.025	0.4	600	—
9018	TO-92 或 SOT-23	NPN	30	0.05	0.4	1000	—
8050	TO-92 或 SOT-23	NPN	40	1.5	1	100	8550
8550	TO-92 或 SOT-23	PNP	40	1.5	1	100	8050

知识拓展　场效应晶体管

场效应晶体管简称 FET（Field Effect Transistor），是一种利用电场效应来控制电流大小的三极管，其主要特点是输入电阻大（$\geq 10^7\Omega$），由半导体中的多子来实现导电，因此又称单极型晶体管。场效应晶体管按结构分为：结型场效应晶体管，简称 J-FET；绝缘栅型场效应晶体管，简称 MOS 管（Metal-Oxide-Semiconductor-FET）。结型场效应晶体管又分为 N 沟道结型和 P 沟道结型 2 种，绝缘栅型场效应晶体管又分为 N 沟道增强型、P 沟道增强型、N 沟道耗尽型、P 沟道耗尽型 4 种。

N 沟道结型场效应晶体管的结构和电气符号如图 2-12 所示，在一块 N 型半导体两侧做两个高掺杂的 P 区，形成两个 PN 结，两个 P 区连接在一起引出的电极称为栅极 g（G），N 型半导体两端引出的两个电极分别称为源极 s（S）和漏极 d（D），两个 PN 结中间的 N 型区称为导电沟道。N 沟道结型场效应晶体管的工作原理是，在漏源电压 u_{DS} 的作用下产生沟道电流，即漏极电流 i_D，通过控制偏置电压 u_{GS} 可控制漏极电流 i_D 的大小。

如果不考虑物理本质上的区别，把场效应晶体管与双极型晶体管（NPN 和 PNP 型三极管）做类比，则可以更好地掌握场效应晶体管的特性、参数和应用方面的知识。

双极型晶体管的 3 个电极分别称为集电极、发射极和基极；场效应晶体管的 3 个电极分别称为漏极、源极和栅极，如图 2-13 所示。双极型晶体管是基极电流控制集电极电流的

项目 2 音频前置放大电路的制作

器件，即 $I_c=\beta I_b$；场效应晶体管是栅源电压 u_{GS} 控制漏极电流 i_D 的器件，即 $I_d=g_m u_{gs}$（g_m 称为跨导），而 $I_G=0$。

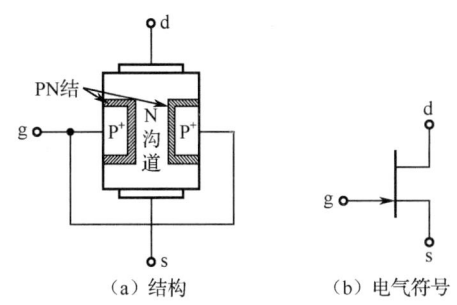

（a）结构　　（b）电气符号

图 2-12　N 沟道结型场效应晶体管的结构和电气符号

（a）NPN 型三极管　　（b）绝缘栅 N 沟道增强型场效应晶体管

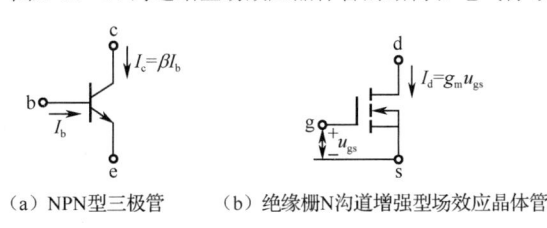

图 2-13　NPN 型三极管与绝缘栅 N 沟道增强型场效应晶体管

双极型晶体管的工作特性用输入特性曲线和输出特性曲线描述，场效应晶体管的工作特性用转移特性曲线和输出特性曲线描述。场效应晶体管由于 $I_G=0$，是 u_{GS} 对 i_D 的控制，即 $i_D = f(u_{GS})|_{U_{DS}=常数}$，$i_D$ 和 u_{GS} 不是输入电流与输入电压之间的关系，而是转移后的输出电流与输入电压之间的关系，因此 u_{gs} 与 I_d 之间的关系用转移特性来表述，如图 2-14（a）所示。

描述场效应晶体管输出特性曲线的 3 个区域分别为可变电阻区、线性放大区（有些资料中，线性放大区用恒流区或饱和区来表述）、夹断区或不导通区，如图 2-14（b）所示。需要注意的是，场效应晶体管把线性放大区表述成饱和区与双极型晶体管所表述的饱和区的意义是不同的，场效应晶体管把线性放大区表述成饱和区是指当 u_{gs} 一定时，I_d 不随 u_{ds} 的变化而变化，漏极电流 I_d 趋于饱和。

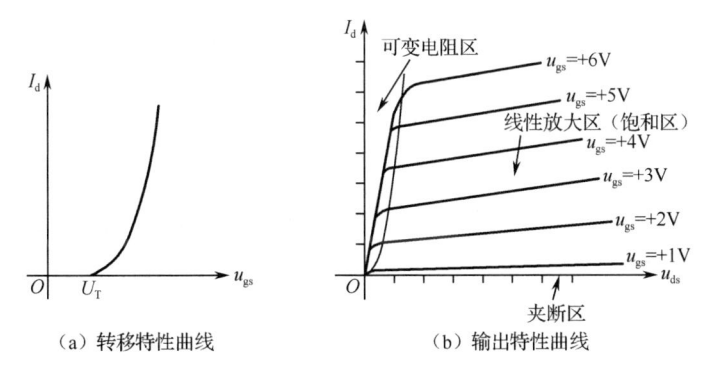

（a）转移特性曲线　　（b）输出特性曲线

图 2-14　场效应晶体管的工作特性

双极型晶体管放大电路的基本组态为共射放大电路和共集放大电路。类同于双极型晶体管，场效应晶体管的基本组态为共源放大电路和共漏放大电路，如表 2-5 所示。

表 2-5 绝缘栅 N 沟道增强型放大电路的基本组态

名　称	共源放大电路	共漏放大电路
电路形式	（电路图）	（电路图）
电压放大倍数 A_u	$-g_m(R_d//R_L)$	$+\dfrac{g_m(R_s//R_L)}{1+g_m(R_s//R_L)}$
输入电阻 r_i	$R_{g3}+(R_{g1}//R_{g2})$	$R_{g3}+(R_{g1}//R_{g2})$
输出电阻 r_o	R_d	$R_s//\left(\dfrac{1}{g_m}\right)$

场效应晶体管的主要参数如下。

（1）夹断电压 U_P：当 u_{DS} 为某一定值时，使 $i_D=0$，在栅源之间所加的电压。N 沟道的 U_P 为负值，P 沟道的 U_P 为正值，而增强型则没有 U_P。

（2）开启电压 U_T：增强型场效应晶体管在 u_{DS} 的作用下，漏源之间开始导通时的栅源电压。N 沟道的 U_T 为正值，P 沟道的 U_T 为负值。

（3）跨导 g_m（也称互导）：在 U_{DS} 为常数时，漏极电流的微量变化和引起该变化的栅源电压的微量变化之比，用数学公式表示为

$$g_m = \dfrac{\Delta I_D}{\Delta U_{GS}}\bigg|_{U_{DS}=常数}$$

跨导给出了栅源电压 U_{GS} 对漏极电流 I_D 的控制能力。g_m 的量纲为电导，即电阻的倒数，单位为 S，称为西门子。

$$1S = \dfrac{1}{1\Omega} = \dfrac{1A}{1V} \qquad 1mS = \dfrac{1}{1000\Omega} = \dfrac{1mA}{1V}$$

场效应晶体管的 g_m 一般为十分之几西门子到几西门子。

（4）极限参数：场效应晶体管的极限参数与双极型晶体管类同，有最高漏源电压 BU_{DS}（漏源击穿电压）、最高栅源电压 BU_{GS}（栅源击穿电压）、最大漏源电流 I_{DM}、最大耗散功率 P_{DM}。

6 种场效应晶体管的名称、符号、转移特性曲线和输出特性曲线如表 2-6 所示。

表 2-6 6 种场效应晶体管的名称、符号、转移特性曲线和输出特性曲线

名　称	符　号	转移特性曲线	输出特性曲线
结型 N 沟道	（符号图）	（曲线图）	（曲线图，$u_{gs}=$ 0, −1V, −2V, −3V）

续表

名称	符号	转移特性曲线	输出特性曲线
结型P沟道		I_d vs u_{gs}，U_P	$-I_d$ vs $-u_{ds}$，$u_{gs}=$ 0, +1V, +2V, +3V
绝缘栅N沟道增强型		I_d vs u_{gs}，U_T	I_d vs u_{ds}，$u_{gs}=$ +6V, +5V, +4V, +3V
绝缘栅N沟道耗尽型		I_d vs u_{gs}，U_P	I_d vs u_{ds}，$u_{gs}=$ 0.2V, 0, −0.2V, −0.4V
绝缘栅P沟道增强型		I_d vs u_{gs}，U_T	$-I_d$ vs $-u_{ds}$，$u_{gs}=$ −7V, −6V, −5V, −4V
绝缘栅P沟道耗尽型		I_d vs u_{gs}，U_P	$-I_d$ vs $-u_{ds}$，$u_{gs}=$ −1V, 0, +1V, +2V

技能训练9 基本共射放大电路测试

完成本任务所需仪器仪表及材料如表2-7所示。

基本共射放大电路的测试

表2-7 完成本任务所需仪器仪表及材料

序号	名称	型号或规格	数量	备注
1	直流稳压电源	DF1731SD2A	1个	
2	数字万用表	DT9205	1只	
3	20MHz双踪示波器	YB4320A	1台	
4	函数信号发生器	DF1641A	1台	

续表

序 号	名 称	型号或规格	数 量	备 注
5	电工工具箱	含电烙铁、斜口钳等	1套	
6	万能电路板	5cm×5cm	1块	
7	三极管	STS8050D	1只	
8	电阻	100kΩ	1只	
		1kΩ	1只	
9	可调电阻	500kΩ	1只	
10	电容	10μF/25V	2只	

项目 2　音频前置放大电路的制作

任务书 2-2

任务书 2-2 如表 2-8 所示。

表 2-8　任务书 2-2

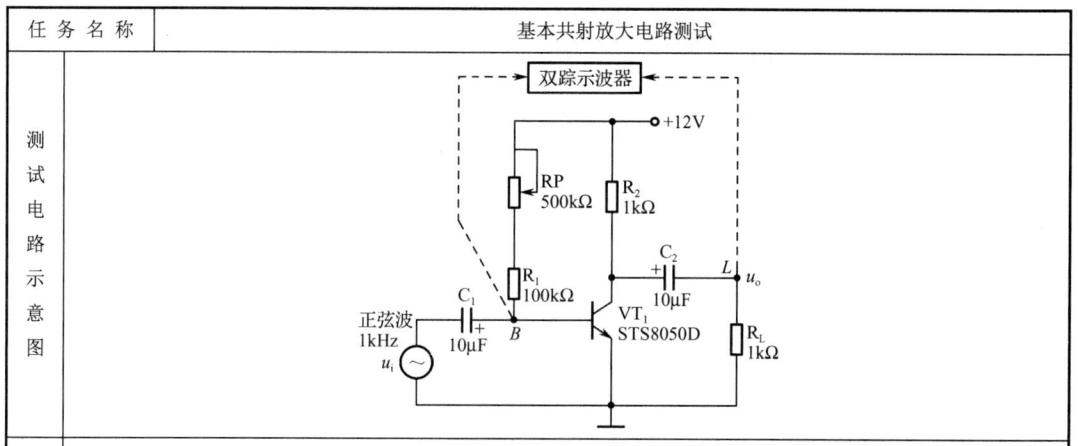

任务名称	基本共射放大电路测试		
测试电路示意图	测试电路图：正弦波 1kHz u_i 经 C_1 (10μF) 输入到 B 点，RP (500kΩ)、R_1 (100kΩ)、R_2 (1kΩ) 构成偏置电路，三极管 VT$_1$ STS8050D，经 C_2 (10μF) 输出到 L 点 u_o，R_L (1kΩ) 为负载，电源 +12V，双踪示波器接 B 点和 L 点。		
步骤	（1）如上图所示，固定可调电阻 RP，用万用表测量 RP 的阻值，计算三极管 VT$_1$ 的静态工作点，以及电路的电压放大倍数（使用万用表测量得到）。		

参　数	计　算　值	测　量　值
β	—	
U_{BEQ}		
U_{CEQ}		
I_{BQ}		
I_{CQ}		
I_{EQ}		
A_u		

（2）基本共射放大电路测试的具体过程。
① 在万能电路板上焊接如上图所示的电路。
② 接通电源，使用万用表测量三极管各极的电压，并与计算的静态工作点做比较，若数据相差较大，则检查电路有无焊错，查找原因。
③ 将双踪示波器的两个通道分别接入上图中的 B 点和 L 点。
④ 输入频率 f≈1kHz、幅度 u_{iP}≈10mV 的正弦波信号。
⑤ 调节可调电阻 RP 的大小，在双踪示波器上观察并对比两个波形。

RP	记录 u_o 失真波形	失真类型	说明静态工作点（上移、下移）
阻值增大			
阻值减小			

续表

任务名称	基本共射放大电路测试
步骤	⑥ 调节可调电阻 RP，当输出电压 u_o 的波形最大不失真时，RP=_____Ω，说明静态工作点处于输出特性曲线中点，此时，输入信号 u_i 的电压峰值 U_{iP}=_____mV，输出信号 u_o 的电压峰值 U_{oP}=_____mV，电压放大倍数 A_u=_____；输入信号波形和输出信号波形的极性_____（相反、相同）。 ⑦ 保持上一步中的 RP 不变，提高输入电压 u_i，此时，输出电压 u_o 的波形会出现_____现象，产生_____失真
结论	（1）共射放大电路具有电流放大能力，放大的电流经过负载电阻后以电压的形式输出。 （2）共射放大电路具有反相的作用

知识点 1　放大电路性能参数

放大电路主要的性能参数包括电压放大倍数 A_u、输入电阻 r_i、输出电阻 r_o、上限截止频率 f_H、下限截止频率 f_L、通频带 f_{BW} 等。需要注意的是，这些性能参数都是针对交流信号而言的。

放大电路的性能参数

1. 电压放大倍数 A_u

电压放大倍数是表示放大电路对电压放大能力的参数，它定义为输出波形不失真时输出电压与输入电压的比，即

$$A_u = \frac{U_o}{U_i}$$

式中，U_o 和 U_i 分别为输出电压与输入电压的有效值，若考虑其附加相移，则应用复数值来表示。

有时，放大倍数也可用"分贝"来表示，给放大倍数取自然对数并乘以 20 即放大倍数的分贝值：

$$A_u（dB）=20\lg A_u$$

当输出电压高于输入电压时，它叫增益，dB 取正值。
当输出电压低于输入电压时，它叫衰减，dB 取负值。
当输出电压等于输入电压时，dB 为 0。
对放大器来说，当然要求有高的电压增益。

工程上对放大电路的电压放大倍数 A_u 的测量方法是，在信号不失真的情况下，测出输入电压、输出电压的有效值 U_i 和 U_o 或峰值 U_{iP} 和 U_{oP}，根据电压放大倍数的定义计算出电压放大倍数：

$$A_u = \frac{U_o}{U_i} = \frac{U_{oP}}{U_{iP}}$$

2. 输入电阻 r_i

放大器对信号源来说，输入电阻 r_i 是信号源的负载；而对负载来说，它又是负载的信号源，于是，放大器可用如图 2-15 所示的模型来等效。

输入电阻即从放大器的输入端看进去的交流等效电阻，也即信号源的负载电阻 r_i，如图 2-15 所示。输入电阻为

$$r_i = \frac{u_i}{i_i}$$

在图 2-15 中，u_s 为信号源电压，R_s 为信号源内阻，u_i 为输入放大器的信号电压，其大小为

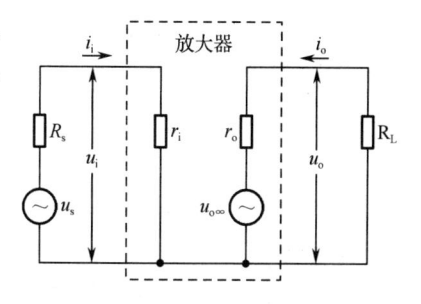

$$u_i = \frac{u_s}{R_s + r_i} \times r_i$$

图 2-15　放大器的等效模型

由上式可知，r_i 越大，放大电路从信号源获得的信号电压越高，同时从信号源获取的信号电流 i_i 越小。在放大电路中，一般要求 r_i 越大越好。

测量输入电阻 r_i 可用"串接已知电阻"法，其示意框图如图 2-16 所示，在信号源和放大器的输入端之间串接一已知电阻 R，R 的阻值一般选为接近 r_i 的数值。用毫伏表或示波器分别测出 u_s 和 u_i 的有效值 U_S 与 U_i 或峰值 U_{SP} 与 U_{iP}。此时，有

$$r_i = \frac{U_i}{U_S - U_i} \times R$$

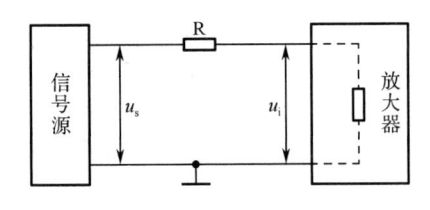

图 2-16 测量输入电阻的示意框图

3．输出电阻 r_o

输出电阻是从放大器的输出端看进去的交流等效电阻 r_o。使输入端短路，负载电压 $u_{o\infty}=0$（$u_{o\infty}$ 表示负载电阻为无穷大时的输出）；当输出端开路（$R_L=\infty$）时，在输出端加信号 u_o，从输出端流进放大器的电流为 i_o。此时，输出电阻为

$$r_o = \frac{u_o}{i_o}$$

一般地，输出电阻常通过工程方法进行测量，即测出放大器输出端的开路电压 $u_{o\infty}$ 和负载电压 u_o，如图 2-17 所示。此时，放大器的输出电阻为

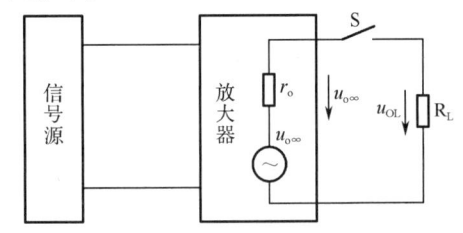

$$r_o = \frac{u_{o\infty} - u_o}{u_o} \times R_L$$

图 2-17 测量输出电阻的示意框图

输出电阻是衡量放大器带负载能力的性能参数，r_o 越小，输出电压 u_o 随 R_L 的变化就越小，即输出电压越稳定，放大器的带负载能力越强。因此，通常要求放大器的输出电阻越小越好。

4．通频带 f_{BW}

由于放大电路存在电抗元件，如电路中的耦合电容、旁路电容、三极管的极间电容等，随着信号频率的不同，容抗也跟着变化，在中频的一段频率范围内，这些电容的容抗都可忽略不计，因此中频放大倍数基本不变。而当信号频率过低时，容抗将大大增加，耦合电容和旁路电容与输入电阻是串联的关系，它们将分去一部分信号电压，使电压放大倍数下降，它们的阻抗就不能忽略；同理，当信号频率过高时，由于分布电容（极间电容和线路分布电容等）与输入/输出电阻是并联的关系，因此，这时它们的容抗对输入/输出电阻就有影响，将分去一部分信号电流，使放大器的电压放大倍数大大下降，分布电容的容抗就不可忽略。

电压放大倍数随频率变化的曲线称为频率响应，仅讨论幅值而不考虑相移时称为幅频特性。当放大器的电压放大倍数随频率下降到中频时的 0.707 倍时，它对应的两个频率分别为上限截止频率 f_H 与下限截止频率 f_L，f_H 与 f_L 之差就称为放大电路的通频带，用 f_{BW} 表示，三者之间的幅频特性如图 2-18 所示。

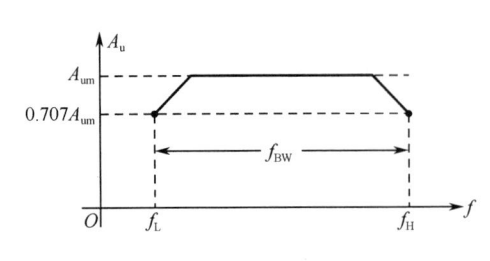

图 2-18 放大电路的幅频特性

项目 2 音频前置放大电路的制作

由于电子电路的信号频率往往不是单一的，而是在一段频率范围内。例如，广播中的音频信号，其频率范围通常在几十赫兹到几十千赫兹之间，因此，要使放大信号不失真，放大电路的通频带要足够大。如果通频带太小，就会造成一部分频率的信号放大得大些，一部分频率的信号放大得小些，从而产生失真，这种失真称为频率失真，又称线性失真。

在测试通频带时，可先测出放大器在中频区（如 f=1kHz）的输出电压，然后在维持输入信号 u_i 不变的情况下，逐渐提高信号源的频率，当频率比较高时，输出电压将下降，在输出电压下降到中频时的 0.707 倍时，测量输入信号的频率，即 f_H；同理，维持 u_i 不变，降低信号频率，直到输出电压下降到中频时的 0.707 倍，测出对应的信号源的频率，即 f_L，$f_{BW} = f_H - f_L$。

知识点 2　基本共射放大电路

1. 组成

基本共发射极放大电路

当使用单电源供电时，让三极管处于放大工作状态的电路接法如图 2-19 所示。其中，V_{CC} 为供电直流电源，R_B 为基极偏置电阻，R_C 为集电极负载电阻，$R_B \gg R_C$。基极偏置电阻 R_B 一方面使电源给发射结加正向电压，另一方面给三极管的基极提供合适的偏流 I_B；集电极负载电阻 R_C 使电源给集电结加反向偏压，三极管的基极电流 I_B 放大转换成 $I_C=\beta I_B$ 并流经 R_C。

基本共射放大电路原理图如图 2-20 所示。输入交流信号 u_i 在基极和发射极间输入，输出交流信号 u_o 在集电极和发射极间输出，发射极作为输入信号和输出信号的公共端。电容 C_1、C_2 为耦合隔直电容，使交流信号顺利通过，同时隔断直流电源对信号源和负载电阻的影响。

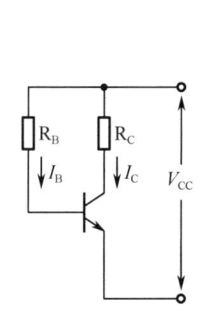

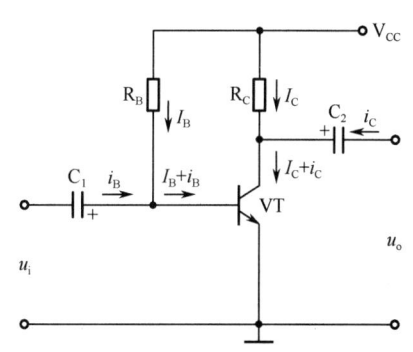

图 2-19　单电源供电时三极管处于放大工作状态的电路接法　　图 2-20　基本共射放大电路原理图

2. 工作过程

基本共射放大电路是由直流电源和交流信号共同作用的，在分析其工作过程时，可以把直流电源和交流信号分开单独分析。

1）静态工作情况

直流电源单独作用而输入交流信号为 0 时的工作状态称为静态。为了使放大电路能够正常工作，在静态时，三极管的发射结必须正偏、集电结必须反偏，此时，在电源 V_{CC} 的作用下，三极管各极的直流电压、直流电流分别为 U_{BEQ}、U_{CEQ}、I_{BQ}、I_{CQ}。图 2-21 所示的波形实际上就是一个直流电压或电流。

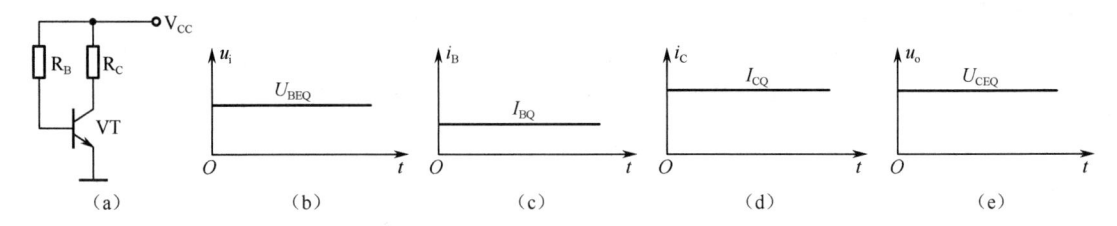

图 2-21 直流电源单独作用

2）动态工作情况

放大电路有交流信号输入时的工作状态称为动态。如果放大电路满足放大条件，则在交流信号的单独作用下，电压 u_i、u_o 和电流 i_B、i_C 的波形如图 2-22 所示。

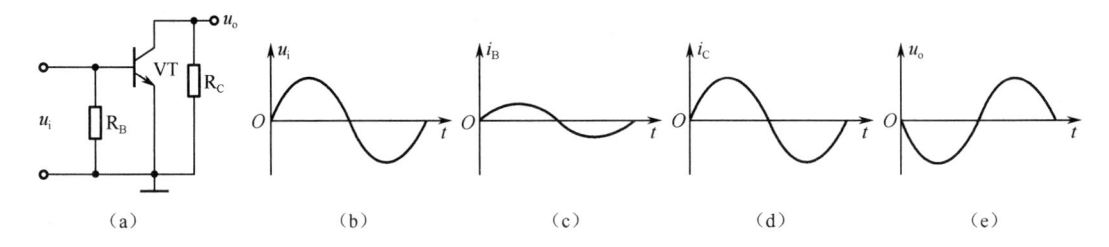

图 2-22 交流信号单独作用

在动态工作情况下，各极的电压、电流是在直流量的基础上叠加交流量，它们的动态波形都是一个直流量和一个交流量的合成，即交流量驮载在直流量上。图 2-23 所示的各个波形就是如图 2-21 和图 2-22 所示的各波形的对应叠加。

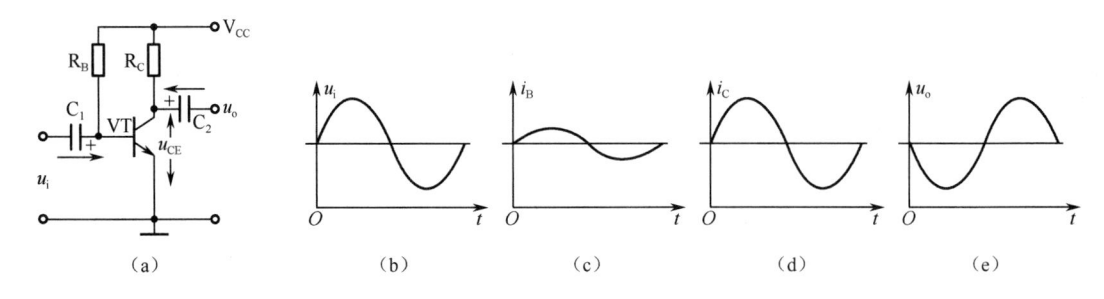

图 2-23 动态工作情况（等于直流电源叠加交流信号）

信号的放大过程如下。

交流信号 u_i 经电容 C_1、基极加到三极管 VT 的发射结上，使基极和发射极之间的电压随之发生变化，即在基极直流电压的基础上叠加了一个交流电压，其波形如图 2-23（b）所示，它是图 2-21（b）中的直流量和图 2-22（b）中的交流量的叠加。

由于发射结工作于正偏状态，因此，正向电压的微小变化量都会引起正向电流的较大变化（参阅三极管输入特性曲线），此时的基极电流 i_B 也是在直流电流 I_B 的基础上叠加了一个交流量 i_b，如图 2-23（c）所示，它是图 2-21（c）中的直流量和图 2-22（c）中的交流量的叠加。

由于三极管的电流放大作用，i_C 将随着 i_B 做线性放大，集电极电流也可看作在直流电流 $I_C=\beta I_B$ 上叠加交流电流 $i_C=\beta i_b$，如图 2-23（d）所示，它是图 2-21（d）中的直流量和图 2-22（d）中的交流量的叠加。

显然，当脉动电流通过集电极电阻 R_C 时，由于 i_C 的变化，引起 R_C 上压降的变化，从而造成管压降的变化，这是因为集电极电阻 R_C 和三极管 VT 串联后接在直流电源上，当集电极电流的瞬时值 i_C 增大时，集电极电阻 R_C 的压降也将增大，所以三极管集电极的压降将减小。由于发射极固定到地，因此集电极与发射极之间的压降 u_{ce} 也减小，u_{ce} 同样可以看作直流压降 U_{CEQ} 和交流压降 u_{ce} 的叠加，如图 2-23（e）所示，它是图 2-21（e）中的直流量和图 2-22（e）中的交流量的叠加。

最终，集电极输出的交流量经过耦合电容 C_2 送到输出端，C_2 将隔去信号中的直流成分，而输出端将得到放大了的交流信号电压 u_o。

由上面的分析可以得出如下结论。

（1）放大电路要正常工作，必须给三极管提供合适的静态电压和电流值，即合适的静态工作点。

（2）信号在放大过程中，其频率不变。

（3）交流信号的输入和输出波形的极性相反，或者说，共射放大电路具有反相的作用。

3．静态工作点 Q

三极管放大电路的静态工作点是指没有信号输入，只在直流电源的作用下，三极管各极的直流电压和直流电流的数值，包括基极电流 I_B、集电极电流 I_C、基极-发射极电压 U_{BE}、集电极-发射极压降 U_{CE}。因为这些数值在输入、输出特性上表现为一点，故称静态工作点，用 Q 表示，对应的电压、电流分别记作 I_{BQ}、I_{CQ}、U_{BEQ}、U_{CEQ}，如图 2-24 所示。

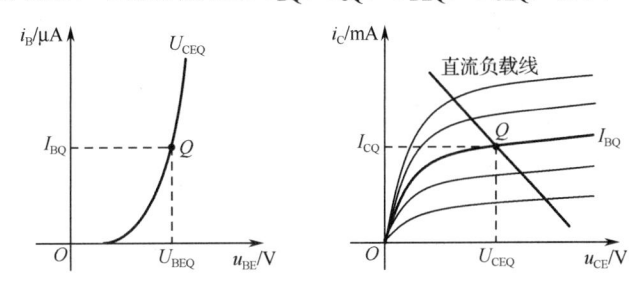

图 2-24 三极管放大电路的静态工作点

为了确定三极管放大电路的静态工作点，可以先画出其直流通路，即直流电源单独作用时直流电流通过的路径，因为电容对直流信号表现出很大的阻抗，相当于开路，所以直流通路只要画到电容这里就可以了。例如，图 2-20 所示的基本共射放大电路的直流通路如图 2-25 所示。

在通常情况下，U_{BEQ} 为已知量，对于硅管，可取 $U_{BEQ}=0.7\text{V}$；对于锗管，可取 $U_{BEQ}=0.3\text{V}$。计算静态工作点的 I_{BQ}、I_{CQ}、U_{CEQ} 的公式如下：

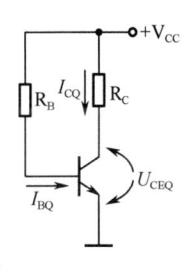

图 2-25 基本共射放大电路的直流通路

$$\begin{cases} I_{BQ} = \dfrac{V_{CC} - U_{BEQ}}{R_B} \approx \dfrac{V_{CC} - 0.7\text{V}}{R_B} \approx \dfrac{V_{CC}}{R_B} \\ I_{CQ} = \beta I_{BQ} \\ U_{CEQ} = V_{CC} - I_{CQ} R_C \end{cases}$$

在输出特性曲线中，$U_{CEQ} = V_{CC} - I_{CQ} R_C$ 所确定的直线称为直流负载线。

静态工作点是信号的驮载工具，只有准确设置三极管的静态工作点，才能保证交流信号不失真地通过三极管进行放大。基极电阻 R_B、集电极电阻 R_C、电源电压 V_{CC} 三者决定了静态工作点的位置。在实际的放大电路中，一般情况下，V_{CC} 和 R_C 是不可调的，因此设置静态工作点实际上是由 R_B 来调节的。为了使静态工作点处于直流负载线中点附近，R_B 的近似值可设为

$$R_B = 2\beta R_C \quad (\beta \text{ 为三极管的直流放大系数})$$

4．波形的非线性失真

静态工作点选取不合适将使波形产生严重失真。如图 2-26（a）所示，如果静态工作点选择得太低，如图中的 Q_1 点，那么在输入信号负半周靠近峰值的某段，在三极管输入特性曲线中，由于 u_{BE} 低于开启电压，三极管截止，因此基极电流 i_B 将产生底部失真；在三极管的输出特性曲线中，由于 Q_1 靠近截止区，因此输出信号 u_{CE} 的正半周顶部被削去，产生截止失真。

如果静态工作点选择得太高，如图 2-26（b）中的 Q_2 点，因为 Q_2 靠近饱和区，所以将使输出信号 u_{CE} 的负半周被削去一部分，产生饱和失真。

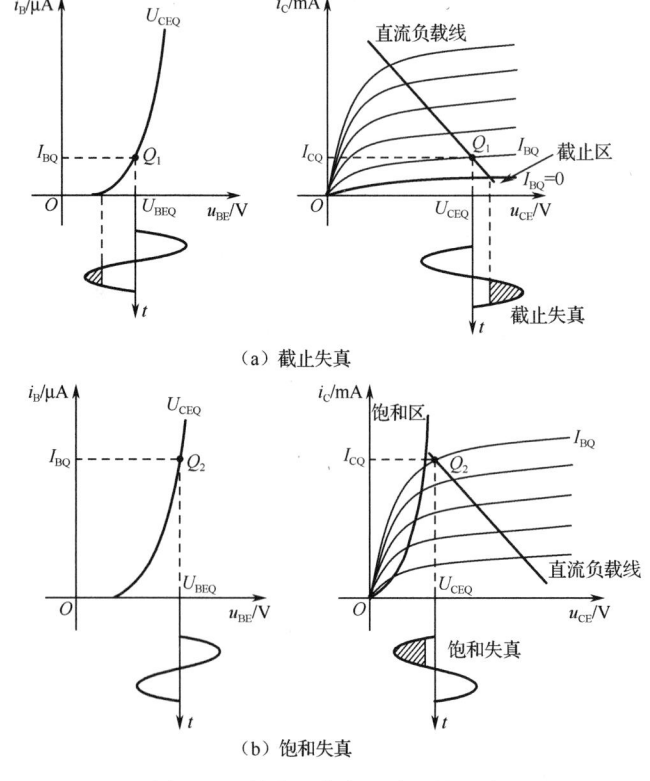

（a）截止失真

（b）饱和失真

图 2-26 静态工作点对波形的影响

还有一种情况是静态工作点选取恰当，但输入信号太大，超出三极管的放大线性区域，u_{CE}的两个半周的顶部都被削去一部分，就会产生双向限幅失真。截止失真、饱和失真和双向限幅失真统称为非线性失真。

由此可见，若三极管的静态工作点设定在直流负载线的中点附近，则可获得最大不失真的输出信号。使用时还需要注意的一点是，静态工作点选取的原则是能低则低，以不失真为前提，这样可省电，并减小热噪声。

技能训练10　分压式偏置共射放大电路性能参数仿真测试

完成本任务所需仪器仪表及材料如表2-9所示。

分压式偏置共发射极放大电路性能参数仿真测试

表2-9　完成本任务所需仪器仪表及材料

序　号	名　称	要　　求	数　量	备　注
1	计算机	安装Multisim10.0仿真软件	1台	

项目 2　音频前置放大电路的制作

任务书 2-3

任务书 2-3 如表 2-10 所示。

表 2-10　任务书 2-3

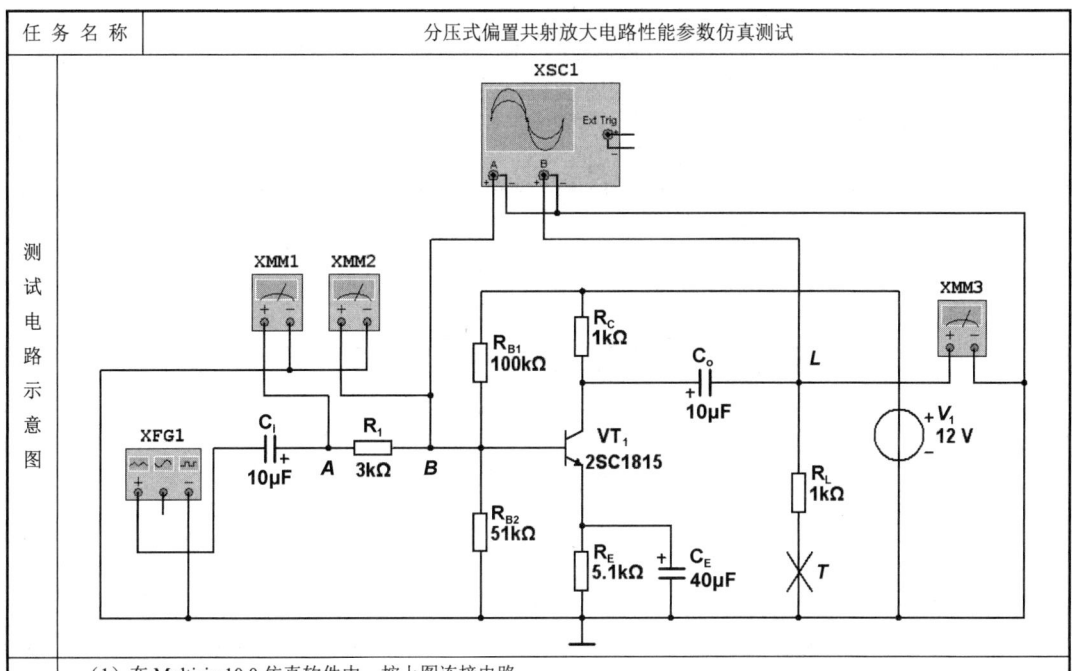

任 务 名 称	分压式偏置共射放大电路性能参数仿真测试
测试电路示意图	(电路图：XFG1 信号发生器经 C_1 10μF、R_1 3kΩ 接入 B 点；R_{B1} 100kΩ、R_{B2} 51kΩ 分压偏置；三极管 VT_1 2SC1815；R_C 1kΩ、R_E 5.1kΩ、C_E 40μF；经 C_o 10μF 输出至 L 点；R_L 1kΩ 经开关 T 接地；电源 V_1 12V；XMM1、XMM2、XMM3 为万用表，XSC1 为示波器，A、B 为测试点)
步骤	(1) 在 Multisim10.0 仿真软件中，按上图连接电路。 (2) 将示波器的两个通道分别接入上图中的 B 点和 L 点。 (3) 设置信号发生器输入信号 u_i 的频率 f=1kHz，波形为正弦波，调节输入信号的幅度，在示波器上观察到的两个波形无明显失真，画出 B 点和 L 点的波形。 | | B 点 | L 点 | |---|---|---| | 波形 | | | (4) 保持输入信号不变，用示波器或交流毫伏表接入电路中的 A 点、B 点，分别读取 A 点、B 点的电压值 U_A、U_B： U_A=_____mV U_B=_____mV 输入电阻 $r_i = \dfrac{U_B}{U_A - U_B} \times R_1 =$ _____。 (5) 保持输入信号不变，用示波器或交流毫伏表接入电路中的 L 点，分别读取电阻 R_L 下端 T 点和地连通及断开时的电压值 U_L、$U_{L\infty}$： U_L=_____mV $U_{L\infty}$=_____mV 输出电阻 $r_o = \left(\dfrac{U_{L\infty}}{U_L} - 1\right) \times R_L =$ _____。

续表

任务名称	分压式偏置共射放大电路性能参数仿真测试
步骤	（6）该放大电路的电压放大倍数为 $$A_u = \frac{U_L}{U_B} = \underline{\qquad\qquad}$$ 输入信号电压波形和输出信号电压波形的极性_____（相反、相同）。 （7）保持输入信号幅度不变，输入频率 f=1kHz，用示波器接入 L 点（T 点不断开），读取并记录 L 点的电压值，开始降低输入信号频率，当读取到 L 点的电压值下降为原来的 0.707 倍时，记录此时的输入信号频率 f_L=_____。 （8）保持输入信号幅度不变，输入频率 f=1kHz，用示波器接入 L 点（T 点不断开），读取并记录 L 点的电压值，开始升高输入信号频率，当读取到 L 点的电压值下降为原来的 0.707 倍时，记录此时的输入信号频率 f_H=_____。 放大电路的通频带为 $f_{BW}=f_H-f_L=$_____。 （9）取三极管 2SC1815 的电流放大系数 β=238，利用下面的理论公式计算上图中的分压式偏置共射放大电路的电压放大倍数，输入、输出电阻，并与测量结果进行比较。 电压放大倍数_____ 输入电阻_____ 输出电阻_____

理论公式	分压式偏置共射放大电路的 A_u、r_i、r_o 的计算式分别为
	$$A_u = \frac{u_o}{u_i} = -\frac{\beta(R_C//R_L)}{r_{BE}}$$
	$$r_i = R_{B1}//R_{B2}//r_{BE}$$
	$$r_o \approx R_C$$
	$$r_{BE} \approx 300\Omega + (1+\beta)\frac{26\text{mV}}{I_{EQ}(\text{mA})}$$
	对于分压式偏置改进型共射放大电路，$r_i = R_{B1}//R_{B2}//[r_{BE}+(1+\beta)R_{E1}]$，与分压式偏置共射放大电路的输入电阻相比，$r_i$ 增大了

结论	

知识点 分压式偏置共射放大电路

由三极管构成的放大电路有很多形式,分压式偏置共射放大电路是最常见的一种,如图2-27所示。与基本共射放大电路相比,分压式偏置共射放大电路在基极的偏置上采用电阻R_{B1}和R_{B2}的分压形式,而且发射极接一个反馈电阻R_E,该结构能使电路有稳定的静态工作点。

1. 静态工作点的稳定

穿透电流I_{CEO}、电流放大系数β、发射结的正向压降U_{BE}等三极管参数会随着环境温度的变化而变化,使已设置好的静态工作点Q发生较大的移动,严重时将使波形产生失真。例如,当环境温度T上升时,β及I_{CEO}会随之上升(增大),三极管的整个输出特性曲线簇将上移,曲线间隔加宽,在相同的偏流I_B下,I_C增大,因而静态工作点Q将上移,严重时输出信号将产生饱和失真。分压式偏置共射放大电路从以下两方面稳定静态工作点。

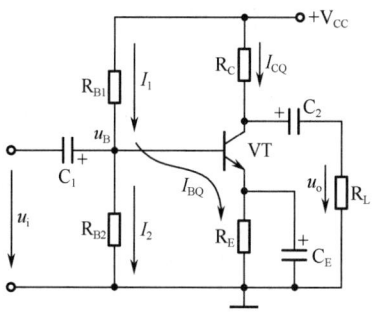

图2-27 分压式偏置共射放大电路

(1)利用电阻固定基极电位U_B。设流过电阻R_{B1}和R_{B2}的电流分别是I_1与I_2,显然,$I_1=I_2+I_{BQ}$,由于I_{BQ}一般较小,因此,只要合理选择参数,使$I_1 \gg I_{BQ}$,即可认为$I_1 \approx I_2$。这样,基极电位为

$$U_B = \frac{V_{CC}}{R_{B1}+R_{B2}} R_{B2}$$

表示基极电位U_B只与V_{CC}和R_{B1}、R_{B2}有关,它们受温度的影响小,可认为是固定值,不随温度的变化而变化。

(2)利用发射极电阻R_E起负反馈作用实现静态工作点的稳定,其稳定静态工作点的过程如下:

$$T\uparrow \rightarrow I_{CQ}\uparrow \rightarrow U_{EQ}\uparrow \rightarrow U_{BEQ}\downarrow \rightarrow I_{BQ}\downarrow$$
$$I_{CQ}\downarrow \longleftarrow$$

如果合理选择参数,使$U_B \gg U_{BEQ}$,则有

$$I_{CQ} \approx I_{EQ} = \frac{U_B - U_{BEQ}}{R_E} = \frac{U_B - 0.7\text{V}}{R_E} \approx \frac{U_B}{R_E}$$

说明I_{CQ}是稳定的,它只与固定的基极电位U_B和R_E有关,与电流放大系数β无关。同时,即使需要更换三极管,也不会改变原先已调好的静态工作点。

2. 电压放大倍数和输入、输出电阻

分压式偏置共射放大电路的电压放大倍数为

$$A_u = \frac{u_o}{u_i} = -\frac{\beta(R_C // R_L)}{r_{BE}}$$

式中,$r_{BE} \approx 300\Omega + (1+\beta)\dfrac{26\text{mV}}{I_{EQ}(\text{mA})}$。

分压式偏置共射放大电路的输入电阻为

$$r_i = R_{B1} // R_{B2} // r_{BE}$$

分压式偏置共射放大电路的输出电阻为

$$r_o \approx R_C$$

上述公式可用微变等效电路加以推导，在此不做讨论，读者应用时只需记住这些结论就可以了。

改进型分压式偏置共射放大电路如图 2-28 所示。添加发射极电阻 R_{E1} 的作用：一方面，其与电阻 R_{E2} 一起稳定三极管的静态工作点；另一方面，使该放大电路的输入电阻 r_i 增大，可以从输入信号源获取更多的信号。

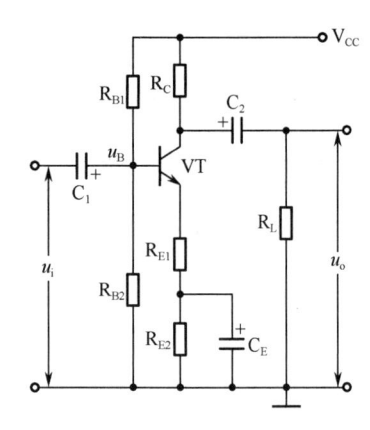

改进型分压式偏置共射放大电路静态工作点的计算公式如下：

$$U_B = \frac{V_{CC}}{R_{B1} + R_{B2}} R_{B2}$$

$$I_{EQ} = \frac{U_B - 0.7V}{R_{E1} + R_{E2}}$$

$$I_{CQ} \approx I_{EQ}$$

$$I_{BQ} = \frac{I_{CQ}}{\beta}$$

$$U_{CEQ} \approx V_{CC} - I_{CQ}(R_C + R_{E1} + R_{E2})$$

图 2-28 改进型分压式偏置共射放大电路

改进型分压式偏置共射放大电路的电压放大倍数为

$$A_u = \frac{u_o}{u_i} = -\frac{\beta(R_C // R_L)}{r_{BE} + (1+\beta)R_{E1}}$$

改进型分压式偏置共射放大电路的输入电阻为

$$r_i = R_{B1} // R_{B2} // [r_{BE} + (1+\beta)R_{E1}]$$

改进型分压式偏置共射放大电路的输出电阻为

$$r_o \approx R_C$$

可见，与分压式偏置共射放大电路的电压放大倍数相比，改进型分压式偏置共射放大电路的电压放大倍数 A_u 降低了。

技能训练 11　共集放大电路性能参数仿真测试

完成本任务所需仪器仪表及材料如表 2-11 所示。

共集电极放大电路性能参数及仿真测试

表 2-11　完成本任务所需仪器仪表及材料

序 号	名 称	要　　求	数　量	备 注
1	计算机	安装 Multisim 10.0 仿真软件	1 台	

项目 2　音频前置放大电路的制作

任务书 2-4

任务书 2-4 如表 2-12 所示。

表 2-12　任务书 2-4

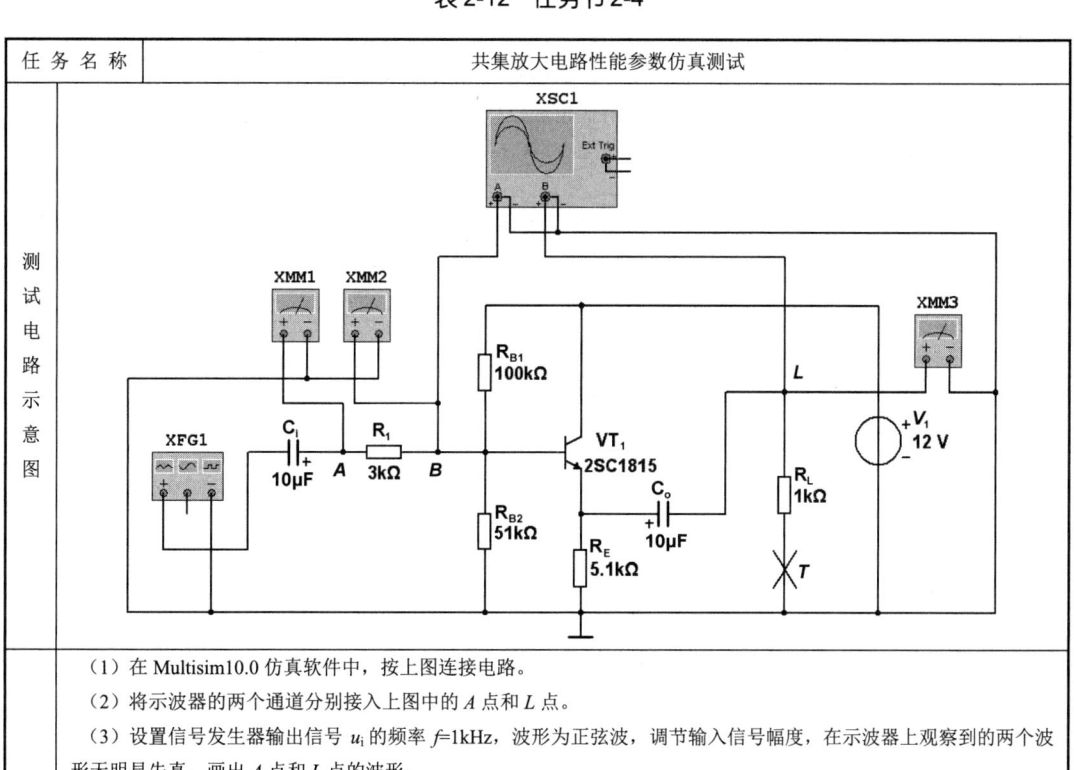

任 务 名 称	共集放大电路性能参数仿真测试
测试电路示意图	（电路图：XSC1 示波器，XMM1、XMM2、XMM3 万用表，XFG1 信号发生器，C_i 10μF，R_1 3kΩ，R_{B1} 100kΩ，R_{B2} 51kΩ，R_E 5.1kΩ，R_L 1kΩ，C_o 10μF，VT$_1$ 2SC1815，V_1 12V，A、B、L、T 测试点）
步骤	（1）在 Multisim10.0 仿真软件中，按上图连接电路。 （2）将示波器的两个通道分别接入上图中的 A 点和 L 点。 （3）设置信号发生器输出信号 u_i 的频率 $f=1$kHz，波形为正弦波，调节输入信号幅度，在示波器上观察到的两个波形无明显失真，画出 A 点和 L 点的波形。 | | A 点 | L 点 | |---|---|---| | 波形 | | | （4）保持输入信号不变，用示波器或交流毫伏表接入电路中的 A 点、B 点，分别读取 A 点、B 点的电压值 U_A、U_B： $U_A=$ _____ mV $U_B=$ _____ mV 输入电阻 $r_i = \dfrac{U_B}{U_A - U_B} \times R_1 =$ _____ 。 （5）保持输入信号不变，用示波器或交流毫伏表接入电路中的 L 点，分别读取电阻 R_L 下端 T 点和地连通及断开时的电压值 U_L、$U_{L\infty}$： $U_L=$ _____ mV $U_{L\infty}=$ _____ mV 输出电阻 $r_o = \left(\dfrac{U_{L\infty}}{U_L} - 1\right) \times R_L =$ _____ 。

续表

任务名称	共集放大电路性能参数仿真测试
步骤	（6）该放大电路的电压放大倍数为 $$A_u = \frac{U_L}{U_B} = \underline{\quad\quad\quad}$$ 输入信号电压波形和输出信号电压波形的极性_____（相反、相同）。 （7）保持输入信号幅度不变，输入频率 f=1kHz，用示波器接入 L 点（T 点不断开），读取并记录 L 点的电压值，开始降低输入信号频率，当读到 L 点的电压值下降为原来的 0.707 倍时，记录此时的输入信号频率 f_L=_____。 （8）保持输入信号幅度不变，输入频率 f=1kHz，用示波器接入 L 点（T 点不断开），读取并记录 L 点的电压值，开始提高输入信号频率，当读到 L 点的电压值下降为原来的 0.707 倍时，记录此时的输入信号频率 f_H=_____。 放大电路的通频带为 $f_{BW}=f_H-f_L=$_____。 （9）取三极管 2SC1815 的电流放大系数 β=238，利用下面的理论公式计算上图所示的共集放大电路的电压放大倍数，输入、输出电阻，并与测量结果进行比较。 电压放大倍数_____ 输入电阻_____ 输出电阻_____
理论公式	基本共集放大电路的 A_u、r_i、r_o 的计算公式分别为 $$A_u = \frac{u_o}{u_i} = \frac{(1+\beta)(R_E // R_L)}{r_{BE} + (1+\beta)(R_E // R_L)} \approx 1$$ $$r_i = R_B // [r_{BE} + (1+\beta)(R_E // R_L)]$$ $$r_o = \frac{R_s // R_B + r_{BE}}{1+\beta} // R_E \approx \frac{r_{BE}}{\beta}$$
结论	共集放大电路的特点如下。 （1）电压放大倍数小于 1 而近似等于 1，输入信号和输出信号相位一致，具有电压跟随器的特点。 （2）输入电阻大，输出电阻小，常用于电压放大电路的输入级和输出级

项目 2 音频前置放大电路的制作

知识点　基本共集放大电路

三极管是放大电路的核心元件,三极管的放大作用是针对交流信号而言的。对于一个交流输入、输出信号 u_i 和 u_o,上面讨论的共射放大电路采用的是共射接法:把发射极作为输入信号 u_i 和输出信号 u_o 的公共极,如图 2-29 (a)所示。

经常还要用到的另一种接法是共集接法,即在由三极管组成的输入、输出端口电路中,集电极是输入信号 u_i 和输出信号 u_o 的公共极,如图 2-29(b)所示。与共射接法相同的是,采用共集接法也必须满足三极管电流放大的基本条件,即发射结加正向电压、集电结加反向电压。

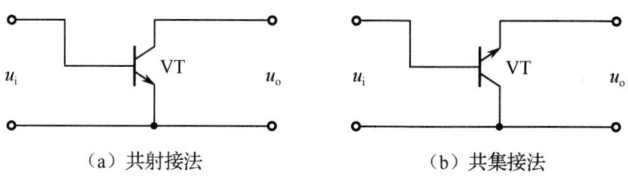

图 2-29　三极管在放大电路中的两种接法

图 2-30 所示为采用共集接法的基本共集放大电路,该电路的静态工作点的电流、电压分别为

$$I_{BQ} = \frac{V_{CC} - 0.7\text{V}}{R_B + (1+\beta)R_E}$$

$$I_{CQ} = \beta I_{BQ}$$

$$U_{CEQ} = V_{CC} - I_{CQ}R_E$$

电压放大倍数 A_u 为

$$A_u = \frac{u_o}{u_i} = \frac{(1+\beta)(R_E//R_L)}{r_{BE} + (1+\beta)(R_E//R_L)} \approx 1$$

输入电阻为

$$r_i = R_B//[r_{BE} + (1+\beta)(R_E//R_L)]$$

输出电阻为

$$r_o = \frac{R_s//R_B + r_{BE}}{1+\beta}//R_E \approx \frac{r_{BE}}{\beta}$$

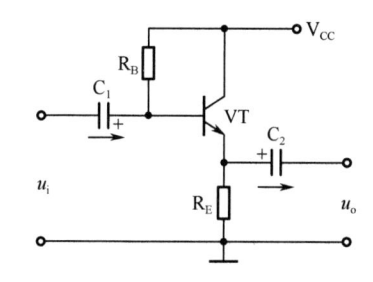

图 2-30　采用共集接法的基本共集放大电路

分压式偏置共集放大电路如图 2-31 所示。该电路的静态工作点的电流、电压分别为

$$I_{CQ} \approx I_{EQ} = \frac{U_B - 0.7\text{V}}{R_E}$$

$$I_{BQ} = \frac{I_{CQ}}{\beta}$$

$$U_B = \frac{V_{CC}}{R_{B1} + R_{B2}}R_{B2}$$

$$U_{CEQ} = V_{CC} - I_{CQ}R_E$$

电压放大倍数 A_u 为

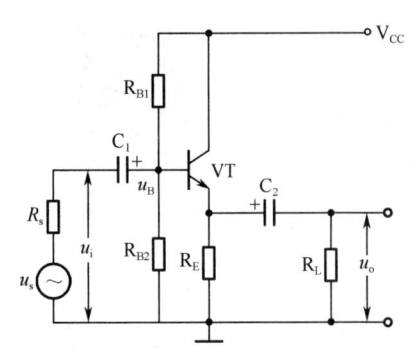

图 2-31 分压式偏置共集放大电路

$$A_u = \frac{u_o}{u_i} = \frac{(1+\beta)(R_E // R_L)}{r_{BE} + (1+\beta)(R_E // R_L)} \approx 1$$

输入电阻为

$$r_i = R_{B1} // R_{B2} // [r_{BE} + (1+\beta)(R_E // R_L)]$$

输出电阻为

$$r_o = R_E // \frac{R_s // R_{B1} // R_{B2} + r_{BE}}{1+\beta} \approx \frac{r_{BE}}{\beta}$$

基本共集放大电路和分压式偏置共集放大电路的区别在于,基本共集放大电路的静态工作点电流 I_{CQ} 和电流放大系数 β 有关,在更换具有不同 β 值的管子后,需要重新调整 I_{CQ};而分压式偏置共集放大电路的静态工作点电流 I_{CQ} 和 β 无关,更换具有不同 β 值的管子后,不需要重新调整 I_{CQ}。

无论哪种共集放大电路,它们的共同特点如下。

(1)输入信号和输出信号相位一致。

(2)输入电阻大,输出电阻小(从放大器输出端看进去的交流等效电阻)。因此能有效地接收信号源的输入信号,又有利于把输出信号传送给负载。

(3)电压放大倍数小于 1 而近似等于 1。因此共集放大电路又称电压跟随器或射极跟随器。

知识拓展　图解分析法和微变等效电路法

放大电路的基本分析方法除了近似估算法、实验测量法,还有图解分析法和微变等效电路法,它们是分析放大电路性能的基本方法。

图解分析法和微变等效电路法

1. 图解分析法

所谓图解分析法,就是指利用晶体管的伏安特性曲线,通过作图的方法,对放大电路的静态工作点进行分析。

1)静态分析

静态分析就是要得到静态工作点,即得到 I_{BQ}、I_{CQ}、U_{CEQ} 的值。图 2-32(a)画出了放大电路直流通路的输出回路,可以看出,左边是三极管,I_{CQ} 和 U_{CEQ} 的关系必须满足三极管的输出伏安特性;右边是直流电路,I_{CQ} 和 U_{CEQ} 必须满足 $U_{CEQ}=V_{CC}-I_{CQ}R_C$,该方程在 U_{CE}-I_C 坐标系中为一条直线,故称该直线为直流负载线。静态工作点即两者的交点,如图 2-32(b)所示。

因此,可以用下列步骤来确定静态工作点。

(1)由特性图示仪获得三极管的输出特性曲线。

(2)在 U_{CE}-I_C 坐标系中画出直流负载线,直流负载线方程为 $U_{CEQ}=V_{CC}-I_{CQ}R_C$。用两点法画该直线,令 $I_C=0$,得 $U_{CEQ}=V_{CC}$,设为 M 点;令 $U_{CEQ}=0$,得 $I_C=\frac{V_{CC}}{R_C}$,设为 N 点,连接 M 和 N 两点,得到直流负载线。

(a) 放大电路直流通路的输出回路　　(b) 输出回路的图解分析法

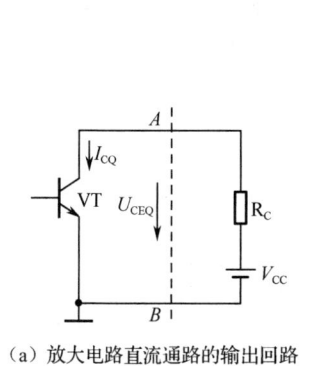

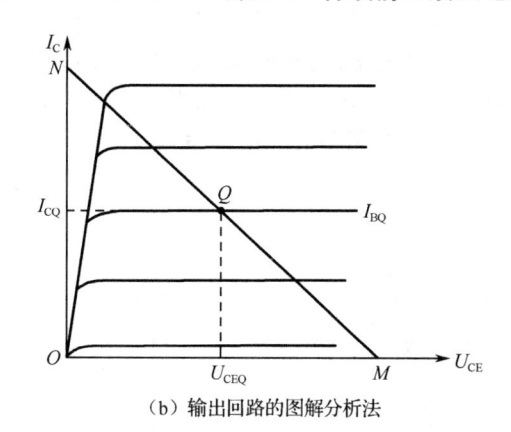

图 2-32　静态工作点的图解分析法

（3）在输入回路中确定 I_{BQ}。I_{BQ} 的值一般通过估算的方法求得，对于基本共射放大电路，有

$$I_{BQ} = \frac{V_{CC} - 0.7\text{V}}{R_B}$$

（4）确定静态工作点 Q。I_{BQ} 对应的输出特性曲线与直流负载线的交点即所求的静态工作点，量取坐标上的值，就是所求的 I_{CQ} 和 U_{CEQ} 的值。

2）动态分析

动态分析主要得到输入和输出的电压、电流的传输关系，得出放大器能输出的最大动态范围。由前面的分析可知，动态信号是在静态的基础上叠加的，即信号为零时，三极管的工作点应为静态工作点。

而以交流信号输入时，电容相当于短路，输出交流信号不仅通过集电极电阻 R_C，还通过负载电阻 R_L，如图 2-33 所示，此时有

$$u_{CE} = -i_C R_L'$$

式中，$R_L' = R_C // R_L$ 称为集电极等效负载电阻。上式反映的是 u_{CE} 与 i_C 之间的关系，其在 u_{CE}-i_C 坐标系中也是一条直线，故称为交流负载线。它的斜率为 $\tan\varphi = -\dfrac{1}{R_L'}$，而直

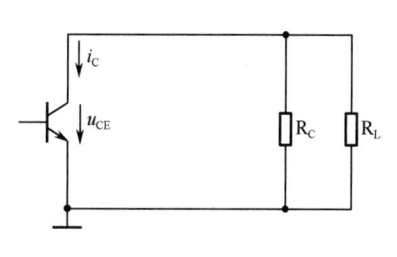

图 2-33　输出回路的交流等效电路

流负载线的斜率则为 $\tan\theta = -\dfrac{1}{R_C}$，因为 $R_L' < R_C$，所以交流负载线更陡。

动态分析可以通过下列步骤进行。

（1）画交流负载线。由于交流负载线通过静态工作点，又知其斜率为 $\tan\varphi = -\dfrac{1}{R_L'}$，因此，根据点斜式，可画出交流负载线 $M'N'$，如图 2-34 所示。

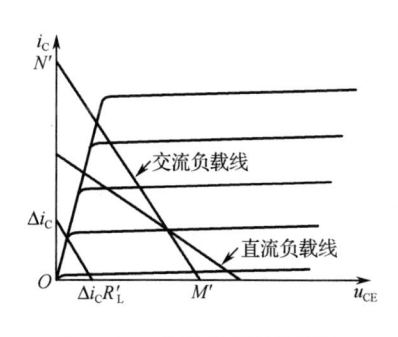

图 2-34　交流负载线的画法

（2）画出 i_B 的波形。在输入特性曲线上，由输入信号

u_i 叠加到 U_{BE} 上得到 u_{BE},对应画出基极电流 i_B 的波形,如图 2-35(a)所示。

(3)画出 i_C、u_{CE} 的波形。在输出特性曲线上,根据 i_B 的波形,可对应得到 u_{CE} 及集电极电流 i_C 的波形,如图 2-35(b)所示。

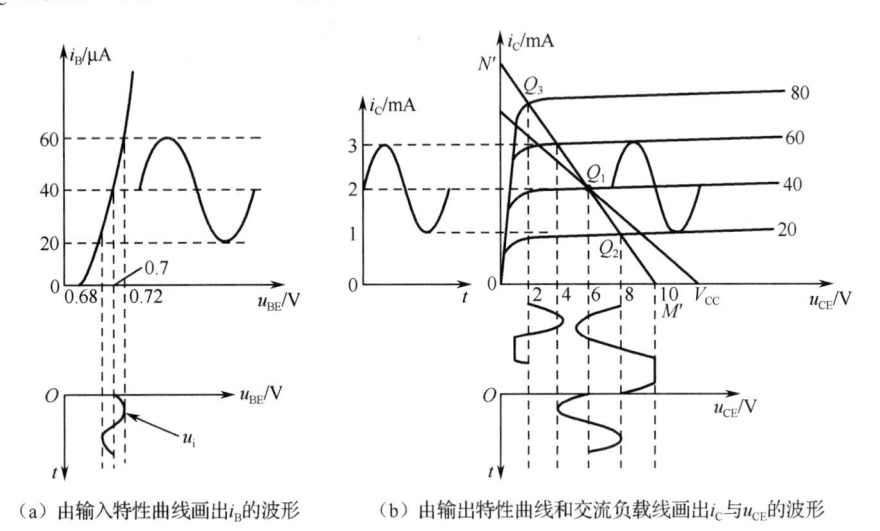

(a)由输入特性曲线画出 i_B 的波形　　(b)由输出特性曲线和交流负载线画出 i_C 与 u_{CE} 的波形

图 2-35　图解分析法

综上所述,可以得到如下结论。

(1)用图解分析法可一目了然地看出输出波形的 3 种失真与电路的静态工作点及波形的幅值有关。

(2)选取静态工作点的原则是能低就低,以不失真为原则。

(3)由于负载电阻 R_L 的关系,输出电压波形不失真的动态范围减小。

2. 微变等效电路法

所谓微变等效电路法,就是指在"一定条件"下,用一个线性电路模型来代替非线性元件三极管,从而把非线性放大电路变成线性电路,以便求出放大电路的 A_u、r_i、r_o 等参数。

"一定条件"是指放大电路在小信号条件下工作,这样,三极管静态工作点附近的微小偏移可近似为线性。

1)三极管的线性等效模型

可以证明(证明略),一只三极管[见图 2-36(a)]可等效成如图 2-36(b)所示的线性等效模型。

(a)三极管　　(b)三极管的线性等效模型

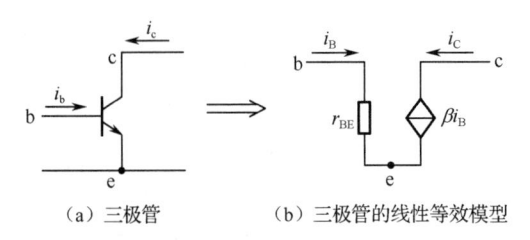

图 2-36　三极管的微变等效电路

2）画放大电路的微变等效电路

画放大电路的微变等效电路的方法可用以下 3 句话来概括。
（1）用三极管的微变等效模型代替三极管。
（2）把电路中的电容、直流电源视为短路。
（3）把电压量和电流量表示成交流量。

图 2-37（a）、(b) 所示分别为基本共射放大电路及其微变等效电路。

(a) 基本共射放大电路　　　　(b) 微变等效电路

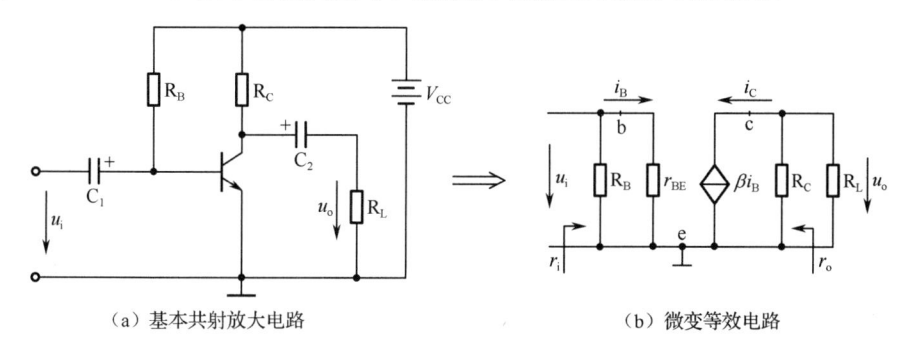

图 2-37　基本共射放大电路及其微变等效电路

3）由微变等效电路求电路的性能参数

（1）求电压放大倍数 A_u：

$$u_i = i_B r_{BE}$$

$$u_o = -i_C R_L', \quad R_L' = R_C // R_L$$

$$A_u = \frac{u_o}{u_i} = -\beta \frac{R_L'}{r_{BE}}$$

注意：式中的"-"号表示的是输出电压和输入电压的反相关系。

（2）求输入电阻 r_i。根据输入电阻的定义，从输入端看进去的电阻为

$$r_i = R_B // r_{BE} \approx r_{BE}$$

（3）求输出电阻 r_o。根据输出电阻的定义，当输出端开路时，从输出端看进去的电阻（忽略了 r_{CE} 的影响）为

$$r_o \approx R_C$$

技能训练 12　多级放大电路仿真测试

完成本任务所需仪器仪表及材料如表 2-13 所示。

多级放大电路的仿真测试

表 2-13　完成本任务所需仪器仪表及材料

序号	名称	要求	数量	备注
1	计算机	安装 Multisim10.0 仿真软件	1 台	

任务书 2-5

任务书 2-5 如表 2-14 所示。

表 2-14　任务书 2-5

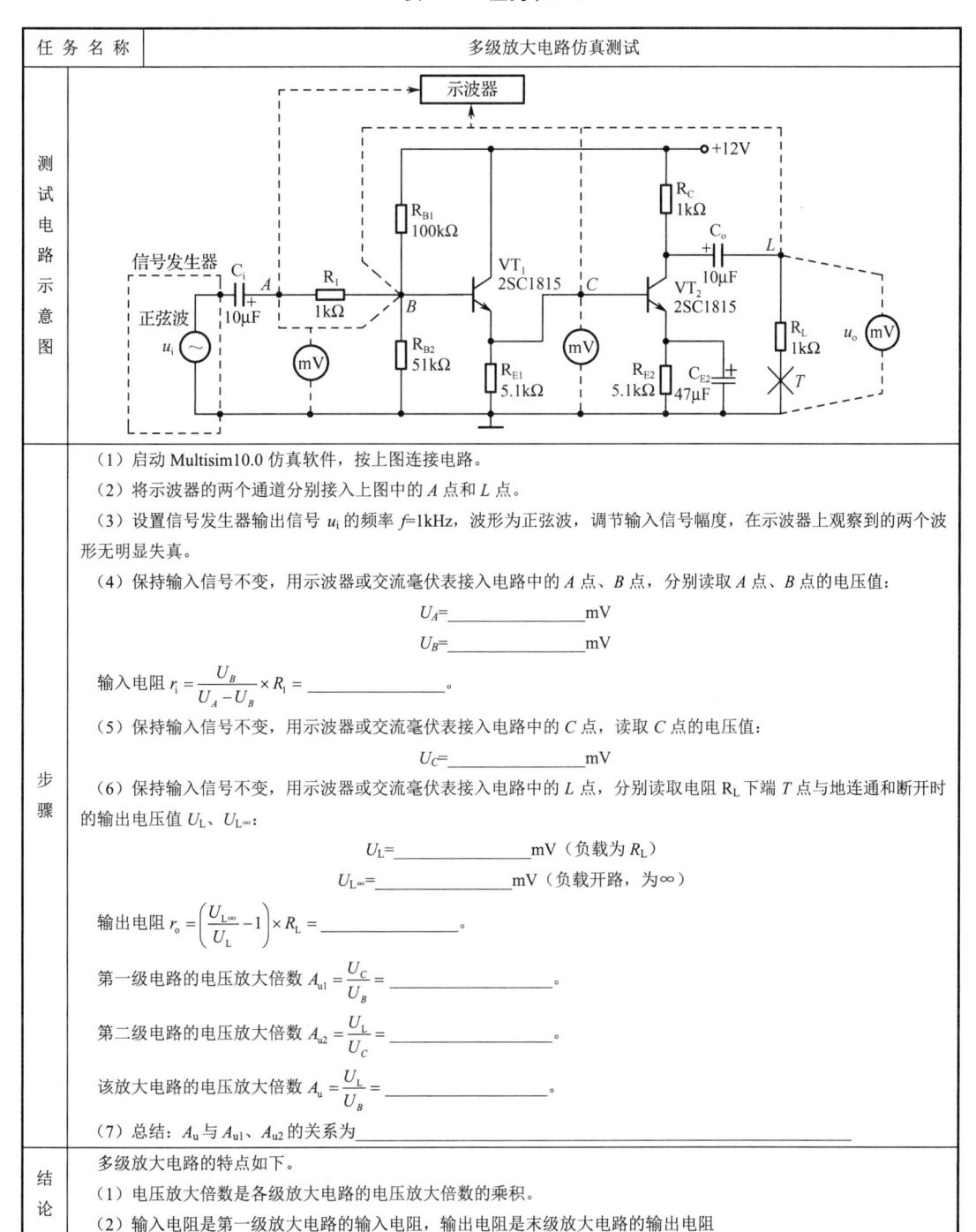

任务名称	多级放大电路仿真测试
测试电路示意图	（电路图：信号发生器正弦波 u_i，C_i 10μF，R_1 1kΩ，R_{B1} 100kΩ，R_{B2} 51kΩ，VT_1 2SC1815，R_{E1} 5.1kΩ，R_C 1kΩ，VT_2 2SC1815，R_{E2} 5.1kΩ，C_{E2} 47μF，C_o 10μF，R_L 1kΩ，+12V，示波器接 A 点和 L 点）
步骤	（1）启动 Multisim10.0 仿真软件，按上图连接电路。 （2）将示波器的两个通道分别接入上图中的 A 点和 L 点。 （3）设置信号发生器输出信号 u_i 的频率 f=1kHz，波形为正弦波，调节输入信号幅度，在示波器上观察到的两个波形无明显失真。 （4）保持输入信号不变，用示波器或交流毫伏表接入电路中的 A 点、B 点，分别读取 A 点、B 点的电压值： 　　　　　　U_A=_____mV 　　　　　　U_B=_____mV 输入电阻 $r_i = \dfrac{U_B}{U_A - U_B} \times R_1 =$ _____。 （5）保持输入信号不变，用示波器或交流毫伏表接入电路中的 C 点，读取 C 点的电压值： 　　　　　　U_C=_____mV （6）保持输入信号不变，用示波器或交流毫伏表接入电路中的 L 点，分别读取电阻 R_L 下端 T 点与地连通和断开时的输出电压值 U_L、$U_{L\infty}$： 　　　　　　U_L=_____mV（负载为 R_L） 　　　　　　$U_{L\infty}$=_____mV（负载开路，为∞） 输出电阻 $r_o = \left(\dfrac{U_{L\infty}}{U_L} - 1\right) \times R_L =$ _____。 第一级电路的电压放大倍数 $A_{u1} = \dfrac{U_C}{U_B} =$ _____。 第二级电路的电压放大倍数 $A_{u2} = \dfrac{U_L}{U_C} =$ _____。 该放大电路的电压放大倍数 $A_u = \dfrac{U_L}{U_B} =$ _____。 （7）总结：A_u 与 A_{u1}、A_{u2} 的关系为_____
结论	多级放大电路的特点如下。 （1）电压放大倍数是各级放大电路的电压放大倍数的乘积。 （2）输入电阻是第一级放大电路的输入电阻，输出电阻是末级放大电路的输出电阻

项目 2　音频前置放大电路的制作

知识点　多级放大电路

在实际应用中，常对放大电路的性能提出多方面的要求。例如，为了获得较高的电压增益，需要把若干基本共射放大电路连接起来；为了获得较大的输入电阻和较小的输出电阻，需要在第一级和末级使用基本共集放大电路。这些靠前面讲的单级放大电路是不可能同时满足的，这就需要将多个基本放大电路连接起来构成多级放大电路。

多级放大电路

连接多级放大电路的常用方法有阻容耦合连接和直接耦合连接。

1. 阻容耦合放大电路

图 2-38 所示为由两级分压式偏置放大电路组成的阻容耦合多级电压放大器。由于采用了耦合电容 C_2，因此前级 VT_1 放大电路的静态工作点与后级 VT_2 放大电路的静态工作点完全独立，在求解静态工作点时可以单独处理，电路的分析、调试、设计简单。但由于耦合电容的隔直作用，放大电路对低频信号的放大性能较差。

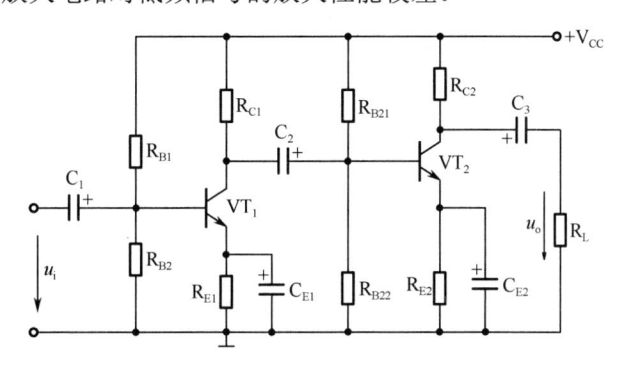

图 2-38　阻容耦合多级电压放大器

2. 直接耦合放大电路

图 2-39 所示为共集、共射直接耦合两级电压放大器。直接耦合的多级放大电路各级的静态工作点互相不独立，但由于在两级放大电路之间采用直通的方式，因此电路具有良好的低频特性，且容易做成集成芯片（因为没有大容量的耦合电容）。

在图 2-39 中，VT_1、VT_2 的静态工作点中的 I_{CQ} 的计算公式分别如下：

$$U_{B1} = \frac{V_{CC}R_{B2}}{R_{B1} + R_{B2}}$$

$$I_{CQ1} \approx I_{EQ1} = \frac{U_B - 0.7\text{V}}{R_{E1}}$$

$$I_{CQ2} \approx I_{EQ2} = \frac{U_{B1} - 0.7\text{V} - 0.7\text{V}}{R_{E21} + R_{E22}}$$

无论采用何种连接方式，多级放大电路的电压放大倍数都是各级放大电路的电压放大倍数的乘积；输入电阻都是第一级放大电路的输入电阻，输出电阻都

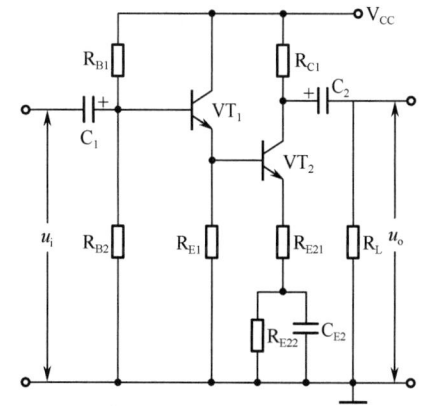

图 2-39　共集、共射直接耦合两级电压放大器

是末级放大电路的输出电阻。

图 2-40 所示为采用三级基本放大电路连接的多级放大电路。其中，第一级是由 VT_1 及周边元件构成的共集放大电路，用以增大输入电阻，减少放大电路对信号源的衰减，使信号有效地进入放大电路。该电路采用分压式偏置放大电路，保证在元件参数改变时，电路的静态工作点不变。第二级是与第一级直接耦合的 VT_2 组成的共射放大电路，该级使放大电路有足够的电压放大倍数，因为 VT_1 的静态工作点稳定，所以即使受到第一级的影响，VT_2 的静态工作点也是稳定的。末级是由 VT_3 及其周边元件构成分压式偏置共射放大电路，使用电容 C_2 与第二级进行阻容耦合连接，继续放大信号电压，提高放大电路的电压放大倍数。本项目工作任务中使用的电路就是在如图 2-40 所示的电路的基础上，根据实际要求添加了一些元件而来的。

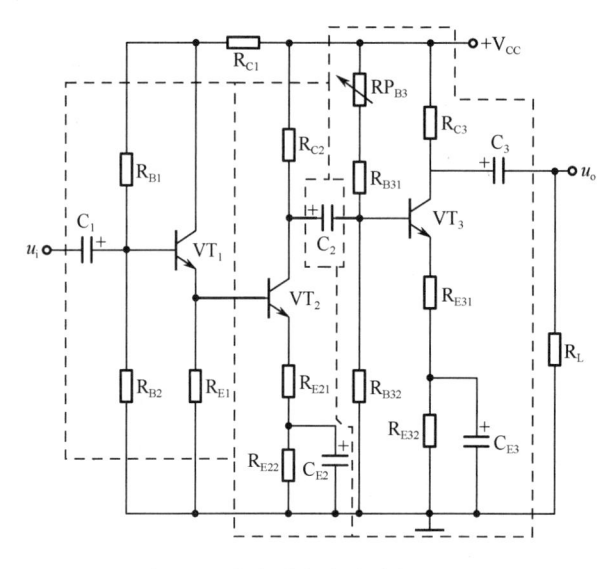

图 2-40 采用三级基本放大电路连接的多级放大电路

项目实施 音频前置放大电路的制作

1. 电路原理分析

在安装、调试之前，应先深刻理解电路原理，可按图 2-1 所示，用虚线框分模块理解电路。

（1）该电路的输入有两种形式，即输入信号电压是 3~5mV 的 u_{i1}；输入信号电压是 100~200mV 的 u_{i2}，u_{i2} 输入采用电阻衰减电路。

（2）第一级是由 VT_1 及周边元件构成的共集放大电路，用来增大输入电阻，保证信号有效地传输至下一级，且该电路采用分压式偏置放大电路，保证在元件参数改变时，电路的静态工作点不变。

（3）中间级是 VT_2 直接耦合第一级的共射放大电路，因为 VT_1 的静态工作点稳定，所以 VT_2 的静态工作点也稳定。

（4）VT_3 及其周边元件构成分压式偏置共射放大电路（末级），继续放大信号电压，并引入 C_{15}、R_{14} 构成交流电压串联负反馈，用以改善放大器的性能。由于引入了深度负反馈，因此该部分的电压放大倍数为

$$A_{u1} = 1 + \frac{R_{14}}{R_9}$$

2．PCB

根据图 2-1 制作完成的参考 PCB 如图 2-41 所示。

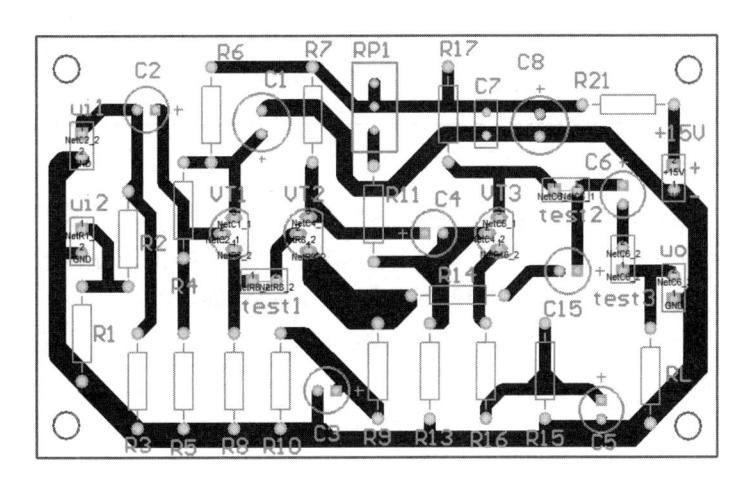

图 2-41　参考 PCB

3．仪器仪表及材料

完成本项目所需仪器仪表及材料如表 2-15 所示。

表 2-15　完成本项目所需仪器仪表及材料

序号	名称	型号或规格	数量	备注
1	直流稳压电源	JC2735D	1个	
2	数字万用表	DT9205	1个	
3	20MHz 双踪示波器	GDS-1062A	1台	
4	函数信号发生器	STR-F220	1台	
5	电工工具箱	含电烙铁、斜口钳等	1套	
6	成品 PCB 或万能电路板	10cm×10cm	1块	
7	R_1	330Ω	1只	
	R_2、R_5、R_{11}	100kΩ	3只	
	R_3、R_6、R_{15}、R_L	2kΩ	4只	
	R_4	300kΩ	1只	
	R_7	4.7kΩ	1只	
	R_8、R_{14}、R_{17}	5.1kΩ	3只	
	R_9、R_{16}	100Ω	2只	
	R_{10}	3kΩ	1只	
	R_{13}	51kΩ	1只	
	R_{21}	200Ω	1只	
8	RP_1	470kΩ	1只	

续表

序 号	名 称	型号或规格	数 量	备 注
9	C_1、C_8	100μF/16V	2只	
	C_2、C_4、C_6、C_{15}	10μF/16V	4只	
	C_3、C_5	47μF/16V	2只	
	C_7	0.1μF	1只	
10	VT_1、VT_2、VT_3	9011	3只	
11	细导线	—	—	

4．元件安装与焊接

在PCB上安装元件时，一般应注意如下几点。

（1）在安装前，应对元件的好坏进行检查，防止已损坏的元件被装上PCB。

（2）元件引脚若有氧化膜，则应除去氧化膜，并进行搪锡处理。

（3）安装时，要确保元件的极性正确，如二极管的正、负极，三极管的e、b、c极，电解电容的正、负极。

（4）元件外形的标注字（如型号、规格、数值）应朝向看得见的一面。

（5）同一种元件的高度应当尽量一致。

（6）安装时，先安装小型元件（如电阻），然后安装中型元件，最后安装大型元件，这样便于安装操作。

5．电路调试

1）通电前的检查

电路安装完成后，应先对照电路图按顺序检查一遍。一般地，应检查以下几项。

（1）检查每个元件的规格、型号、数值、安装位置、引脚接线是否正确。

（2）检查每个焊点是否有漏焊、假焊和搭锡现象，线头和焊锡等杂物是否残留在PCB上。

（3）检查调试用仪器仪表是否正常，清理好测试场地和台面，以便做进一步的调试。

2）静态调试

先计算所有三极管各引脚的电位，再用万用表逐级测量各级三极管的引脚电压，填入表2-16中。通过与计算值进行比较来调节偏置电阻，使各级静态工作点正常。若测量值与计算值相差太远，则应考虑可能该级偏置电路有虚焊、元件焊错或极性焊反等错误，要检查修正。设各级的基极和发射极之间的压降U_{BE}=0.7V，β=150。

表2-16 数据记录

三 极 管	基极电位 U_B/V		发射极电位 U_E/V		集电极电位 U_C/V	
	计 算 值	测 量 值	计 算 值	测 量 值	计 算 值	测 量 值
VT_1		3.3				
VT_2		2.4				
VT_3		2.1				

3）动态调试

u_{i1} 为 1kHz 的正弦波信号，按图 2-1 中的粗线所示的信号通道逐级用示波器观察信号波形，信号由小逐渐增大，直至输出 u_o 的波形增大到恰好不失真。动态调试过程中若出现故障，则应先排除。

习题 2

2-1 在检测某放大电路时，一时辨认不出该电路中三极管的型号，但可以从电路中测出它的 3 个电极的对地电压，分别为 U_1=-6.2V，U_2=-6V，U_3=-9V，如图 2-42 所示，试判断哪个电极是发射极、基极和集电极。该管是 NPN 型管还是 PNP 型管？是锗管还是硅管？

2-2 判别如图 2-43 所示的各三极管的工作状态。

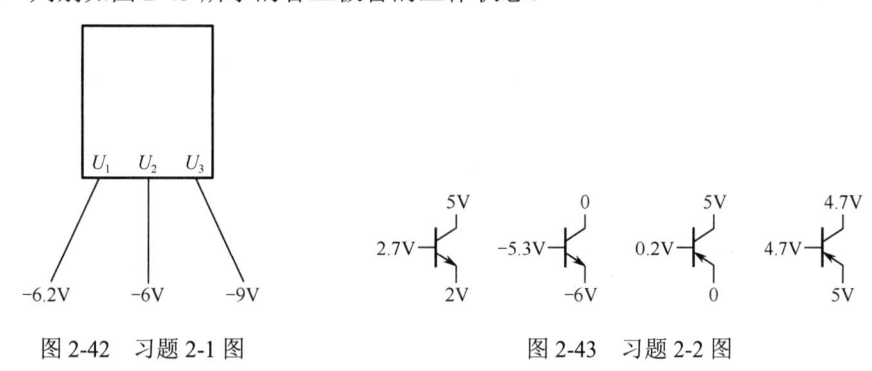

图 2-42 习题 2-1 图

图 2-43 习题 2-2 图

2-3 图 2-44 所示的各电路能否起正常的放大作用？如果不能，应如何改正？

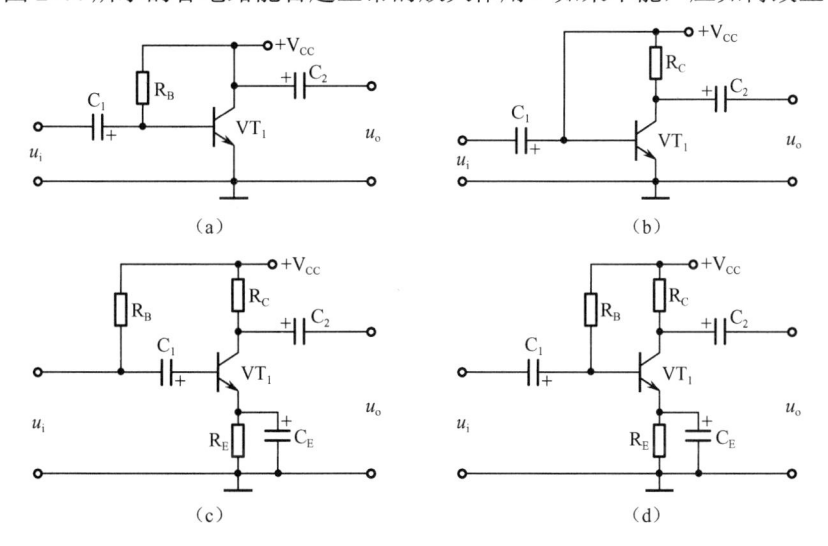

图 2-44 习题 2-3 图

2-4 在单管共射放大电路中，输入正弦交流电压，并用示波器观察输出 u_o 的波形，若出现如图 2-45 所示的失真波形，则指出它们各属于什么失真，这可能是什么原因造成的？应如何调整参数以改善波形？

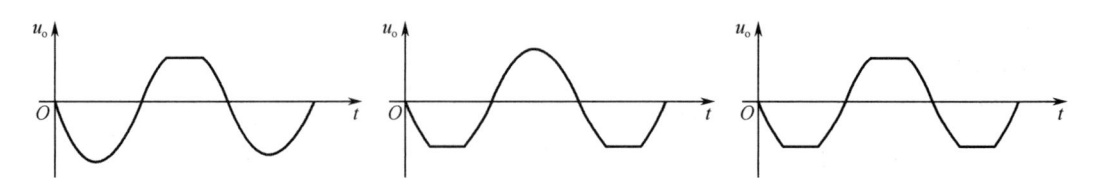

图 2-45 习题 2-4 图

2-5 在基本共射放大电路中，为了使静态工作点处于直流负载线中点附近，基极电阻 R_B 的近似阻值可设为 $R_B=2\beta R_C$（β 为三极管的直流放大系数、R_C 为集电极电阻阻值），为什么？

2-6 电路参数如图 2-46 所示，$\beta=30$，试求：
（1）静态工作点。
（2）如果换一只 $\beta=60$ 的管子，估计放大电路能否正常工作。
（3）估算该电路不带负载时的电压放大倍数。

2-7 电路如图 2-47 所示，设 $\beta=100$，$U_{BE}=0.7V$，C_1、C_2 足够大，$V_{CC}=12V$，求：
（1）电路的静态工作点。
（2）电压放大倍数 A_u。
（3）输入电阻 r_i 和输出电阻 r_o。
（4）若 VT_1 改用 $\beta=200$ 的管子，则静态工作点如何变化？
（5）若电容 C_e 开路，则将引起电路的哪些动态参数发生变化？如何变化？

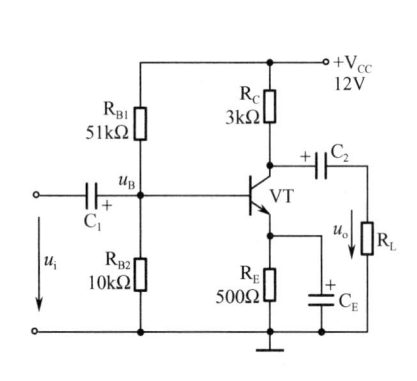

图 2-46 习题 2-6 图   图 2-47 习题 2-7 图

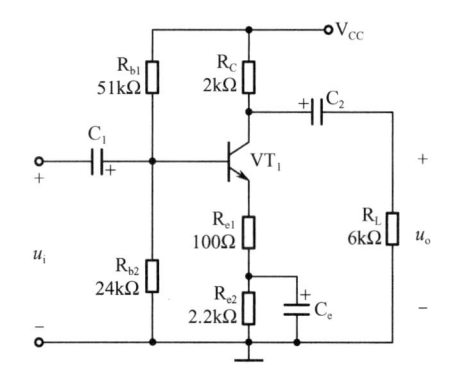

项目 3　功率放大电路的制作

学习目标

- 了解差分放大电路的基本结构。
- 掌握差分放大电路的基本特性。
- 掌握互补对称功率放大电路的组成和工作原理。
- 了解 OCL 电路的工作原理及参数计算。
- 了解 OTL 电路的工作原理。

工作任务

在音响等电子设备中，功率放大电路的作用是将前级的音频信号进行功率放大，以推动负载（如扬声器）工作。本项目制作最大不失真功率 $P_o \geq 8W$ 的功率放大电路，撰写项目制作测试报告。

功率放大电路原理图如图 3-1 所示。

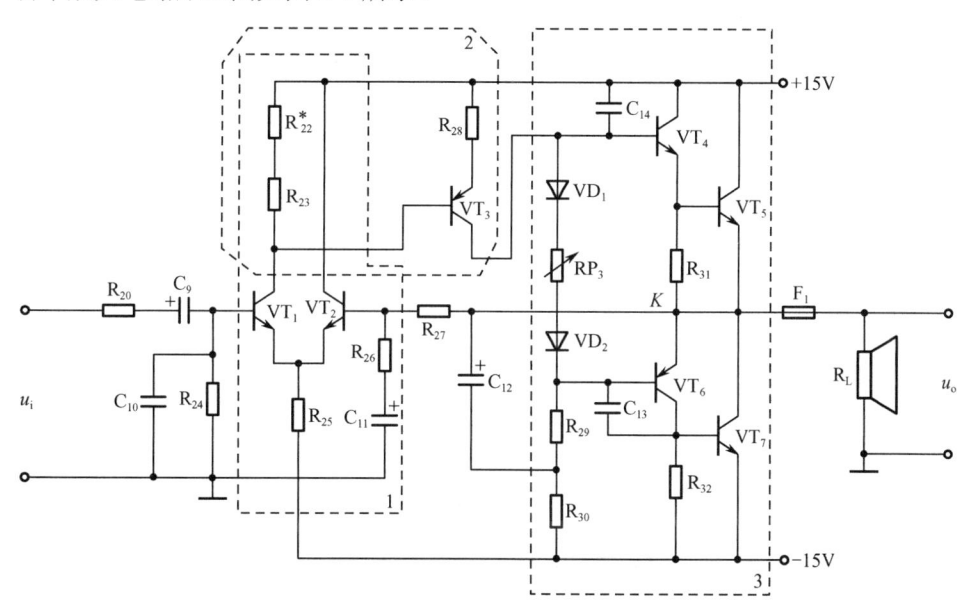

图 3-1　功率放大电路原理图

技能训练 13　差分放大电路仿真测试

完成本任务所需仪器仪表及材料如表 3-1 所示。

差分放大电路的仿真测试

表 3-1　完成本任务所需仪器仪表及材料

序　号	名　　称	要　　求	数　量	备　注
1	计算机	安装 Multisim10.0 仿真软件	1 台	

项目 3 功率放大电路的制作

任务书 3-1

任务书 3-1 如表 3-2 所示。

表 3-2 任务书 3-1

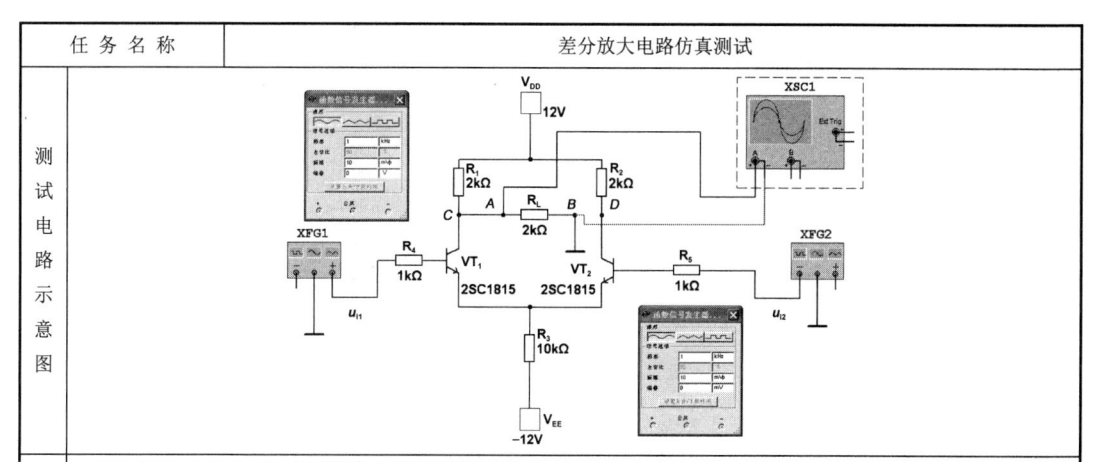

任务名称	差分放大电路仿真测试

测试电路示意图	（电路图：V_{DD} = 12V，R_1 = 2kΩ，R_2 = 2kΩ，R_L = 2kΩ，R_4 = 1kΩ，R_5 = 1kΩ，R_3 = 10kΩ，V_{EE} = −12V，三极管 VT$_1$、VT$_2$ 型号 2SC1815，信号源 XFG1、XFG2，示波器 XSC1）

步骤：

（1）运行 Multisim10.0 仿真软件，按上图连接电路。
（2）设置信号发生器输出频率 f = 1kHz 的正弦信号。
（3）静态工作点测试。将输入信号 u_{i1}、u_{i2} 短接到地，接入万用表测量 VT$_1$、VT$_2$ 的静态工作点（测量时需要对上图中的连线做适当调节以便于测量），将测量结果记录于下表中。

三 极 管	U_B/V	U_{BE}/V	I_C/mA	U_C/V	U_{CE}/V	I_E/mA
VT$_1$						
VT$_2$						

（4）电路动态测试。
① 双输入单输出测试（将上图中的 B 点与 D 断开并接至电源地）。
设置输入信号 u_{i1}、u_{i2} 的幅值 U_{iP} 和相位，测量负载电阻 R_L 两端的输出电压 u_{RL}，填入下表，并说明电路有无放大能力。

输 入 信 号	u_{RL}	电路放大能力（有/无）
U_{iP} = 0		
U_{iP} = 10mV，相位相同		
U_{iP} = 10mV，相位相反		

② 双输入双输出测试（将上图中的 B 点与电源地断开并接至 D 点）。
设置输入信号 u_{i1}、u_{i2} 的幅值 U_{iP} 和相位，测量负载电阻 R_L 两端的输出电压 u_{RL}，填入下表，并说明电路有无放大能力。

输 入 信 号	u_{RL}	电路放大能力（有/无）
U_{iP} = 0		
U_{iP} = 10mV，相位相同		
U_{iP} = 10mV，相位相反		

（5）比较双输入单输出和双输入双输出两种情况下的电路对差模信号、共模信号的电压放大倍数，分析原因

结论	双输入双输出：能有效地放大差模信号，对共模信号有较强的抑制作用。 双输入单输出：

项目 3 功率放大电路的制作

知识点 1 差分放大器

1．差分放大器的结构

把满足静态工作点条件的共射放大电路镜像地放在一起，如图 3-2 所示，电路性能参数完全一致，如果在输入端加入的信号 u_{i1} 和 u_{i2} 完全一样，则输出端的信号 u_{o1} 和 u_{o2} 也完全一样，即在电阻 R_L 两端的信号完全一样，因此电阻上产生的电压信号 $u_{RL}=0$，不难想象，如果在输入端加入的信号 u_{i1} 和 u_{i2} 的频率、幅度一致，相位刚好相反，那么输出端的信号 u_{o1} 和 u_{o2} 也会频率、幅度一致，相位刚好相反。同样，电阻 R_L 两端的信号频率、幅度一致，相位相反，因此，电阻上产生的电压信号 $u_{RL}=2u_{o1}=-2u_{o2}$，或者 $u_{RL}=-2u_{o1}=2u_{o2}$。我们把两个输入信号 u_{i1} 和 u_{i2} 在相位相同时的输入称为共模信号，在相位相反时的输入称为差模信号。可见，在如图 3-2 所示的电路结构中，当在两个输入端输入共模信号时，得到的输出信号 u_{RL} 为零，电路的电压放大倍数为 0；当在两个输入端输入差模信号时，得到的输出信号 u_{RL} 为原来单端输出信号的 2 倍，电路的电压放大倍数为单个共射放大电路的电压放大倍数（这是因为，虽然此时输出 $u_{RL}=2u_{o1}=-2u_{o2}$ 或 $u_{RL}=-2u_{o1}=2u_{o2}$，但此时总的输入为 u_{i1} 与 u_{i2} 的差值，为 $2u_{i1}$ 或 $2u_{i2}$）。

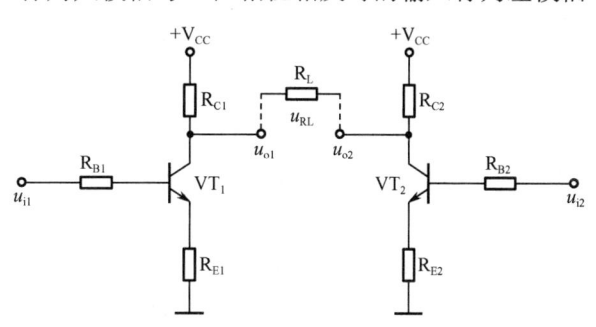

图 3-2 差分放大电路的组成

把如图 3-2 所示的电路中的电源和地线连在一起，把发射极也连在一起，并把 R_{E1}、R_{E2} 合并成一个电阻 R_E，形状似"尾巴"，就可以得到一个由两个性能一致的单管放大器加上一个长尾 R_E 组成的差分（也叫差动）放大电路，图 3-3 所示为其常见的两种结构。其中，图 3-3（a）所示为长尾式差动放大器，图 3-3（b）所示为用一个恒流源代替发射极电阻 R_E 的恒流源差动放大器。

（a）长尾式差动放大器 （b）恒流源差动放大器

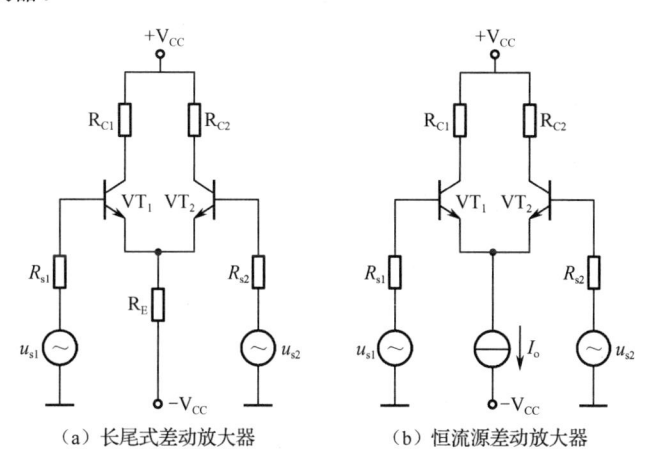

图 3-3 差动放大器的两种结构

2. 差动放大电路的4种输入、输出方式

差动放大器的4种输入、输出方式如图3-4所示。

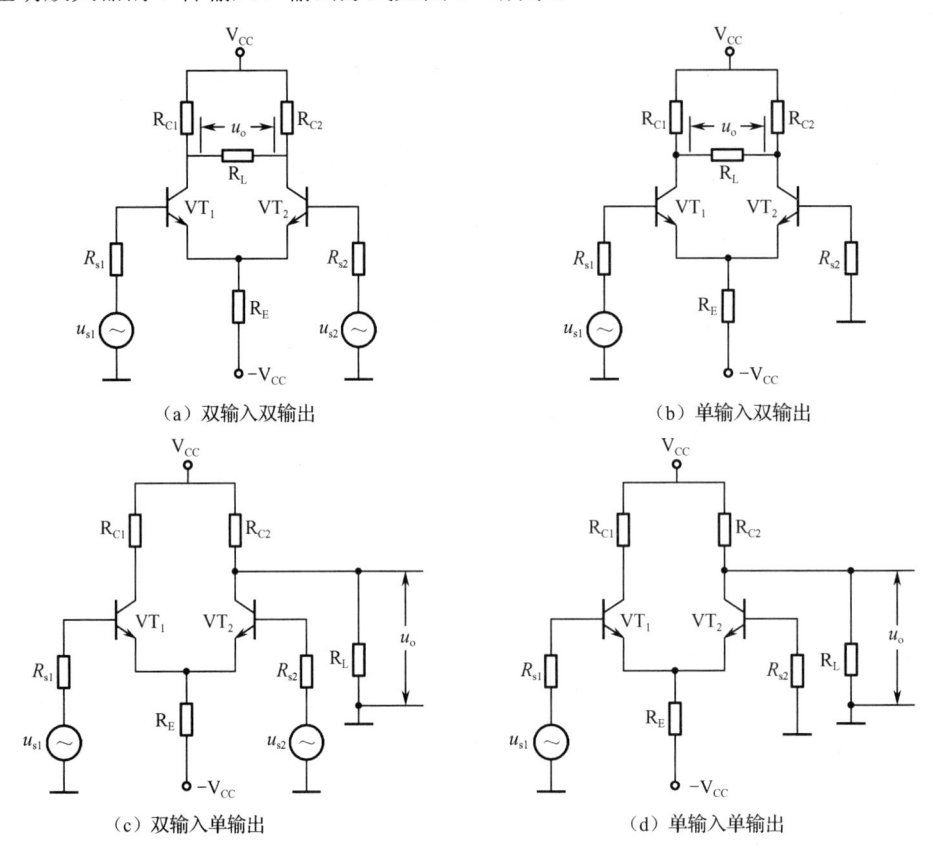

（a）双输入双输出　　　　　　　　（b）单输入双输出

（c）双输入单输出　　　　　　　　（d）单输入单输出

图3-4　差动放大电路的4种输入、输出方式

其中，双输入又分3种情况：其一是净差模输入，即 u_{s1} 和 u_{s2} 大小相同、相位相反；其二是净共模输入，即 u_{s1} 和 u_{s2} 大小相同、相位一致；其三是双输入信号中既有共模信号成分，又有差模信号成分，在这种情况下，若双输入的两个信号分别为 u_{s1} 和 u_{s2}，则其中的差模信号成分为 $u_{sd}=(u_{s1}-u_{s2})/2$、共模信号成分为 $u_{sc}=(u_{s1}+u_{s2})/2$。

在这4种输入输出方式中，最常用的是双输入双输出和单输入单输出。

3. 差动放大电路的静态工作点

在图3-5中，以长尾式差动放大电路为例，计算差动放大电路的静态工作点。

由于 I_{BQ1}、I_{BQ2} 很小，因此可认为 $U_{B1}=U_{B2}\approx 0$。

当 $V_{CC} \gg U_{BE}$ 时，电阻 R_E 两端的电压 $U_{RE}=I_{EQ}R_E=V_{CC}$，因为两个单管放大器对称，且性能一致，所以

$$I_{CQ1} = I_{CQ2} = \frac{1}{2}I_{EQ} = \frac{1}{2}\times \frac{V_{CC}}{R_E}$$

$$I_{BQ1} = I_{BQ2} = \frac{I_{CQ1}}{\beta_1} = \frac{I_{CQ2}}{\beta_2}$$

$$U_{CEQ1} = U_{CEQ2} = V_{CC} - I_{CQ1}R_{C1},$$

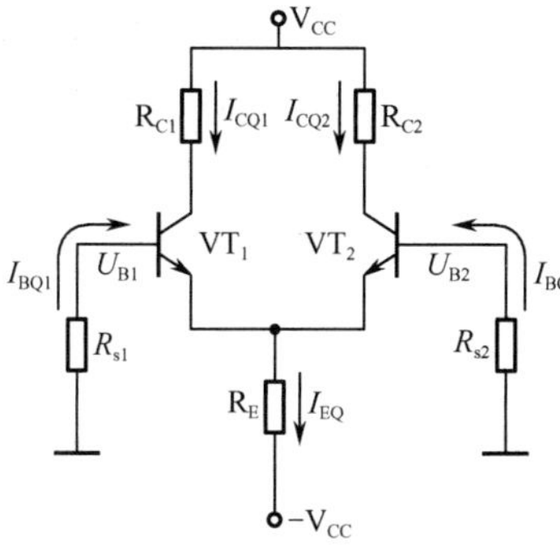

图 3-5 长尾式差动放大电路的静态工作点

4．差动放大器的质量指标

差动放大器的质量指标包括差模放大倍数 A_{ud}、共模放大倍数 A_{uc}、输入电阻 r_i、共模抑制比 $K_{CMR} = \left|\dfrac{A_{ud}}{A_{uc}}\right|$，$K_{CMD}(dB) = 20\lg\left|\dfrac{A_{ud}}{A_{uc}}\right|$。

双输入双输出的质量指标为

$$A_{ud} = -\frac{\beta\left(R_C // \dfrac{1}{2}R_L\right)}{R_s + r_{BE}}$$

$$A_{uc} = 0$$

$$r_i = 2R_s + 2r_{BE}, \quad r_o = 2R_C$$

$$K_{CMR}\big|_{理想} = \infty, \quad K_{CMR}(dB)\big|_{实际} \geqslant 120\text{dB}$$

长尾式单输入单输出的质量指标为

$$A_{ud} = -\frac{\beta(R_C // R_L)}{2(R_s + r_{BE})}$$

$$A_{uc} = -\frac{\beta(R_C // R_L)}{R_s + r_{BE} + 2(1+\beta)R_E} \approx -\frac{(R_C // R_L)}{2R_E}$$

$$r_i = 2(R_s + r_{BE}), \quad r_o = R_C$$

$$K_{CMR} = \frac{-\dfrac{\beta(R_C // R_L)}{2(R_s + r_{BE})}}{-\dfrac{R_C // R_L}{2R_E}} = \frac{\beta R_E}{R_s + r_{BE}}$$

差动放大电路对差模信号的放大能力几乎和普通共射放大电路一样，差模信号也正是需要放大的有用信号。而对于共模信号，差动放大电路又具有很强的抑制能力，由电源电压的波动引起的集电极电压变化、由温度变化引起的集电极电流变化、外界相关的干扰信号都属于差动放大电路的共模信号，差动放大电路对这些有害的共模信号具有很强的抑制作用，这是差动放大电路特有的优点。差动放大电路通常作为运算放大器的输入级。

知识点 2 电流源

电流源是模拟电路中广泛使用的一种单元电路,无论其两端的电压为多少,其总能向外部提供一定的电流值。对电流源电路的要求是,提供电流 I_o,并且其值在外界环境因素(温度、电源电压等)变化时,能维持稳定不变;当电流源两端电压变化时,应该具有保持电流 I_o 恒定不变的恒流特性,或者说电流源电路的交流内阻 R_o 趋于无穷大。

电流源

1. 三极管电流源

图 3-6(a)所示为电流源的电气符号,图 3-6(b)所示为利用三极管构造的电流源电路。三极管 VT 构成共射放大电路,偏置电路由 V_{CC}、R_{B1}、R_{B2} 和 R_E 组成,若满足 $I_{B2} \gg I_B$,基极电位 V_B 固定,I_B 一定,则可以推知 $I_C = \beta I_B$ 基本恒定,I_C 具有近似恒流的性质。U_{CEQ} 一般为几伏,因此 $R_{CE} = U_{CEQ}/I_C$ 不大,即可以认为三极管的直流电阻不大,而交流电阻 $r_{ce} = \dfrac{\Delta U_{CE}}{\Delta I_C}$ 则很大,为几十至几百千欧。

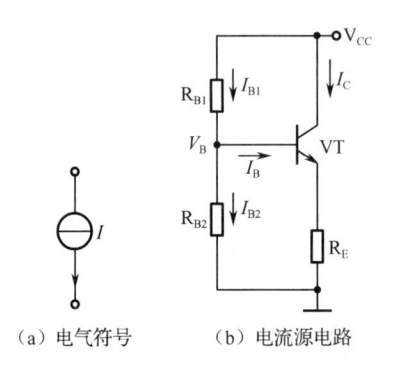

(a)电气符号　　(b)电流源电路

图 3-6 电流源

2. 镜像电流源

镜像电流源电路如图 3-7 所示,三极管 VT_1、VT_2 的参数完全相同($\beta_1 = \beta_2 = \beta$,$I_{CEO1} = I_{CEO2}$)。

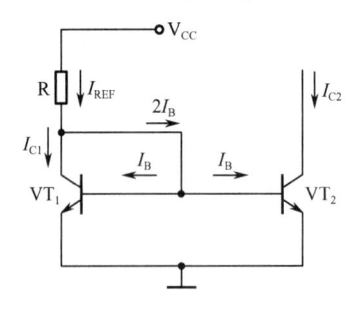

图 3-7 镜像电流源电路

因为 $U_{BE1} = U_{BE2}$,$I_{B1} = I_{B2} = I_B$,所以 $I_{C1} = I_{C2}$。

$$I_{REF} = I_{C1} + 2I_B = I_{C1} + 2\dfrac{I_{C1}}{\beta}$$

$$I_{C1} = \frac{I_{REF}}{1 + 2/\beta} = I_{C2}$$

当 $\beta \gg 2$ 时，有 $I_{C2} = I_{C1} \approx I_{REF} = \frac{V_{CC}U_{BE}}{R} \approx \frac{V_{CC}}{R}$，称 I_{REF} 为基准电流，$I_{C2} \approx I_{REF}$，即 I_{C2} 不仅由 I_{REF} 确定，还总与 I_{REF} 相等。

电路中，VT_1 对 VT_2 具有温度补偿作用，I_{C2} 的温度稳定性能好（若温度升高，I_{C2} 增大，则 I_{C1} 增大，而 I_{REF} 一定，因此 I_B 减小，I_{C2} 减小）。镜像电流源电路简单而应用比较广泛，其缺点主要在于 I_{REF}（I_{C2}）受电源变化的影响大，故要求电源十分稳定；I_{C2} 与 I_{REF} 的镜像精度取决于 β，当 β 较小时，I_{C2} 与 I_{REF} 的差别不能忽略。因此，派生了其他类型的电流源电路。

3．改进型电流源

图 3-8 所示为改进型电流源电路，它与基本镜像电流源的不同之处在于增加了三极管 VT_3，目的是减小三极管 VT_1、VT_2 的 I_B 对 I_{REF} 的分流作用，提高镜像精度。三极管 VT_1、VT_2、VT_3 的参数完全相同，因此有

$$I_o = I_{C2} = \frac{I_{REF}}{1 + \frac{2}{\beta(\beta+1)}} \approx I_{REF}$$

此时，镜像成立的条件为 $\beta(\beta+1) \gg 2$，该条件比较容易满足。或者说，要保持同样的镜像精度，允许三极管的 β 值相对小些。

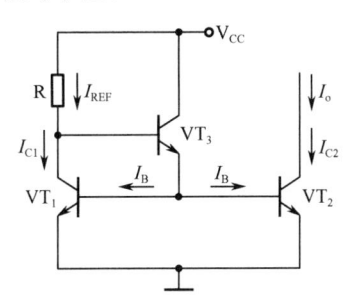

图 3-8 改进型电流源电路

电流源电路具有输出电流恒定不变、直流等效电阻很小、交流等效电阻很大等特点，使其广泛应用于各种功能电路中。

技能训练 14 互补对称功率放大电路仿真测试

完成本任务所需仪器仪表及材料如表 3-3 所示。

互补对称功率放大电路的仿真测试

表 3-3 完成本任务所需仪器仪表及材料

序 号	名 称	要 求	数 量	备 注
1	计算机	安装 Multisim10.0 仿真软件	1 台	

任务书 3-2

任务书 3-2 如表 3-4 所示。

表 3-4　任务书 3-2

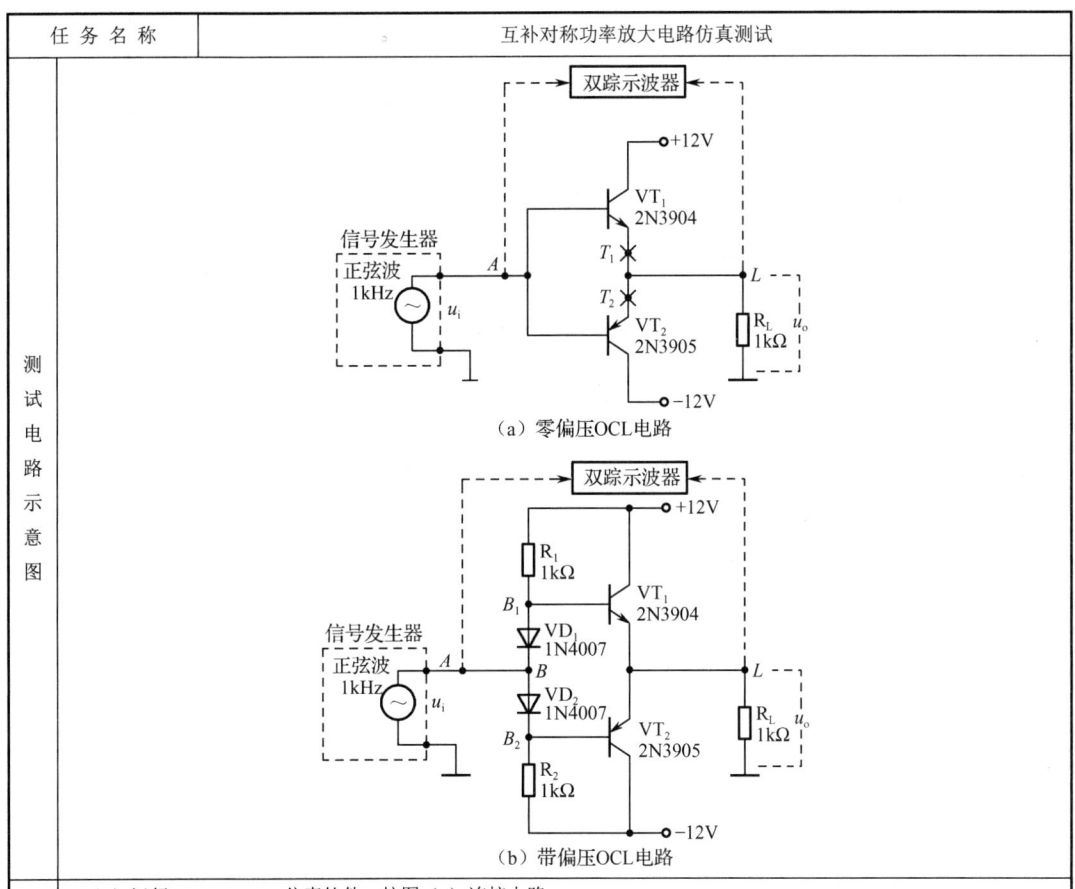

任务名称	互补对称功率放大电路仿真测试
测试电路示意图	(a) 零偏压OCL电路 (b) 带偏压OCL电路
步骤	(1) 运行 Multisim10.0 仿真软件，按图（a）连接电路。 (2) 将示波器的两个通道分别接入图（a）中的 A 点和 L 点。 (3) 设置信号发生器输出频率 $f \approx 1\text{kHz}$ 的正弦信号 u_i，调节 u_i 的幅度，使在示波器上观察到的输出电压波形无明显失真。 (4) 断开 T_1 点，连接 T_2 点，输出波形 u_{oT2}；断开 T_2 点，连接 T_1 点，输出波形 u_{oT1}；连接 T_1、T_2 两点，输出波形 u_{o1}；记录不同连接情况下的输出波形并说明波形特点。 | | 记录波形 | 波形特点 | |---|---|---| | u_i | | | | u_{oT2} | | |

任务名称	互补对称功率放大电路仿真测试

步骤	(前略)
	<table><tr><td>记录波形</td><td>波形特点</td></tr><tr><td>u_{oT1}</td><td></td></tr><tr><td>u_{o1}</td><td></td></tr></table>（5）重新按图（b）连接电路。 （6）将双踪示波器的两个通道分别接入图（b）中的 A 点和 L 点。 （7）设置信号发生器输出频率 $f≈1$kHz 的正弦信号 u_i，调节 u_i 的幅度，使在示波器上观察到的输出电压波形无明显失真。 （8）在示波器上观察输出电压 u_{o2} 的波形并进行分析。 <table><tr><td>波形</td><td>波形特点</td></tr><tr><td>u_i</td><td></td></tr><tr><td>u_{o2}</td><td></td></tr></table>

分析	（1）根据输入电压 u_i 的波形与输出电压 u_{oT2} 的波形，说明输入电压在整个周期内，＿＿＿＿＿＿（全部、上半周、下半周）通过了三极管 VT_2，u_i 与 u_{oT2} 相位＿＿＿＿＿＿（相同、相异），幅度＿＿＿＿＿＿（相同、相异）。 （2）根据输入电压 u_i 的波形与输出电压 u_{oT1} 的波形，说明输入电压在整个周期内，＿＿＿＿＿＿（全部、上半周、下半周）通过了三极管 VT_1，u_i 与 u_{oT1} 相位＿＿＿＿＿＿（相同、相异），幅度＿＿＿＿＿＿（相同、相异）。 （3）比较输出电压 u_{o1} 与 u_{oT1}、u_{oT2} 的波形的关系＿＿＿＿＿＿＿＿＿＿＿＿＿＿＿＿＿。 （4）比较输出电压 u_{o1} 与 u_{o2} 的波形的关系＿＿＿＿＿＿＿＿＿＿，说明二极管 VD_1、VD_2 的作用＿＿＿＿＿＿＿＿＿＿＿＿＿＿＿＿＿＿＿＿＿＿＿＿。
思考	如果断开 A、B 两点之间的连线，将 A 点连接到 B_1 点，或者连接到 B_2 点，那么，在示波器上观察到的输出电压 u_{o3}、u_{o4} 会是什么样呢？试进行仿真分析，说明输出电压 u_{o2} 与 u_{o3}、u_{o4} 的波形关系，三者之间波形＿＿＿＿＿＿（相同、相异），说明输入电压从图（b）中的 B、B_1、B_2 三点输入与输出电压波形＿＿＿＿＿＿（有、无）关系，为什么？
结论	（1）当输入电压 u_i 为正半周时，VT_1 导通，VT_2 截止；当输入电压 u_i 为负半周时，VT_2 导通，VT_1 截止。在一个周期内，VT_1、VT_2 轮流导通，负载上获得一个完整的正弦波。 （2）为了消除交越失真，需要在互补管的输入端基极上加偏压电路。

知识点　互补对称功率放大电路

功率放大器的主要功能是为负载提供不失真的、足够大的输出功率，即要求同时输出大幅度的电压和电流。功率放大设备常由多级放大器组成，包括输入级、中间级和末级等。而末级（输出级）即功率放大器。

由于功率放大器在大信号条件下工作，因此对功率放大器有一些特殊的要求，具体如下。

（1）输出尽可能大的功率。为了输出尽可能大的功率，即在负载上得到尽可能大的信号电压与电流，三极管需要运行在放大区接近极限的工作状态；同时，为了保证管子的安全，工作时集电极电流的最大值 I_C 应小于三极管集电极最大允许电流 I_{CM}，集电极电压 U_{CE} 应低于三极管的集电极-发射极间击穿电压 $U_{(BR)CEO}$，集电极的功率损耗 P_C 应小于三极管集电极最大允许耗散功率 P_{CM}。

（2）转换效率尽可能高。放大电路实际上是一种能量转换电路。功率放大器的转换效率是指输出交流信号功率 P_o 与直流电源供给功率 P_E 之比，即

$$\eta = \frac{P_o}{P_E} \times 100\%$$

（3）非线性失真尽可能小。功率放大器由于在大信号条件下工作，电压和电流的变化幅度大，可能超出三极管的特性曲线的线性范围，因此容易产生非线性失真，为了防止输入信号太大而出现限幅失真，通常功率放大器上配有指示幅度大小的电平指示灯。

（4）三极管的散热问题。直流电源发出的功率中有一部分转换成有用信号输出，其余部分损耗在三极管集电结的发热上，效率越低，三极管的发热量越大，对管子安全的威胁越大。在实际应用中，除选用具有较大的 P_{CM} 的三极管外，还应在大功率管上安装散热器或改善通风条件，如安装风扇等。

低频功率放大器根据工作状态的不同，可分为甲类、乙类和甲乙类 3 种。放大器的工作状态由三极管的静态工作点的设置决定。甲类功率放大器的效率最高只有 50%，而乙类功率放大器的效率则最高可达 78.5%。下面要讨论的是互补对称功率放大器。

图 3-9 所示为互补对称功率放大电路。由于三极管工作在乙类状态，因此采用两个类型不同的三极管，一个为 NPN 型，另一个为 PNP 型，称为互补，要求两个管子的参数一致，即对称。图 3-9（a）所示为无输出电容的互补对称功率放大电路（简称 OCL 电路），图 3-9（b）所示为无输出变压器的单电源互补对称功率放大电路（简称 OTL 电路）。

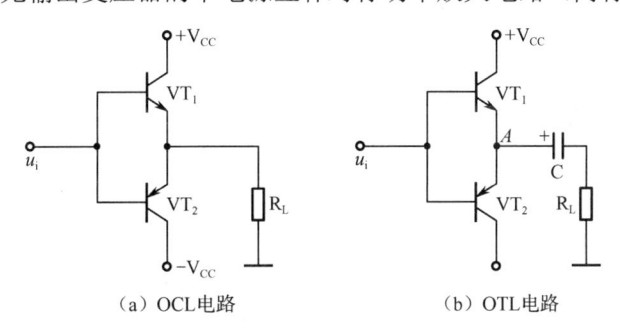

（a）OCL 电路　　　　（b）OTL 电路

图 3-9　互补对称功率放大电路

1. OCL 电路

1)工作原理

由图 3-10 可知,静态时,$u_i = 0$,因为两只管子的基极都未加直流偏置电压,所以两只管子都不导通,静态电流为零,电源不消耗功率。

输入正弦交流电时,当 u_i 为正半周时,VT_1 导通、VT_2 截止,负载有电流 I_{C1} 流过;当 u_i 为负半周时,VT_2 导通、VT_1 截止,负载有电流 I_{C2} 流过。也就是说,在一个周期内,VT_1、VT_2 轮流导通,负载上获得一个完整的正弦波。

(a) $u_i=0$,$u_o=0$ (b) 正半周 VT_1 导通、VT_2 截止 (c) 负半周 VT_1 截止、VT_2 导通

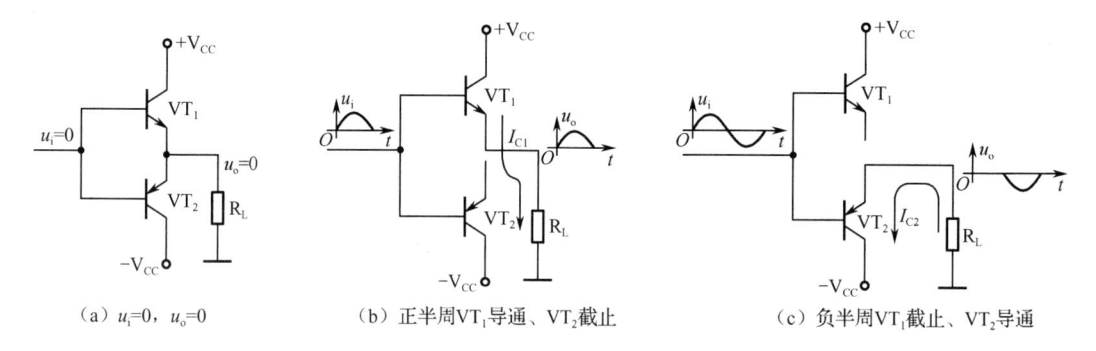

图 3-10 OCL 电路工作过程示意图

无论是正半周 VT_1 工作还是负半周 VT_2 工作,在工作时,电路均为电压跟随器,电路的输出电阻很小,能有效地向负载提供功率。

2)有关参数计算

输出功率 P_o:

$$P_o = U_o I_o = \frac{U_{oP}}{\sqrt{2}} \times \frac{I_{oP}}{\sqrt{2}} = \frac{1}{2} I_{oP} U_{oP} = \frac{1}{2} \times \frac{U_{oP}^2}{R_L}$$

式中,I_o、U_o 为有效值;U_{oP}、I_{oP} 为正弦波的幅值。当 $U_{oP} = U_{oPmax} \approx V_{CC}$ 时,有

$$P_o = P_{oM} = \frac{1}{2} \times \frac{V_{CC}^2}{R_L}$$

管耗功率 P_T:对电路的某个管子而言,在一个周期内,半个周期截止,管耗为 0;半个周期导通,管耗为

$$P_{T1} = \frac{1}{2\pi} \int_0^\pi (V_{CC} - u_0) \frac{u_o}{R_L} \mathrm{d}(\omega t)$$

$$= \frac{1}{2\pi} \int_0^\pi (V_{CC} - U_{oP} \sin \omega t) \frac{U_{oP} \sin \omega t}{R_L} \mathrm{d}(\omega t) = \frac{1}{R_L} \left(\frac{V_{CC} U_{oP}}{\pi} - \frac{U_{oP}^2}{4} \right)$$

$$P_T = P_{T1} + P_{T2} = \frac{2}{R_L} \left(\frac{V_{CC} U_{oP}}{\pi} - \frac{U_{oP}^2}{4} \right)$$

当 $U_{oP} = U_{oPmax} \approx V_{CC}$ 时,有

$$P_T \bigg|_{U_{oP}=V_{CC}} = \frac{(4-\pi) V_{CC}^2}{2\pi R_L}$$

直流电源±V_{CC} 提供的功率为

$$P_{DC} = P_o + P_T$$

当 $U_{oP} = U_{oPmax} \approx V_{CC}$ 时，有

$$P_{DC} = \frac{2}{\pi} \times \frac{V_{CC}^2}{R_L}$$

此时，功率放大电路的效率为

$$\eta = \frac{P_{omax}}{P_{DCmax}} = \frac{\frac{1}{2} \times \frac{V_{CC}^2}{R_L}}{\frac{2}{\pi} \times \frac{V_{CC}^2}{R_L}} = 78.5\%$$

下面求管子的最大功耗 P_{TM}。

由 $P_T = \frac{2}{R_L} \times \left(\frac{V_{CC}U_{oP}}{\pi} - \frac{U_{oP}^2}{4}\right)$ 可知 P_T 的最大值与 U_{oP} 有关，根据求极值的方法，可求出 $P_T = P_{TM}$ 时 U_{oP} 的值。

令 $\dfrac{dP_T}{dU_{oP}} = \dfrac{d\left(\dfrac{V_{CC}U_{oP}}{\pi} - \dfrac{U_{oP}^2}{4}\right)}{dU_{oP}} = 0$，可求得当 $U_{oP} = \dfrac{2V_{CC}}{\pi}$ 时，$P_T = P_{TM}$，故

$$P_{TM} = \frac{1}{\pi^2} \times \frac{V_{CC}^2}{R_L}$$

由 $\dfrac{P_{TM}}{P_{oM}} = \dfrac{\frac{1}{\pi^2} \times \frac{V_{CC}^2}{R_L}}{\frac{1}{2} \times \frac{V_{CC}^2}{R_L}} \approx 0.2$ 可知，当功率放大电路输出的最大功率为 P_{oM} 时，最大管耗为 $0.2P_{oM}$。

3）零偏压状态下 OCL 电路的交越失真及消除方法

零偏压状态下的 OCL 电路及输入、输出电压波形分别如图 3-11（a）、(b) 所示。

（a）零偏压状态下的OCL电路　　（b）输入、输出电压波形

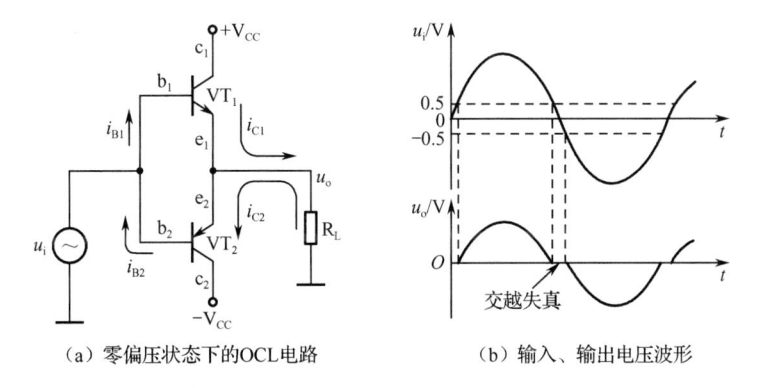

图 3-11　零偏压状态下的 OCL 电路及输入、输出电压波形

由图 3-11（a）可知，静态时，$u_{B1E1} = u_{B2E2} = 0$，即 VT_1、VT_2 处于零偏压状态。

当 u_i 为 0～0.5V 时，$i_{B1}=0$，$i_{C1}=0$，故 $u_o=0$。

当 u_i 为 0～-0.5V 时，$i_{B2}=0$，$i_{C2}=0$，故 $u_o=0$。

由此可知，当 u_i 为一个周期的标准正弦信号时，u_o 在由正到负交越时间轴处产生了失真，这种失真称为交越失真。

由于交越失真是由 VT_1、VT_2 零偏压造成的，因此，消除方法就是让 VT_1、VT_2 在静态时给其一个约 0.6V 的偏压，使 VT_1、VT_2 在静态时处于微导通状态，这样，u_o 就会完全跟随 u_i 而变化，从而消除交越失真。图 3-12（a）、（b）所示为给 VT_1、VT_2 一个 0.6V 左右的偏压的具体电路。

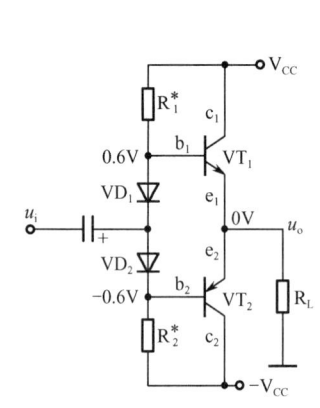

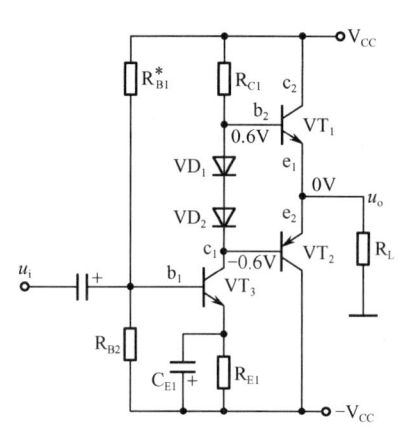

（a）由 R_1、VD_1、VD_2、R_2 组成的通路给 VT_1、VT_2 提供偏压　　（b）由 VT_3 组成的共射放大电路给 VT_1、VT_2 提供偏压

图 3-12　消除交越失真的方法

2. OTL 电路

OTL 电路也可以采用单电源供电，如图 3-9（b）所示，但这时负载电阻 R_L 必须采用耦合电容 C，电容 C 的容量一般比较大，这样除了有较好的低频特性，由于两管的连接处 A 点的直流电位为 $\dfrac{V_{CC}}{2}$，电容 C 上也将充电至 $\dfrac{V_{CC}}{2}$，因此，当信号使 VT_1 截止时，VT_2 的电流不能依靠 V_{CC} 供给，而是通过 C 的放电来提供。也就是说，C 既是耦合隔直电容，又是直流电源。

静态时，由于电路上下对称，因此 A 点的电位为 $\dfrac{V_{CC}}{2}$，负载上无电流流过，电容被充电至 $\dfrac{V_{CC}}{2}$，极性为左正右负，而且因为当 $u_i=0$ 时，两管的基极无直流偏置，$I_B=0$，所以电路工作于乙类状态。

输入正弦交流电，当 u_i 为正半周时，VT_1 导通、VT_2 截止，负载上有电流 i_{C1} 流过，在负载上得到上正下负的正半周信号，输出电压的最大值为 $\dfrac{V_{CC}}{2}$；当 u_i 为负半周时，VT_1 截止、VT_2 导通，负载上有电流 i_{C2} 流过，此时，电容 C 通过 VT_2 对负载放电，负载获得的最大电压值也为 $\dfrac{V_{CC}}{2}$。

项目 3 功率放大电路的制作

由此可见，采用一个电源的 OTL 电路的工作原理与双电源供电的 OCL 电路相似，只是由于每个管子的工作电压不是原来的 V_{CC}，而是 $\dfrac{V_{CC}}{2}$，因此前面导出的 P_{oM}、P_{DC}、η 和 P_{TM} 的公式都要加以修正，即把原来的 V_{CC} 变为 $\dfrac{V_{CC}}{2}$。同样，该电路也会产生交越失真，也可以通过加偏置电压的方法来消除。

3．用复合管组成的放大电路

在互补对称功率放大电路中，要找到两只性能完全一致的 NPN 型和 PNP 型大功率管是十分困难的，但如果要找两只性能完全相同的同型号的大功率管，则容易得多。因此，功率放大电路一般采用复合管作为功率放大管。

复合管的连接原则是各管的电流流向一致。图 3-13 所示为同型号管子的复合。同型号管子复合后的型号仍然是该型号，复合后管子的电流放大系数为

$$\beta \approx \beta_1 \beta_2$$

不同型号管子复合后的型号与第一只管子的型号相同（这是因为第一只管子的基极也是复合管的基极，第一只管子的基极电流的流向决定了该管是 NPN 型管还是 PNP 型管。因此，在复合管中，其电流流向也决定了复合管是 NPN 型管还是 PNP 型管）。如图 3-14 所示，复合管的电流放大系数 β 也近似等于两只管子电流放大系数的乘积。

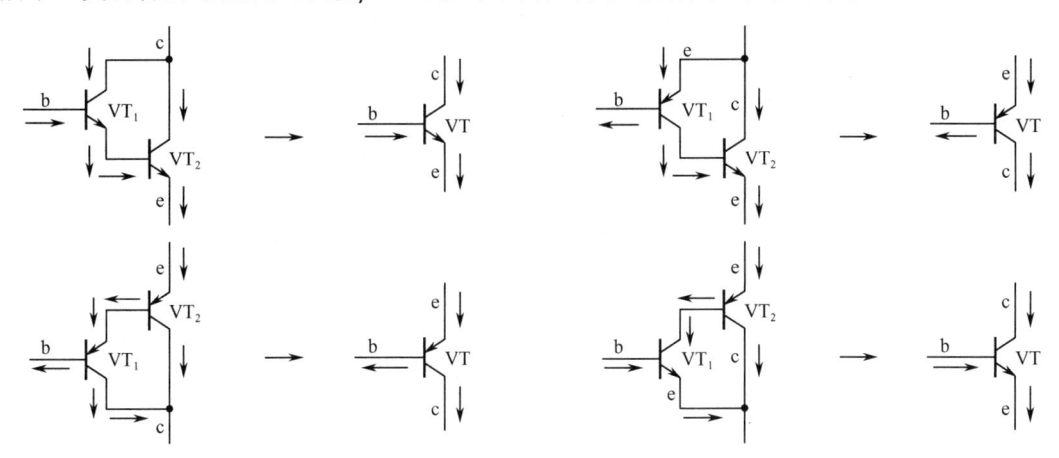

图 3-13 同型号管子的复合　　　　图 3-14 不同型号管子的复合

图 3-1 所示的电路就是利用复合管组成的功率放大电路，其中，VT_4 和 VT_5 复合后、VT_6 和 VT_7 复合后分别等效成 NPN 型管与 PNP 型管，组成复合互补对称电路。

4．常见中、大功率三极管

常见中功率三极管有 C2482、TIP41/42、C2073、C3807、A1668、D1499 等，常见大功率三极管有 D1710、D1651、C5296、C5297 等。它们的主要参数如表 3-5 所示。

表 3-5 常见中、大功率三极管的主要参数

名称	封装	极性	耐压 $U_{(BR)CEO}$/V	集电极最大允许电流 I_{CM}/A	集电极最大允许耗散功率 P_{CM}/W	特征频率 f_T/MHz	配对管
C2482	TO-92MOD	NPN	300	0.1	0.9	—	—
TIP41/42	TO-220	NPN/PNP	100	6	65	3	TIP42/41
C2073	TO-220	NPN	150	1.5	25	4	A940
C3807	TO-126	NPN	30	2	1.2	260	—
A1667/8	TO-220F	PNP	150/200	2	25	20	C4381/2
C4381/2	TO-220F	NPN	150/200	2	25	20	A1667/8
D1710	TO-3PML	NPN	1500	5	50	2	—
D1651	TO-3PML	NPN	1500	5	60	3	—
C5296/7	TO-3PML	NPN	1500	8	60	10	—

项目实施 功率放大电路的制作

1. 电路原理分析

如图 3-1 所示，VT_1、VT_2 组成差动放大电路，起到抑制零点漂移的作用；VT_3 组成共射放大电路，作为推动级；VT_4、VT_5 和 VT_6、VT_7 采用复合管组成互补对称功率放大电路，输出足够大的功率以推动负载。

当输入 u_i 为正半周时，VT_1 的集电极电压为负半周，经 VT_3 放大后又成为正半周，使 VT_4、VT_5 导通，正电源（+15V）经过 R_L 和电源地形成通路；当 u_i 为负半周时，经 VT_3 放大后，VT_6、VT_7 导通，电源地经过 R_L 和负电源（-15V）形成通路。因此，当 u_i 变化一周时，在 R_L 上可得到放大了的全波信号。输出端的 K 点通过电阻 R_{27} 和差动放大器 VT_2 的基极连接，不仅为 VT_2 提供合适的静态工作点，还引入了电压串联负反馈。整个电路的电压放大倍数 $A_{uf} = 1 + \dfrac{R_{27}}{R_{26}}$。

2. PCB

根据图 3-1 制作完成的参考 PCB 如图 3-15 所示。

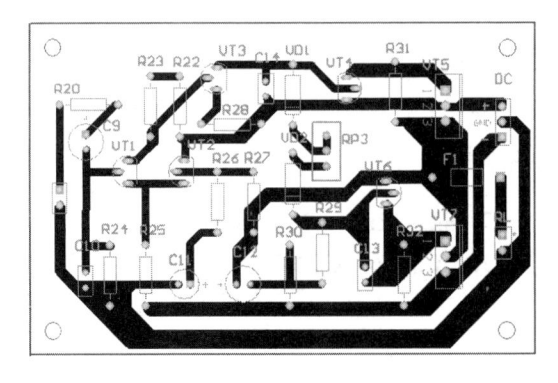

图 3-15 参考 PCB

3．仪器仪表及材料

完成本项目所需仪器仪表及材料如表3-6所示。

表3-6 完成本项目所需仪器仪表及材料

序 号	名 称	型号或规格	数 量	备 注
1	直流稳压电源	JC2735D	1个	
2	数字万用表	DT9205	1个	
3	20MHz 双踪示波器	GDS-1062A	1台	
4	函数信号发生器	STR-F220	1台	
5	电工工具箱	含电烙铁、斜口钳等	1套	
6	成品 PCB 或万能电路板	10cm×5cm	1块	
7	R_{26}、R_{30}	330Ω	2只	
	R_{29}	5.1kΩ	1只	
	R_{28}	100Ω	1只	
	R_{20}	3kΩ	1只	
	R_{31}、R_{32}	200Ω	2只	
	R_{22}、R_{23}	510Ω	2只	
	R_{24}、R_{27}	47kΩ	2只	
	R_{25}	7.5kΩ	1只	
8	RP_3	330Ω	1只	
9	C_9、C_{12}	100μF/16V	2只	
	C_{11}	47μF/16V	1只	
	C_{10}、C_{13}、C_{14}	200pF	3只	
10	VD_1、VD_2	1N4148	2只	
11	VT_1、VT_2	9011	2只	
	VT_3、VT_6	9012	2只	
	VT_4	9013	1只	
	VT_5、VT_7	TIP41	2只	
12	0.5W 扬声器 R_L	8Ω	1个	
13	熔断器 F_1	1.5A	1个	
14	细导线	—	—	

4．电路调试

1）静态调试

用万用表逐级测量各级的静态工作点，若测量值与计算值相差太远，则应考虑该级偏置电路是否有虚焊或元件有错，要检查修正。用数字万用表测量各点的静态电位值：VT_3 的集电极电位 $U_{C3}=1.4V$；VT_1 的集电极电位 $U_{C1}=14V$；各级的基极和发射极之间的压降 $U_{BE}=0.7V$；输出 $u_o=0$，若偏离，则可调节 R_{22}、R_{23}，使其为零。

当 $u_i=0$ 时，应通过调整静态工作点得到 $u_o=0$。

2）动态测试

在输入端输入幅度约为 1V 的 1kHz 正弦波信号，用示波器观察输出信号波形，逐渐增大（提高）信号的幅度和频率，直至输出波形恰好不失真。在动态调试过程中，若出现故障，则应排除。

（1）观察输出波形有无交越失真，波形正、负半周是否对称，调节 RP_3 可消除交越失真。

（2）测量电压放大倍数，即用示波器（或交流毫伏表）测量输入、输出信号电压的有效值 U_i 和 U_o，有

$$A_u = \frac{U_o}{U_i}$$

（3）测量最大不失真功率是否符合要求。最大不失真功率为

$$P_o = \frac{U_o^2}{R_L} = \frac{1}{2} \times \frac{U_{oP}^2}{R_L}$$

（4）测量电路的转换效率。转换效率为

$$\eta = \frac{P_o}{P_E} \times 100\%$$

式中，P_o 为最大输出功率；P_E 为电源提供的功率，$P_E = I_E V_{CC}$，在测量 I_E 时，应将毫安表串入电源回路中。

习题 3

3-1 单输入双输出的差动放大电路如图 3-16 所示，设 $\beta_1 = \beta_2 = 80$，$r_{BE1} = r_{BE2} = 4.7\text{k}\Omega$，试求：

（1）电路的静态工作点。
（2）输出电压 u_o 与输入电压 u_i 的相位关系。
（3）差模电压放大倍数 A_{ud}。
（4）共模电压放大倍数 A_{uc} 及共模抑制比 K_{CMR}。

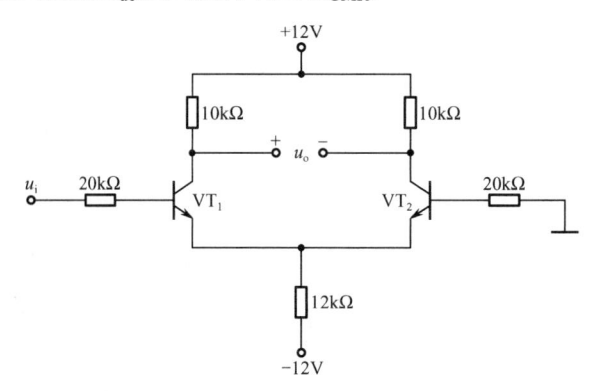

图 3-16 习题 3-1 图

3-2 指出如图 3-17 所示的各种接法中哪些可以作为复合管使用，以及等效的管型是

NPN 型还是 PNP 型。指出 A、B、C 三个引脚各是等效三极管的什么电极。

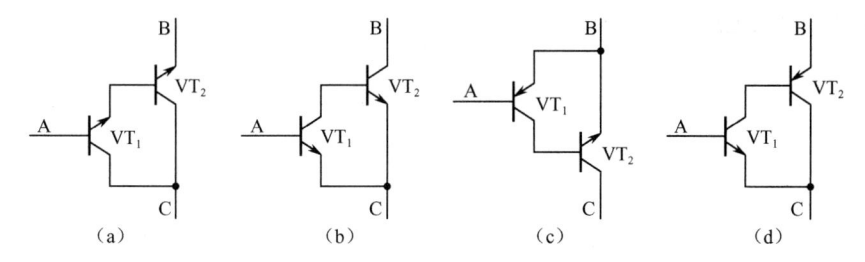

图 3-17 习题 3-2 图

3-3 图 3-18 所示为复合互补对称功率放大电路，设 u_i 的幅值足够大，电源电压为 ±24V，R_L=8Ω，可选用的功率管在表 3-7 中列出。

（1）为了获得大于 25W 的最大不失真输出功率，可选用哪几种晶体管？
（2）如果将电源改为 ±20V，则最大不失真输出功率是多少？设 VT_3、VT_5 的 u_{CE} 的最小值为 3V。
（3）如果将负载改为 20Ω，则最大不失真输出功率是多少？

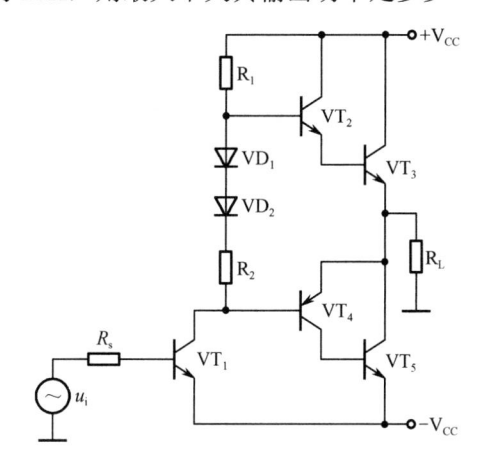

图 3-18 习题 3-3 图

表 3-7 习题 3-3 表

型号或规格	P_{CM}/W	I_{CM}/A	$U_{(BR)CEO}$/V	U_{CES}/V
3DD51A			≥30	
3DD51B	1	1	≥50	≤1
3DD51C			≥80	
3DD54A			≥30	
3DD54B	5	2	≥50	≤1
3DD54C			≥80	
3DD57A			≥30	
3DD57B	10	3	≥50	≤1
3DD57C			≥80	

3-4 如图 3-19 所示，静态时，$u_i=0$，VT_1 的集电极电位应调到多少？（设各管的发射结和二极管的导通电压均为 0.6V。）

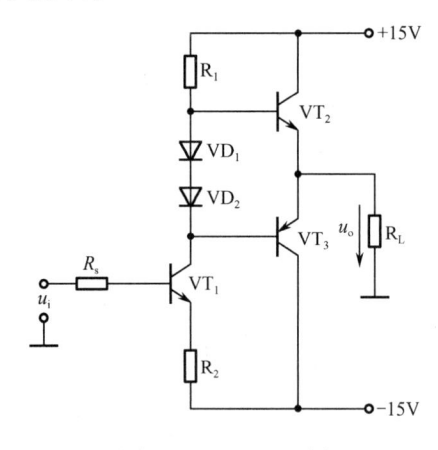

图 3-19 习题 3-4 图

项目 4　红外线报警器的制作

学习目标

- 掌握理想运算放大器的技术参数。
- 掌握比例运算放大电路的组成和分析。
- 了解加/减法运算放大电路、积分/微分运算电路的分析。
- 掌握比较器电路的分析和测试。
- 了解三角波产生电路、三角波-矩形波转换电路的分析和测试。
- 了解反馈工作原理。

工作任务

红外线报警器通过探测或接收红外线的情况发出报警信号。本项目制作热释电红外线报警器,以非接触形式探测人体辐射的红外能量变化,当人体在几至十几米检测范围内走动时,电路能发出报警信号,撰写项目制作测试报告。

红外线报警器电路原理图如图 4-1 所示。

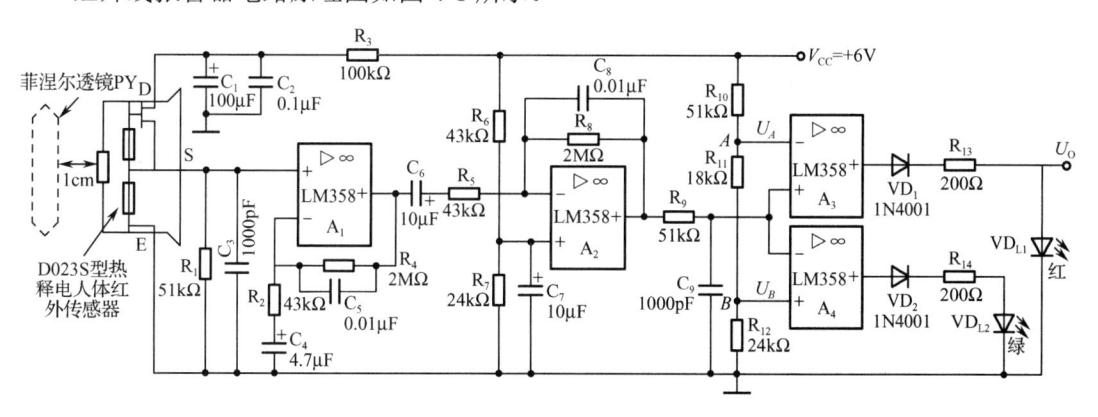

图 4-1　红外线报警器电路原理图

技能训练 15 运算放大电路功能测试

完成本任务所需仪器仪表及材料如表 4-1 所示。

运算放大电路的功能测试

表 4-1 完成本任务所需仪器仪表及材料

序号	名称	型号或规格	数量	备注
1	直流稳压电源	JC2735D	1 个	
2	数字万用表	DT9205	1 只	
3	20MHz 双踪示波器	GDS-1062A	1 台	
4	函数信号发生器	STR-F220	1 台	
5	电工工具箱	含电烙铁、斜口钳等	1 套	
6	万能电路板	5cm×5cm	1 块	
7	运算放大器	LF353	1 个	
8	集成电路插座	集成电路 8 脚插座	1 个	
9	R_1、R_2	10kΩ	4 个	
		1kΩ	1 个	
10	R_f	51kΩ	2 个	
		100kΩ	1 个	
11	C_f	0.01μF	1 个	

任务书 4-1

任务书 4-1 如表 4-2 所示。

表 4-2　任务书 4-1

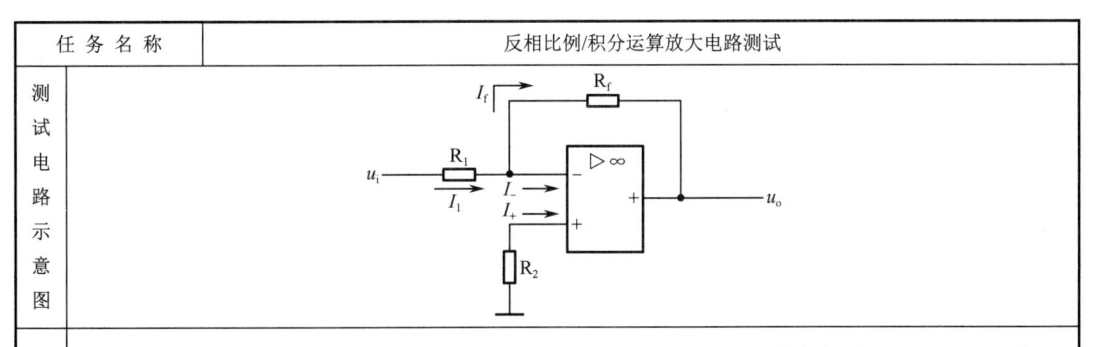

任 务 名 称	反相比例/积分运算放大电路测试		
测试电路示意图	（电路图：反相比例运算放大电路，含 R_1、R_f、R_2、u_i、u_o、I_1、I_-、I_+、I_f）		
步骤	（1）按上图在万能电路板上焊接连线，其中，R_1=10kΩ，R_2=1kΩ，R_f=51kΩ，运算放大器电源 V_{CC}=+12V（8 脚），V_{EE}=−12V（4 脚）。 （2）使用函数发生器输入一个 u_{ip}≈500mV、频率 f≈1kHz 的正弦波信号，用双踪示波器的 Y1 通道测量 u_i 的波形、Y2 通道测量 u_o 的波形，并记录。		
^		波　　形	说　　明
^	u_i		反相比例运算放大电路输出电压幅值等于输入电压幅值的＿＿＿＿＿倍，且输出电压与输入电压相位＿＿＿＿＿（同相/反相）
^	u_o		^
^	（3）将上图中的电阻 R_1 接为 1kΩ，R_f 用电容 C_f=0.01μF 代替，并在其两端并联一个 100kΩ 的电阻 R_f（使电路在静态时仍然保持负反馈），分别测出 u_i 接入 u_{ip}≈1V，频率为 f≈100Hz、f≈500Hz、f≈1kHz 的方波信号，用示波器观察输入和输出电压波形，并记录。		
^		f≈100Hz	f≈500Hz	f≈1kHz
^	u_i			
^	u_o			
^	说明	积分运算放大电路的输入电压波形为方波，输出电压波形为＿＿＿＿＿（正弦波/方波/三角波），输出波形的幅度与 R_fC_f＿＿＿＿＿（有关/无关），输出波形的幅度与频率＿＿＿＿＿（有关/无关）			
提高	用运算放大器 LF353 设计比例运算电路，完成功能 u_o=−15u_i，选择电阻 R_1、R_2、R_f 的合适参数，画出电路图，完成测量，观察波形是否满足要求		

项目 4 红外线报警器的制作

知识点 1 集成运算放大器

运算放大器的符号如图 4-2（a）所示，图 4-2（b）所示为经常用到的简单画法，它有两个输入端，"-"端叫反相输入端，"+"端叫同相输入端，输出端的电压与同相输入端同相，而与反相输入端反相。此外，运算放大器工作所需的电源有+V_{CC}端、-V_{EE}端和接地端，一般情况下不画出。

1. 运算放大电路的组成

运算放大电路的类型很多，电路也不尽一样，但其内部结构差别不大，主要由输入级（差动放大级）、中间放大级（电压放大级）和输出级（功率放大级）组成，如图 4-3 所示。其中，输入级一般是由三极管或场效应管组成的差动放大电路，差动放大电路的两个输入端即运算放大电路的同相输入端和反相输入端；中间级由单级或多级电压放大电路组成，主要提高运算放大电路的开环增益；输出级一般由射极跟随器或互补射极跟随器构成，以增大输出功率。

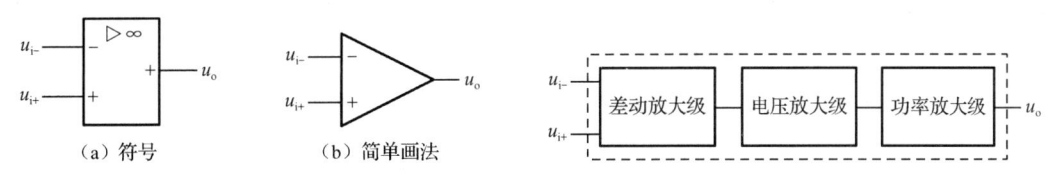

图 4-2 运算放大器

图 4-3 运算放大电路内部组成框图

一个简单的运算放大器内部电路原理图如图 4-4 所示，其中，VT_1、VT_2 组成带恒流源的差动放大器（双输入单输出）；电压放大级为由 VT_3、VT_4 复合管组成的单级共射电压放大电路；输出级由 VT_5、VT_6 组成的两级射极跟随器构成；1 端、2 端为输入端，3 端为输出端。

集成运算放大器芯片内部常有 1 个、2 个、4 个运算放大器。例如，集成运算放大器 LF353，其内部包含 2 个运算放大器，其引脚图如图 4-5 所示。

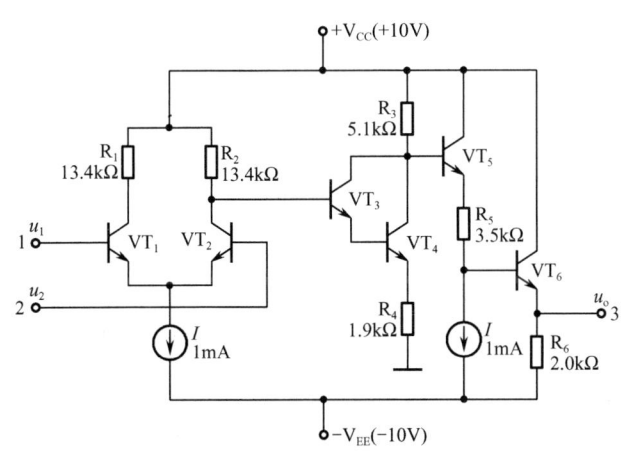

图 4-4 运算放大器内部电路原理图

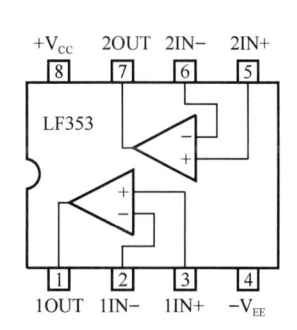

图 4-5 集成运算放大器 LF353 的引脚图

2. 理想运算放大器的技术参数

为了合理选择和正确使用集成运算放大器，下面介绍其几个主要技术参数。

1）开环电压放大倍数 A_{uo}

A_{uo} 是集成运算放大器在开环（无反馈）状态下，输出电压 u_o 与差模输入信号 $u_{i+}-u_{i-}$ 之比，即

$$A_{uo} = \frac{u_o}{u_{i+}-u_{i-}}$$

A_{uo} 越高，构成的运算放大器的运算精度越高，工作也越稳定。实际运算放大器的 A_{uo} 都很高，如集成运算放大器 D508 的开环增益高达 140dB（10^7），HA2900 的开环增益高达 160dB（10^8）。理想运算放大器认为 $A_{uo}=\infty$。

2）输入失调电压 U_{io}

当输入电压为零时，输出电压一般不为零，为使输出电压为零，要在输入端加一个补偿电压，此电压即输入失调电压 U_{io}，一般为几毫伏，此值越小越好，如集成运算放大器 F007 的输入失调电压为 2～10mV。理想运算放大器的输入失调电压为零。

3）输入失调电流 I_{io}

当输入信号为零时，两个输入端静态输入电流之差 $I_{io}=I_{B+}-I_{B-}$ 为运算放大器的输入失调电流，一般为 1～100nA。高质量的运算放大器的 I_{io} 小于 1nA。理想运算放大器的输入失调电流为零。

4）输入偏置电流 I_{iB}

当输入信号为零时，两个输入端静态基极电流的平均值 $I_{iB}=\frac{1}{2}(I_{B1}+I_{B2})$，输入偏置电流 I_{iB} 一般在 1μA 以下。I_{iB} 越小，I_{io} 也越小，因而零漂也就越小，如集成运算放大器 F007 的 I_{iB} 为 200nA。理想运算放大器的 I_{iB} 为零。

5）最大共模输入电压 U_{iCM}

运算放大器对共模信号有抑制能力，但共模信号必须在规定范围内，如果超出了这个范围，那么运算放大器的抑制能力会显著下降。U_{iCM} 表示集成运算放大器能承受的共模干扰信号的能力。U_{iCM} 越大越好，高质量的运算放大器的 U_{iCM} 可达十几伏。

6）最大输出电压 U_{oppm}

在电源电压为额定值时，使输出电压和输入电压保持不失真关系的最大输出电压称为运算放大器的最大输出电压 U_{oppm}。例如，当集成运算放大器 F007 的电源电压为±15V 时，U_{oppm} 约为±13V。

7）共模抑制比 K_{CMRR}

运算放大器对差模信号的放大倍数与对共模信号的放大倍数之比称为运算放大器的共模抑制比。这个参数越大，运算放大器的质量越好。K_{CMRR} 一般为 65～160dB，如 F007 的

K_{CMRR} 为 80~86dB。理想运算放大器的 K_{CMRR} 为∞。另外，理想运算放大器的输入电阻 R_i=∞、输出电阻 R_o=0，开环带宽 f_{BW}=∞，而且不存在零点漂移。

3．理想运算放大器的"虚断"和"虚短"

对于工作在线性区的理想运算放大器，通过它的理想参数可以推导出下面两条重要的分析法则。

1）虚短

理想运算放大器的两个输入端之间的电压为零，即 U_+=U_-，相当于两个输入端之间短路，即"虚短"。这是因为运算放大器工作在线性区，输出电压为有限值，而理想运算放大器的 A_{uo}=∞，输入端之间的电压(u_{i+}-u_{i-})应为零。

2）虚断

理想运算放大器的两个输入端不吸取电流，即 I_+=I_-=0，相当于两个输入端之间开路，即"虚断"。这是因为 u_{i+}=u_{i-}，即差模输入电压 u_{id}=u_{i+}-u_{i-}=0，而差模输入电阻 R_{id}=∞。

利用"虚短"和"虚断"的概念，将使对各种运算放大器电路的分析十分简便。

4．集成运算放大器的分类和使用原则

1）常用集成运算放大器

常用集成运算放大器如表 4-3 所示。

表 4-3 常用集成运算放大器

型号或规格	功能简介	型号或规格	功能简介
LM386-1/3/4	音频放大器	LF351	BI-FET 单运算放大器
LM380	音频功率放大器	LF353	BI-FET 双运算放大器
LM3886	音频大功率放大器	LF356	BI-FET 单运算放大器
MC34119	小功率音频放大器	LF357	BI-FET 单运算放大器
TBA820M	小功率音频放大器	LF411	BI-FET 单运算放大器
LM741	通用型单运算放大器	TL061	BI-FET 单运算放大器
LM301	通用型运算放大器	TL081	BI-FET 单运算放大器
LM308	通用型运算放大器	TL062	BI-FET 双运算放大器
LM358	通用型双运算放大器	TL072	BI-FET 双运算放大器
LM124/224/324	通用型四运算放大器（军用挡/工业挡/民用挡）	TL082	BI-FET 双运算放大器
LM148	四运算放大器	LF412	BI-FET 双运算放大器
LM2902	四运算放大器	TL064	BI-FET 四运算放大器
LM348	四运算放大器	TL074	BI-FET 四运算放大器
LM3900	四运算放大器	TL084	BI-FET 四运算放大器
CD4573	四可编程运算放大器	CA3130	高输入阻抗运算放大器

续表

型号或规格	功能简介	型号或规格	功能简介
LM1458	双运算放大器	CA3140	高输入阻抗运算放大器
LM2904	双运算放大器	LM725	高精度运算放大器
NE592	视频放大器	LM733	带宽运算放大器
OP07-CP/DP	精密型运算放大器	LF347	带宽四运算放大器
LM318	高速型运算放大器	LF398	采样保持放大器
NE5532	高速低噪声双运算放大器	ICL7650	斩波稳零放大器
NE5534	高速低噪声单运算放大器	TL022	双组低功率通用型运算放大器

集成运算放大器按照参数进行分类，常用的有以下几种。

（1）通用型运算放大器。通用型运算放大器是以通用为目的而设计的，其主要特点是价格低廉、产品量大面广，其性能指标适合一般性使用，目前应用最为广泛的有μA741/LM741（单运算放大器）、LM358（双运算放大器，可单电源供电）、LM324（四运算放大器，可单电源供电）、LF356（单运算放大器，场效应管为输入级）。

（2）高阻型运算放大器。高阻型运算放大器的特点是差模输入阻抗非常大，输入偏置电流非常小，但输入失调电压较高，常见的有 LF355（单运算放大器）、LF356（单运算放大器）、LF347（四运算放大器），以及更高输入阻抗的 CA3130（单运算放大器）、CA3140（单运算放大器）等。

（3）低温漂型运算放大器。低温漂型运算放大器的失调电压低，且不随温度的变化而变化，在精密仪器、弱信号检测等自动控制仪表中，该类运算放大器得到了广泛应用，目前常用的有 OP07、OP27、AD508 等。

（4）精密型运算放大器。精密型运算放大器有很高的精度，特别是输入失调电压、输入偏置电流、温度漂移系数、共模抑制比等参数较好，典型产品有 TLC4501/TLC4502、TLE2027/TLE2037、TLE2022、TLC2201、TLC2254 等。

（5）低噪声型运算放大器。低噪声型运算放大器也属于精密型运算放大器，常用产品有 TLE2027/TLE2037、TLE2227/TLE2237、TLC2201、TLV2362/TLV2262 等。

（6）高速型运算放大器。高速型运算放大器的主要特点是具有高的转换速率和宽的频率响应，主要应用在快速 A/D 和 D/A 转换器、视频放大器中，常见的产品有 LM318、μA715、TLE2037/TLE2237、TLV2362、TLE2141/TLE2142/TLE2144、TLLE20171、TLE2072/TLE2074 等。

（7）低电压、低功耗型运算放大器。低电压、低功耗型运算放大器使用低电源电压供电，消耗功率低，适用于便携式仪器应用场合，常用的有 TL022、TL060、TLV2211、TLV2262、TLV2264、TLE2021、TLC2254、TLV2442、TLV2341 等。目前，有的产品功耗已达毫瓦级，如 ICL7600 的供电电源为 1.5V，功耗为 10mW，可采用单节电池供电。

（8）高压大功率型运算放大器。在普通的运算放大器中，输出电压的最大值一般仅有几十伏，输出电流仅有几十毫安，若要提高输出电压或增大输出电流，集成运算放大器外部必须加辅助电路。高压大电流集成运算放大器外部不需要附加任何电路，即可输出高电压和大电流。例如，μA791 集成运算放大器的输出电流可达 1A；3583 的电源电压达±150V，输出电压可达±140V；LM12CL 的输出电流可达±10A，功率可达 80W。

2）集成运算放大器的电源供给方式

通常，集成运算放大器有两个电源接线端：$+V_{CC}$ 和 $-V_{EE}$，但有不同的电源供给方式。不同的电源供给方式对输入信号的要求是不同的，运算放大器的输出电压也要受供电电源的限制，应用时要考虑其电源供给方式。

（1）对称双电源供电方式。大部分运算放大器都采用对称双电源供电方式。相对于公共端（地）的正电源与负电源分别接于运算放大器的 $+V_{CC}$ 和 $-V_{EE}$ 引脚上。在这种供电方式下，可把信号源直接接到运算放大器的输入引脚上，输出电压的幅度最大可达正、负对称电源电压。

（2）单电源供电方式。单电源供电方式是指将运算放大器的 $-V_{EE}$ 引脚连接到地上，为了保证运算放大器内部单元电路在单电源时具有合适的静态工作点，在运算放大器的输入端，一定要加入一个直流电位。此时，运算放大器的输出是在某一直流电位的基础上随输入信号变化的。采用单电源供电方式的运算放大器的输出电压的最大值近似为 $V_{CC}/2$。

大部分运算放大器要求双电源供电，只有少部分运算放大器（如 LM358、LM324、CA3140 等）可以在单电源供电状态下工作。对于单电源供电的运算放大器，其不仅可以在单电源供电状态下工作，还可以在双电源供电状态下工作。例如，LM324 既可以在+5～+12V 单电源供电状态下工作，又可以在±(5～12)V 双电源供电状态下工作。在仅需用作放大交流信号的线性应用电路中，为简化电路，可将双电源供电的集成运算放大器改成单电源供电。

3）集成运算放大器外接电阻的选择

（1）平衡电阻。应使集成运算放大器的反相输入端和同相输入端外接直流通路等效电阻平衡。图 4-6（a）、（b）所示分别为运算放大器 μA741 的引脚图和调零电路，在 μA741 的同相输入端，应取 $R_2=R_1//R_f$。

（a）μA741引脚图 （b）μA741调零电路

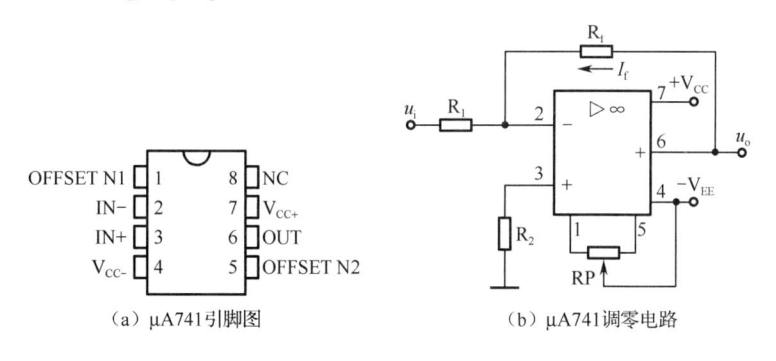

图 4-6 运算放大器 μA741

（2）反馈电阻的取值范围。一般集成运算放大器的最大输出电流 $I_{oM}≈(5～10)mA$。如图 4-6（b）所示，对于由 μA741 构成的反相比例运算放大电路，流过反馈电阻 R_f 的电流 I_f 应满足下列要求：$I_f = \left|\dfrac{u_o}{R_f}\right| \leq I_{oM}$。输出电压 u_o 一般为伏级，故 R_f 至少取千欧以上的数量级。R_f 和 R_1 取值太小，会增加信号源的负载。但取用兆欧级也不合适，原因有二：一方面，

阻值越大,绝对误差越大,且电阻会随温度和时间的变化产生误差,使阻值不稳定,影响精度;另一方面,集成运算放大器的失调电流会在外接大阻值电阻时引起较大的误差。所以,集成运算放大器的外接阻值尽可能选用几千欧至几百千欧。

4)集成运算放大器的调零问题

由于集成运算放大器的输入失调电压和输入失调电流的影响,当运算放大器组成的线性电路输入信号为零时,输出往往不等于零。为了提高电路的运算精度,要求对由输入失调电压和输入失调电流造成的误差进行补偿,这就是运算放大器的调零。常用的调零方法有内部调零和外部调零,对于没有外接调零端子的集成运算放大器,要采用外部调零方法。

(1)内部调零。对于有外接调零端子的集成运算放大器(通常是单运算放大器),可通过外接调零元件进行调零,如图 4-6(a)所示,µA741 具有内部调零端子 OFFSET N1 和 OFFSET N2,将 OFFSET N1 和 OFFSET N2 端子外接调零电阻 RP,如图 4-6(b)所示,调节 RP,使输出为零,即可实现内部调零。其中,RP 宜选择温度系数小的线绕电位器。

(2)外部调零。当集成运算放大器没有外接调零端子时(通常是多运算放大器芯片),为了减小输出失调电压,特别是集成运算放大器用于直流放大时的影响,可选择输入失调电压更低的集成运算放大器,也可采用外加补偿电压的方法进行调零。补偿调零的基本原理是,在集成运算放大器输入端施加一个补偿电压,以抵消输入失调电压和失调电流的影响,使输出为零,如图 4-7 所示。

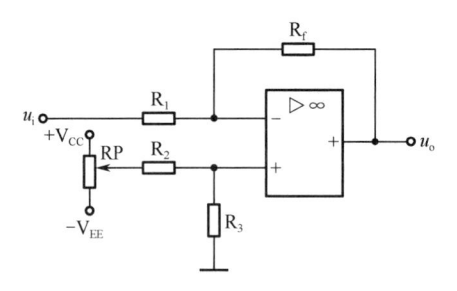

图 4-7 外部调零电路

知识点 2 比例运算放大电路

1. 反相比例运算放大电路及倒相器

比例运算放大电路

图 4-8 所示为反相比例运算放大电路,输入信号 u_i 通过 R_1 加到反相输入端,输出信号通过 R_f 送回反相输入端,构成深度电压并联负反馈放大电路;在同相输入端接一电阻 R_2,因为集成运算放大器毕竟不是理想的,总存在偏置电流、输入失调电压 U_{io},并存在零漂。所以要求集成运算放大器的两个输入端的等效电阻相等,R_2 就是起平衡作用的,称为平衡电阻,$R_2=R_1//R_f$。由图 4-8 可知,$u_{i+}=0$,而 $u_{i-}=u_{i+}=0$,又 $I_+=I_-=0$,因此有 $I_1=I_f$,即

$$(u_i - 0)/R_1 = (0 - u_o)/R_f$$

$$u_o = -(R_f/R_1)u_i$$

$$A_{uf} = -R_f/R_1 \tag{4-1}$$

由式(4-1)(A_{uf} 表示负反馈放大电路的电压放大倍数)可知,该电路实现了输出与输

入信号之间的反相比例运算,故称为反相比例运算放大电路。当 $R_1=R_f$ 时,$u_o=-u_i$,实现了输出对输入信号的倒相(大小并没有改变),构成了倒相器。

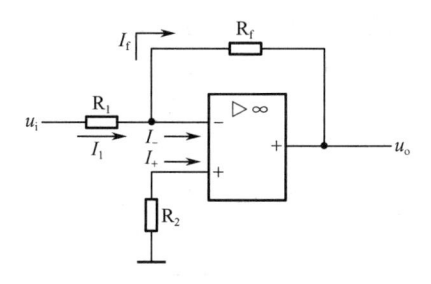

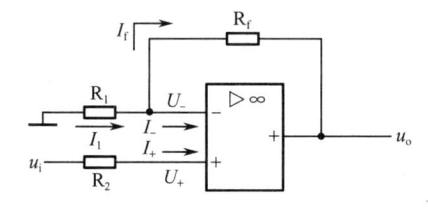

图 4-8 反相比例运算放大电路

反相比例运算放大电路有如下特点。

(1)由于反相比例运算电路接成"虚地"形式,即 $u_+=u_-=0$,它的共模输入电压为零,因此对运算放大器的共模抑制比要求低,这是它的突出优点。

(2)输入电阻小,$R_i=R_1$,因此要求输入信号源有较强的带负载能力。

例 4-1 电路如图 4-8 所示,设 $R_1=10\text{k}\Omega$,$R_f=50\text{k}\Omega$,求 A_{uf}、R_2。当 $u_i=0.5\text{V}$ 时,$u_o=$?

解:反相比例运算放大电路的电压放大倍数为

$$A_{uf}=u_o/u_i=-R_f/R_1=-50/10=-5$$

平衡电阻为

$$R_2=R_1//R_f=10\text{k}\Omega//50\text{k}\Omega=8.3\text{k}\Omega$$

当 $u_i=0.5\text{V}$ 时,u_o 为

$$u_o=u_i \times A_{uf}=0.5\text{V}\times(-5)=-2.5\text{V}$$

2. 同相比例运算放大电路及电压跟随器

图 4-9 所示为同相比例运算放大电路,它在理想运算放大器的输出端和反相输入端之间连接了一个反馈电阻 R_f,构成了深度电压串联负反馈放大电路,电路的输入信号通过 R_2 加到运算放大器的同相输入端上,反相输入端通过电阻 R_1 接地。

图 4-9 同相比例运算放大电路

R_2 是平衡电阻,应满足 $R_2=R_1//R_f$。由"虚断"($I_+=I_-=0$)及"虚短"($U_+=U_-$)的概念可得

$$U_{R2}=0 \quad U_+=u_i \quad U_-=U_+=u_i \quad I_1=I_f$$

即

$$(0-U_-)/R_1=(U_--u_o)/R_f$$
$$(0-u_i)/R_1=(u_i-u_o)/R_f$$

整理得
$$u_o = (1 + R_f/R_1)u_i$$

可见，u_o 与 u_i 同相且成比例，比例系数即闭环电压放大倍数 A_{uf}：
$$A_{uf} = u_o/u_i = 1 + R_f/R_1 \qquad (4-2)$$

在式（4-2）中，若 $R_1 = \infty$（断开），$R_f = 0$，则可得
$$A_{uf} = 1$$

即输出电压等于输入电压，称为电压跟随器，如图 4-10 所示。

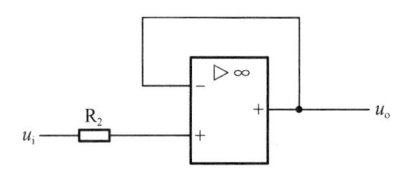

图 4-10 电压跟随器

同相比例运算放大电路有如下特点。

（1）输入电阻大，可达 100MΩ 以上。

（2）由于 $U_+ = U_- = u_i$，即同相比例运算放大电路存在共模输入信号，大小为 u_i，因此它对集成运算放大电路的共模抑制比要求比较高，这是它的缺点，限制了它的应用场合。

知识点 3　加/减法运算放大电路

1．加法运算放大电路

加法及减法运算放大电路

图 4-11 所示为一同相加法运算放大电路，电路中的电阻应满足 $R_1 // R_f = R_2 // R_3 // R_4$，由"虚断"和"虚短"的概念并应用叠加原理可推导出

$$u_o = U_+ \times \left(1 + \frac{R_f}{R_1}\right) \qquad (4-3)$$

式中
$$U_+ = \frac{u_{i1}}{R_2 + R_3 // R_4} \times R_3 // R_4 + \frac{u_{i2}}{R_3 + R_2 // R_4} \times R_2 // R_4$$

图 4-11 同相加法运算放大电路

例 4-2　运算放大电路的输出电压 u_o 与输入电压（u_{i1}、u_{i2}、u_{i3}）的关系为 $u_o = 2u_{i1} + 0.5u_{i2} + 4u_{i3}$，若取 $R_f = 100\text{k}\Omega$，试画出运算放大电路，并求出相关阻值。

解：要求几个信号之和，且输出与输入同相，可以采用单级同相加法器实现，但调试

麻烦，尽可能不用，而采用两级运算放大电路，即由 A_1 反相加法运算放大器和 A_2 倒相器构成，如图 4-12 所示，有

$$u_{o1} = -[(R_f/R_{11})u_{i1} + (R_f/R_{12})u_{i2} + (R_f/R_{13})u_{i3}]$$

由 $R_f = 100\text{k}\Omega$ 得

$$R_{11}=50\text{k}\Omega，R_{12}=200\text{k}\Omega，R_{13}=25\text{k}\Omega$$

平衡电阻为

$$R_1=R_f//R_{11}//R_{12}//R_{13}=100\text{k}\Omega//50\text{k}\Omega//200\text{k}\Omega//25\text{k}\Omega=13.3\text{k}\Omega$$

第二级为倒相器，取 $R_{21}=R_f=100\text{k}\Omega$，平衡电阻为

$$R_2=R_{21}//R_f=100\text{k}\Omega//100\text{k}\Omega=50\text{k}\Omega$$

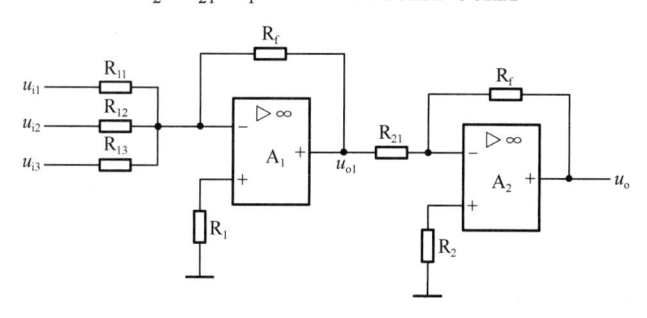

图 4-12 用两级运算放大电路实现求和的电路

2．减法运算放大电路

图 4-13 所示为一减法运算放大电路，输入信号 u_{i1} 和 u_{i2} 分别加至反相输入端与同相输入端，在线性工作区内，它相当于同相比例与反相比例的叠加，也可直接应用"虚断"和"虚短"的概念来分析，结果是相同的，即

$$u_o = -\frac{R_f}{R_1}u_{i1} + \left(1+\frac{R_f}{R_1}\right)U_+ \tag{4-4}$$

式中

$$U_+ = \frac{u_{i2}}{R_2+R_3} \times R_3$$

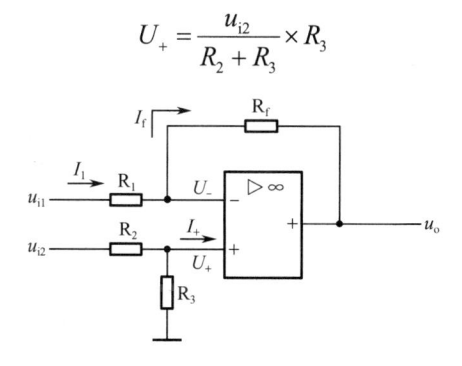

图 4-13 减法运算放大电路

例 4-3 电路如图 4-14 所示，$R_1=R_2=R_3=10\text{k}\Omega$，$R_{f1}=51\text{k}\Omega$，$R_{f2}=100\text{k}\Omega$，$u_{i1}=0.1\text{V}$，$u_{i2}=0.3\text{V}$，求 u_{o1} 和 u_o。

解： 本题用反相比例运算放大电路和反相加法运算放大电路构成减法器，第一级为反

相比例运算放大电路，因此，根据式（4-1）可得

$$u_{o1} = -R_{f1}u_{i1}/R_1 = -(51 \times 0.1/10)\text{V} = -0.51\text{V}$$

第二级为反相加法运算放大电路，因此，根据式（4-3）可得

$$u_o = -R_{f2}/R_2 \times u_{i2} - R_{f2}/R_3 \times u_{o1} = [-100/10 \times 0.3 - 100/10 \times (-0.51)]\text{V} = 2.1\text{V}$$

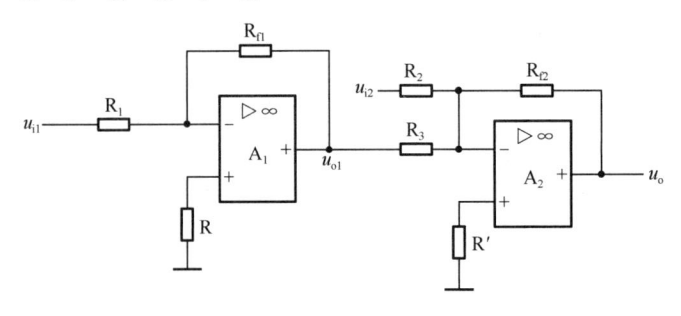

图 4-14 例 4-3 图

知识点 4　积分/微分运算电路

1. 积分运算电路

将反相比例运算放大电路中的 R_f 用适当的 C_f 代替即可得积分运算电路，如图 4-15（a）所示，其中平衡电阻 R_2 应满足 $R_2=R_1$。假设电容的电压初值为 0，由图可知：

$$U_- = U_+ = 0$$

$$I_1 = u_i/R_1 = I_f$$

$$u_{Cf} = U_- - u_o = -u_o = 1/C_f \int i_f \mathrm{d}t = 1/C_f \int u_i/R_1 \mathrm{d}t = 1/(R_1 C_f) \int u_i \mathrm{d}t$$

$$u_o = -u_{Cf} = -1/(R_1 C_f) \int u_i \mathrm{d}t \tag{4-5}$$

由式（4-5）可知，u_o 与 u_i 之间构成了积分关系，实现了积分运算。在式（4-5）中，$R_1 C_f$ 为积分电路的时间常数。

当 u_i 为矩形波时，设 C_f 两端的电压初值为 0，当 u_i 为正时，因为电压恒定，所以电容被恒流充电，u_{Cf} 与时间成正比，直线下降；当 u_i 为负时，电容放电，u_{Cf} 直线上升，波形如图 4-15（b）所示，u_o 为三角波。

（a）积分运算电路　　　　（b）输入、输出电压波形

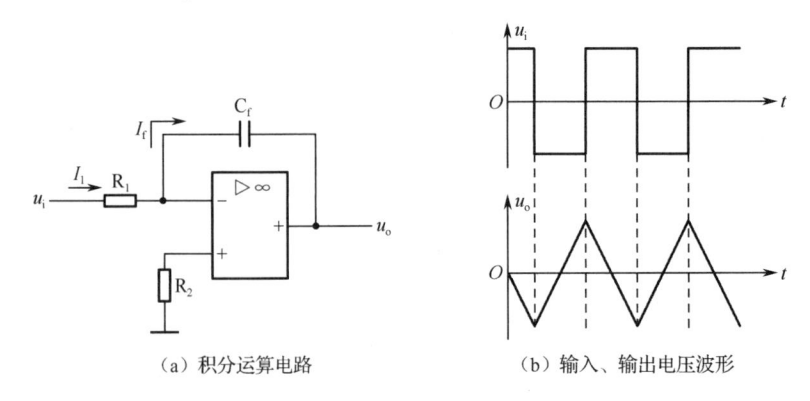

图 4-15　积分运算电路及其输入、输出电压波形

项目 4 红外线报警器的制作

2. 微分运算电路

将反相比例运算放大电路中的 R_1 用 C_1 代替即可构成微分运算电路,如图 4-16(a)所示,其中平衡电阻 $R_2=R_f$,因为

$$U_+ = U_- = 0, \quad I_f = I_1$$

即

$$-\frac{u_o}{R_f} = \frac{dq_{C1}}{dt} = C_1 \frac{du_{C1}}{dt} = C_1 \frac{d(u_i - U_-)}{dt} = C_1 \frac{du_i}{dt}$$

所以

$$u_o = -R_f C_1 \frac{du_i}{dt} \tag{4-6}$$

当 u_i 为矩形波时,微分运算电路的输入、输出电压波形如图 4-17(b)所示,其中 $R_f C_1$ 为电路的时间常数。由波形图可以看出,只要输入信号 u_i 有变化,输出 u_o 就不为零,由于是反相输入,因此,u_i 升高时 u_o 为负,u_i 降低时 u_o 为正,u_o 的波形反映了 u_i 的变化情况。

(a) 微分运算电路　　(b) 输入、输出电压波形

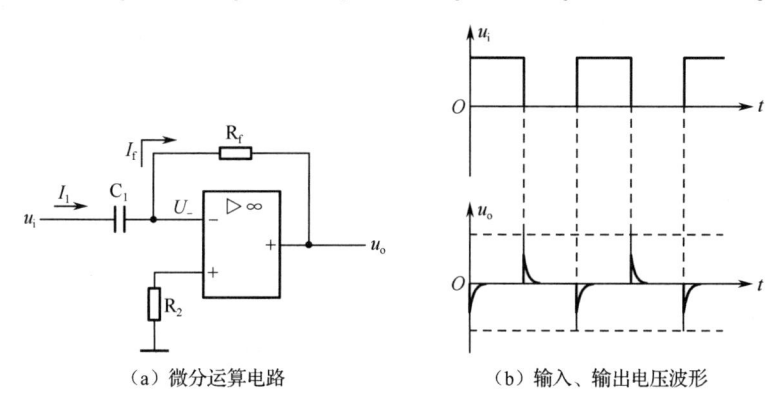

图 4-16　微分运算电路及其输入、输出电压波形

例 4-4　基本积分运算电路如图 4-17(a)所示,输入信号 u_i 为一方波,波形如图 4-17(b)所示,运算放大器输出电压的最大值为 ±10V,设 $t=0$ 时电容电压为零,试画出理想情况下的输出电压波形。

解：由图 4-17(a)可求出电路的充放电时间常数为

$$\tau = R_1 C_f = 10 \times 10^3 \times 0.01 \times 10^{-6} \text{s} = 0.1 \text{ms}$$

运算放大器的输入端"虚地",输出电压等于电容两端的电压,即 $u_o = -u_C$,$u_o(0)=0$。在 0～0.1ms 时间段内,输入电压 u_{iP}=5V,u_o 将从 0 开始线性降低,t=0.1ms 时达到负峰最大值,其值由积分求得

$$U_{oP} = u_o \big|_{t=0.1\text{ms}} = -\frac{1}{R_1 C_f} \int_0^t u_i dt + u_o(0) = -1/0.1 \int_0^{0.1} 5 dt = 5\,(\text{V})$$

而在 0.1～0.3ms 时间段内,u_{iP} 为 -5V,故输出电压 u_o 从 -5V 开始线性升高,t=0.3ms 时达到正峰值,其值为

$$U_{oP} = u_o\mid_{t=0.3\text{ms}} = -\frac{1}{R_1C_f}\int_{0.1}^{0.3}u_i\,dt + u_o(0.1)$$
$$= \left(-1/0.1\int_{0.1}^{0.3}5\,dt + 5\right) = 5\,(\text{V})$$

±5V 没有超出运算放大器输出电压的最大值±10V 的范围，因此输出与输入为线性积分关系，输入为方波，输出为三角波，波形如图4-17（b）所示。

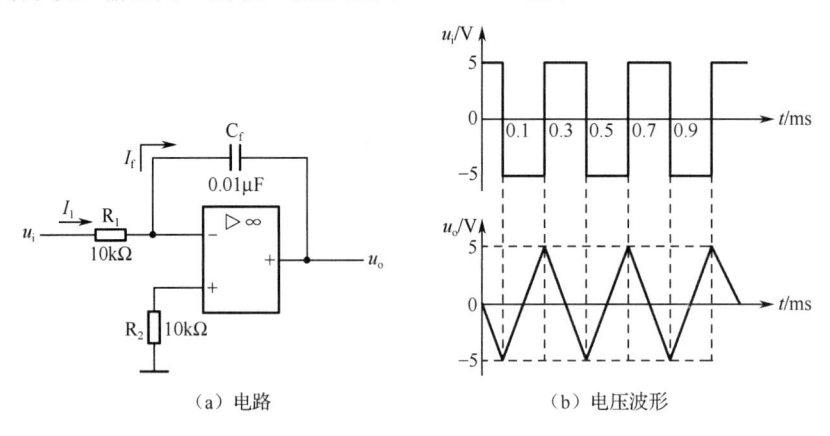

(a) 电路　　(b) 电压波形

图 4-17　例 4-4 图

技能训练 16　迟滞电压比较器电路功能测试

完成本任务所需仪器仪表及材料如表4-4所示。

迟滞电压比较器电路功能测试

表 4-4　完成本任务所需仪器仪表及材料

序号	名称	型号或规格	数量	备注
1	直流稳压电源	JC2735D	1个	
2	数字万用表	DT9205	1只	
3	20MHz 双踪示波器	GDS-1062A	1台	
4	函数信号发生器	STR-F220	1台	
5	电工工具箱	含电烙铁、斜口钳等	1套	
6	万能电路板	5cm×5cm	1块	
7	运算放大器	LF353	1个	
8	集成电路插座	集成电路8脚插座	1个	
9	R_1	10kΩ	1个	
10	R_2	10kΩ	1个	
11	R_f	33kΩ	1个	
12	R_3	330Ω	1个	
13	稳压二极管	1N4740（U_{DZ}=10V）	2只	

项目 4 红外线报警器的制作

任务书 4-2

任务书 4-2 如表 4-5 所示。

表 4-5 任务书 4-2

任务名称	迟滞电压比较器电路功能测试
测试电路示意图	(电路图:u_i经R_1接运放反相端,U_{REF}经R_2接同相端U_T,运放输出经R_3接u_o,u_o端接双向稳压管VD_Z($\pm U_Z$),反馈电阻R_f)

步骤：

(1) 按上图在万能电路板上焊接连线，运算放大器电源为V_{CC}=+12V（8 脚），V_{EE}=-12V（4 脚）。

(2) 接入u_i=U_{REF}=0，用万用表测量输出电压u_o=_____V，表示输出_____（高电平/低电平）。

(3) 接入U_{REF}=0，u_i为幅度u_{ip}=1V、频率f=1kHz 的正弦波，在u_i幅度逐步增大、频率不变的情况下，用示波器同时观察输入和输出电压波形，记录波形并画出传输特性曲线。

	u_{ip}=1V	u_{ip}=_____V	u_{ip}=_____V
u_i波形			
u_o波形	u_o_____ （无变化/产生翻转）	u_o_____ （无变化/产生翻转）	u_o_____ （无变化/产生翻转）
传输特性曲线			

(4) 接入U_{REF}=2V，u_i为幅度u_{ip}=1V、频率f=1kHz 的正弦波，在u_i幅度逐步增大、频率不变的情况下，用示波器同时观察输入和输出电压波形，记录波形并画出传输特性曲线。

	u_{ip}=1V	u_{ip}=_____V	u_{ip}=_____V
u_i波形			
u_o波形	u_o_____ （无变化/产生翻转）	u_o_____ （无变化/产生翻转）	u_o_____ （无变化/产生翻转）
传输特性曲线			

续表

任 务 名 称	迟滞电压比较器电路功能测试
结论	该电路_____（能/不能）实现电压比较作用，阈值电压有_____（1个/2个）
提高	用运算放大器 LF353 设计电路，完成以下功能：当输入电压高于 2V 时，输出电压为 5V；当输入电压低于 0 时，输出电压为-5V。选择合适的元器件，画出电路图

知识点 1 电压比较器

1. 过零电压比较器

电压比较器是对工作在非线性状态下的理想运算放大器的两个输入电压进行比较，根据比较结果，输出高电平或低电平的一种电路。图 4-18（a）所示为最简单的电压比较器——过零电压比较器电路，u_i 为输入电压，它与同相输入端的参考电压 $U_{REF}=0$ 相比较，由于运算放大器工作在开环状态，因此，当反相输入电压 $u_i>0$ 时，$u_o=U_{oL}$；当 $u_i<0$ 时，$u_o=U_{oH}$，其传输特性如图 4-18（b）所示。由于输入电压和 0 进行比较，故称之为过零电压比较器。图 4-18（c）给出了输入正弦波时的输出电压波形。被比较的电压称为电压比较器的阈值电压或门限电压。

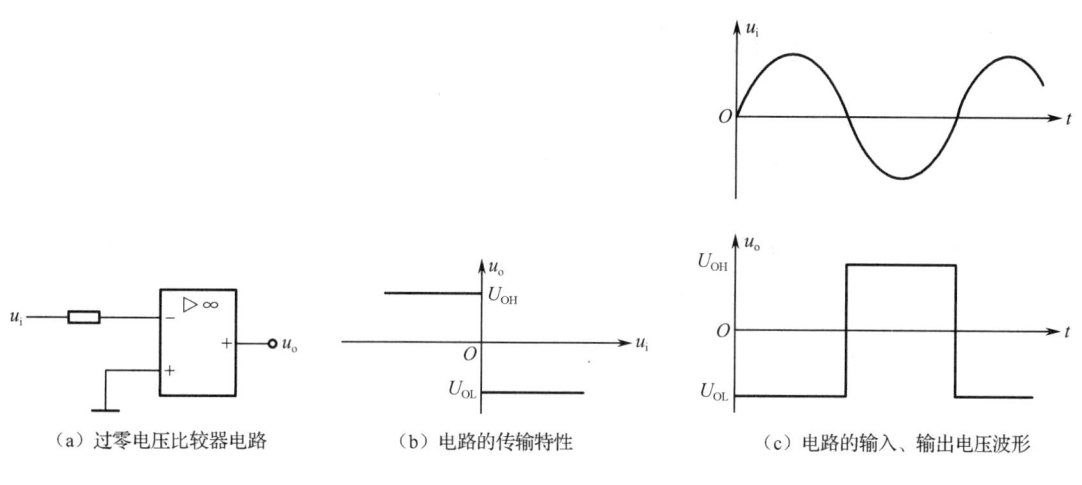

（a）过零电压比较器电路　　（b）电路的传输特性　　（c）电路的输入、输出电压波形

图 4-18　过零电压比较器

图 4-19 所示为有输入、输出限幅保护的过零电压比较器，VD_1、VD_2 用来防止输入信号过大而损坏集成运算放大器，输出端并联稳压二极管既限制了输出电压的幅度，又加快了工作速度。图 4-19（b）中的 VD_3（锗管）的作用是使负向输出电压接近零。

（a）输出电压为 $\pm U_Z$ 的过零电压比较器电路　　（b）输出电压为 0 和 $+U_Z$ 的过零电压比较器电路

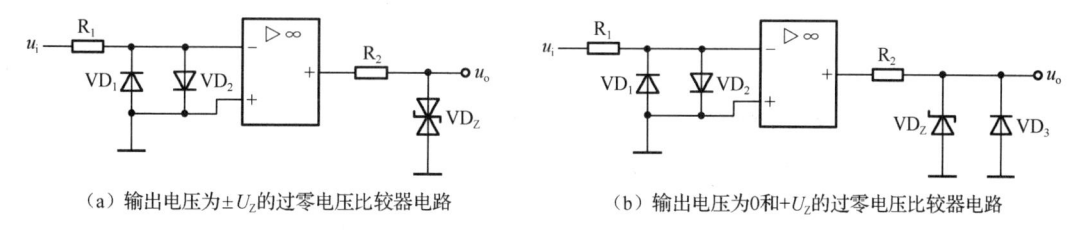

图 4-19　有输入、输出限幅保护的过零电压比较器

2. 单门限电压比较器

若在同相输入端接比较电压 $U_{REF} \neq 0$，则构成单门限电压比较器，如图 4-20（a）所示，其工作原理类似过零电压比较器，只是被比较电压等于 U_{REF} 而不等于零，这里不再赘述。它的传输特性和输入、输出电压波形分别如图 4-20（b）、（c）所示。当 u_i 为三角波时，输出波形为矩形波，如图 4-20（c）所示，改变参考电压值即可改变矩形波的占空比。

(a) 单门限电压比较器电路　　(b) 电路的传输特性　　(c) 电路的输入、输出电压波形

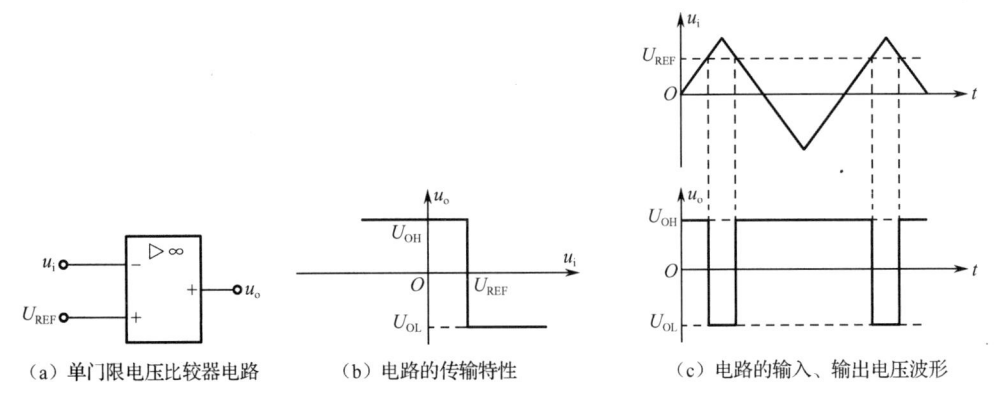

图 4-20　单门限电压比较器

知识点 2　迟滞电压比较器

1. 反相迟滞电压比较器

过零电压比较器和单门限电压比较器的抗干扰能力差，在阈值电压附近，只要有很小的干扰信号，就可能使电路误动作。为解决这个问题，将输出电压通过反馈电阻 R_f 引向同相输入端，形成正反馈，将参考电压 U_{REF} 通过 R_2 接于同相输入端，输入信号通过 R_1 接于反相输入端，这样就构成了如图 4-21（a）所示的反相迟滞电压比较器电路。图 4-21（b）、（c）所示分别为它的传输特性和输入、输出电压波形。

(a) 反相迟滞比较器电路

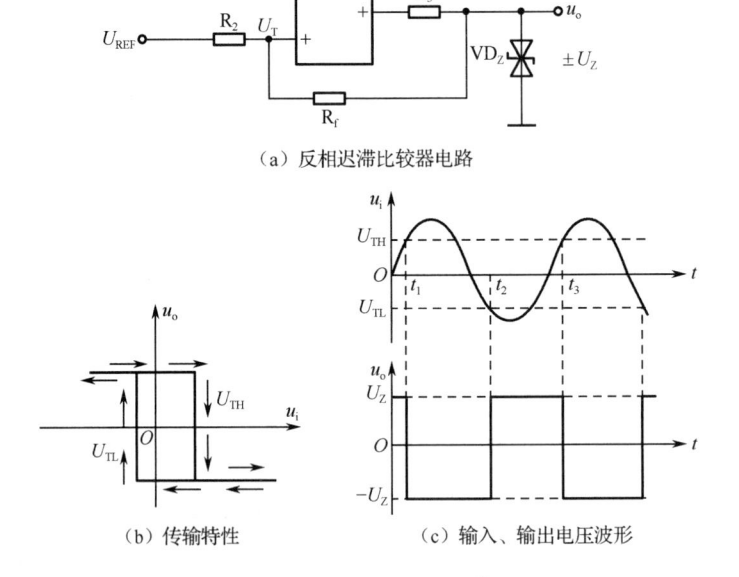

(b) 传输特性　　(c) 输入、输出电压波形

图 4-21　反相迟滞电压比较器

反相迟滞电压比较器的特点是被比较电路的电压有两个，当 $u_o=U_Z$ 时，被比较电压用 U_{TH} 表示，根据叠加原理，可求得 $U_{TH} = \dfrac{U_{REF}R_f}{R_f + R_2} + \dfrac{U_Z R_2}{R_f + R_2}$，当 $u_o=-U_Z$ 时，被比较电压用

U_{TL} 表示，$U_{TH} = \dfrac{U_{REF}R_f}{R_f + R_2} + \dfrac{U_D R_2}{R_f + R_2}$，其中 $U_{TH} - U_{TL} = \Delta U_T$ 称为回差。回差越大，抗干扰能力就越强，但灵敏度越低。

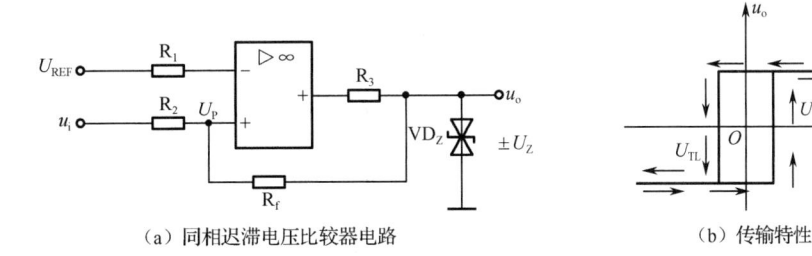

2．同相迟滞电压比较器

同相迟滞电压比较器的电路与传输特性分别如图 4-22（a）、（b）所示。同相迟滞电压比较器和反相迟滞电压比较器的区别在于，同步迟滞电压比较器只有一个被比较的电压，即从反相输入端输入的 U_{REF}，电路输出有两个不同的值。

当 $u_o = -U_Z$ 时，使 $U_P = U_{REF}$ 的 u_i 用 U_{TH} 表示，$U_{TH} = \dfrac{R_f + R_2}{R_f} U_{REF} + \dfrac{R_2}{R_f} U_Z$；当 $u_o = U_Z$ 时，使 $U_P = U_{REF}$ 的 u_i 用 U_{TL} 表示，$U_{TL} = \dfrac{R_f + R_2}{R_f} U_{REF} - \dfrac{R_2}{R_f} U_Z$。

（a）同相迟滞电压比较器电路　　　　　　　（b）传输特性

图 4-22　同相迟滞电压比较器

技能训练 17　三角波产生电路制作与测试

完成本任务所需仪器仪表及材料如表 4-6 所示。

三角波产生电路的制作与测试

表 4-6　完成本任务所需仪器仪表及材料

序号	名称	型号或规格	数量	备注
1	直流稳压电源	JC2735D	1 个	
2	数字万用表	DT9205	1 只	
3	20MHz 双踪示波器	GDS-1062A	1 台	
4	函数信号发生器	STR-F220	1 台	
5	电工工具箱	含电烙铁、斜口钳等	1 套	
6	万能电路板	10cm×5cm	1 块	
7	电阻	20kΩ	1 只	
		10kΩ	4 只	
		1kΩ	1 只	
8	电容	0.022μF	1 只	
9	双向稳压二极管	2DW231	1 只	
10	运算放大器	LF353	1 个	
11	集成电路插座	集成电路 8 脚插座	1 个	

项目 4 红外线报警器的制作

任务书 4-3

任务书 4-3 如表 4-7 所示。

表 4-7 任务书 4-3

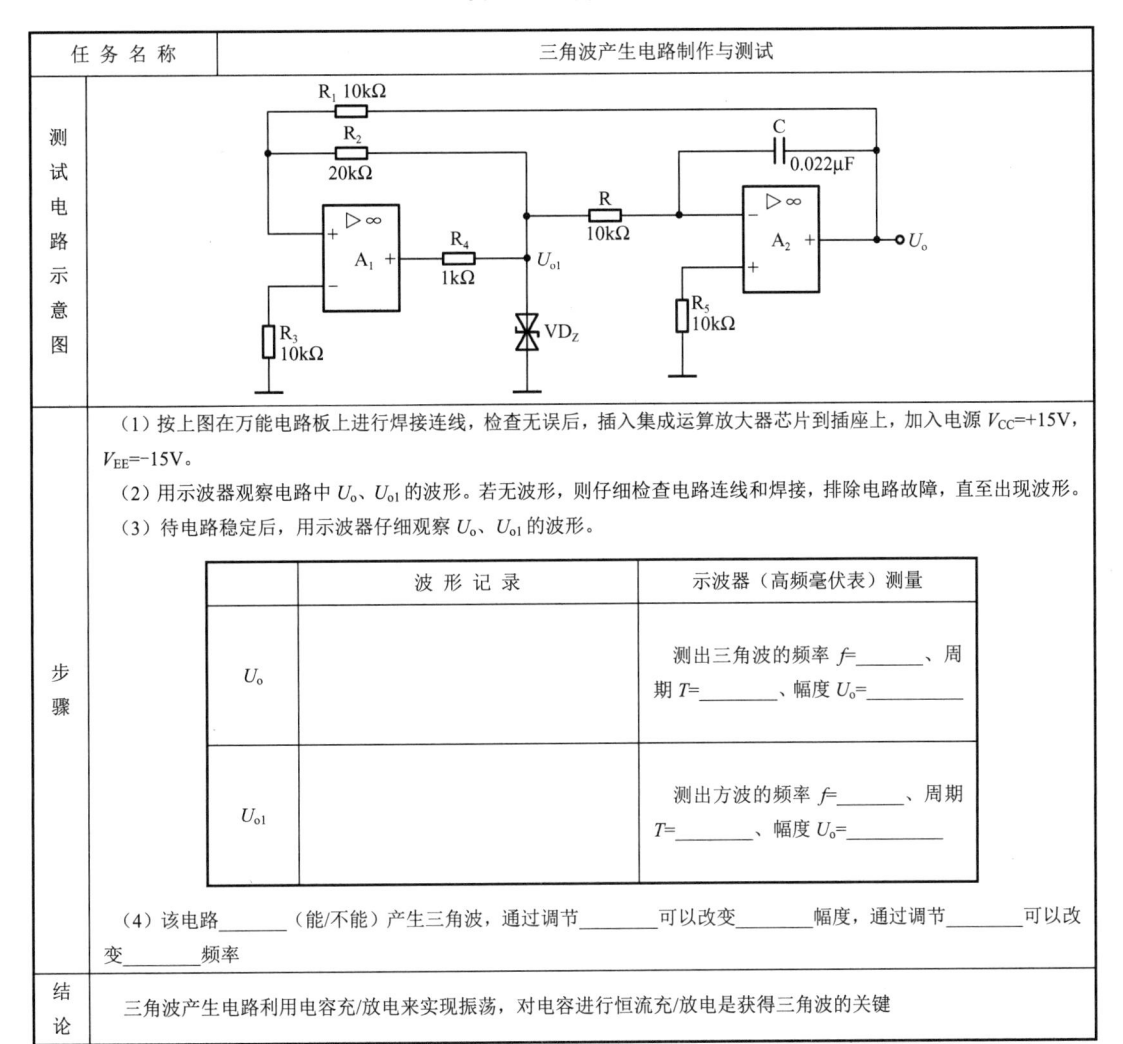

任务名称	三角波产生电路制作与测试
测试电路示意图	（电路图：由 A_1、A_2 两个集成运算放大器构成的三角波产生电路，$R_1=10\text{k}\Omega$，$R_2=20\text{k}\Omega$，$R_3=10\text{k}\Omega$，$R_4=1\text{k}\Omega$，$R_5=10\text{k}\Omega$，$R=10\text{k}\Omega$，$C=0.022\mu\text{F}$，VD_Z 稳压管，输出 U_{o1}、U_o）
步骤	（1）按上图在万能电路板上进行焊接连线，检查无误后，插入集成运算放大器芯片到插座上，加入电源 $V_{CC}=+15\text{V}$，$V_{EE}=-15\text{V}$。 （2）用示波器观察电路中 U_o、U_{o1} 的波形。若无波形，则仔细检查电路连线和焊接，排除电路故障，直至出现波形。 （3）待电路稳定后，用示波器仔细观察 U_o、U_{o1} 的波形。 | | 波 形 记 录 | 示波器（高频毫伏表）测量 | |---|---|---| | U_o | | 测出三角波的频率 $f=$_____、周期 $T=$_____、幅度 $U_o=$_____ | | U_{o1} | | 测出方波的频率 $f=$_____、周期 $T=$_____、幅度 $U_o=$_____ | （4）该电路_____（能/不能）产生三角波，通过调节_____可以改变_____幅度，通过调节_____可以改变_____频率。
结论	三角波产生电路利用电容充/放电来实现振荡，对电容进行恒流充/放电是获得三角波的关键

项目 4 红外线报警器的制作

知识点　三角波产生电路

由运算放大器组成的三角波产生电路如图 4-23（a）所示。运算放大器均采用 f_H 较高的 LF353，其中，A_1 构成同相输入的迟滞电压比较器，A_2 构成恒流积分运算电路，A_1 的输出电压 u_{o1} 为方波、幅值为 $\pm U_Z$，A_2 的输出电压为三角波，其电压由比较器 A_1 的门限电压 U_{T+} 和 U_{T-} 决定，u_{o1} 和 u_o 的波形如图 4-23（b）所示。

（a）三角波产生电路

（b）u_{o1} 和 u_o 的波形

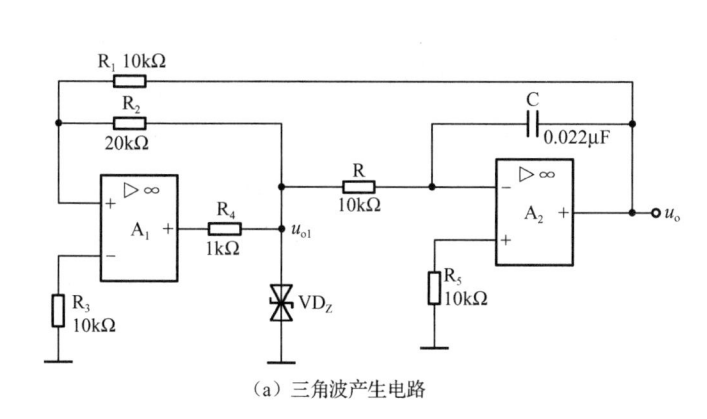

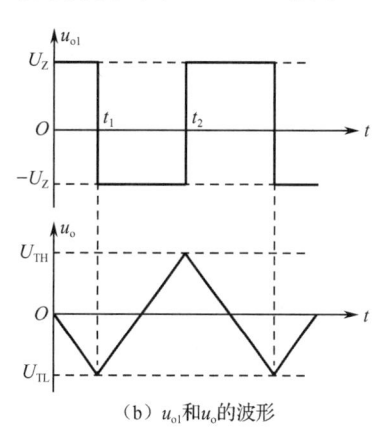

图 4-23　三角波产生电路及其波形

由同相输入迟滞电压比较器可知：

$$U_{TH} = \frac{R_1}{R_2} U_Z, \quad U_{TL} = -\frac{R_1}{R_2} U_Z$$

工作过程为，当刚接上电源时，若 $u_C = 0$，$u_{o1} = +U_Z$，则 u_{o1} 通过 R 向 C 充电，u_o 逐渐线性下降；当 u_o 下降到 $U_{TL} = -\frac{R_1}{R_2} U_Z$ 时，电路发生转换，$u_{o1} = -U_Z$，此时，C 通过 R 反向充电，u_o 线性上升；当 u_o 上升到 $U_{TH} = \frac{R_1}{R_2} U_Z$ 时，电路再次发生转换，周而复始形成振荡。其中，$u_{o1} = U_Z$，$u_o = U_{TH} = \frac{R_1}{R_2} U_Z$。

振荡周期的计算：根据 $u_C(t) = \frac{q(t)}{C}$，得 $u_C(t) = \frac{1}{C} it$，其中，在 $\frac{T}{2}$（$t_2 - t_1$）时间内，$u_{Cp} = U_{TH} - U_{TL} = 2\frac{R_1}{R_2} U_Z$，$i = \frac{u_{o1}}{R}$，$t = t_2 - t_1 = \frac{T}{2}$，有 $\frac{2R_1}{R_2} U_Z = \frac{1}{C} \times \frac{u_{o1}}{R} \times \frac{T}{2}$，故 $T = \frac{2R_1}{R_2} \times \frac{U_Z}{u_{o1}} \times 2RC = \frac{4R_1}{R_2} \times RC$，$f = \frac{1}{T} = \frac{R_2}{4R_1RC}$。

技能训练 18　三角波-矩形波转换电路测试与仿真

完成本任务所需仪器仪表及材料如表 4-8 所示。

表 4-8 完成本任务所需仪器仪表及材料

序号	名称	型号或规格	数量	备注
1	计算机	安装 Multisim 10.0 仿真软件	1 台	
2	直流稳压电源	JC2735D	1 个	
3	数字万用表	DT9205	1 只	
4	20MHz 双踪示波器	GDS-1062A	1 台	
5	函数信号发生器	STR-F220	1 台	
6	电工工具箱	含电烙铁、斜口钳等	1 套	
7	万能电路板	10cm×5cm	1 块	
8	电阻	10kΩ	2 只	
		1kΩ	2 只	
		510Ω	1 只	
9	可调电阻	10kΩ	1 只	
10	电容	0.022μF	1 只	
11	双向稳压二极管	2DW231	1 只	
12	稳压二极管	1N4755	2 只	
13	运算放大器	LF353	1 个	
14	集成电路插座	集成电路 8 脚插座	1 个	

任务书 4-4

任务书 4-4 如表 4-9 所示。

表 4-9 任务书 4-4

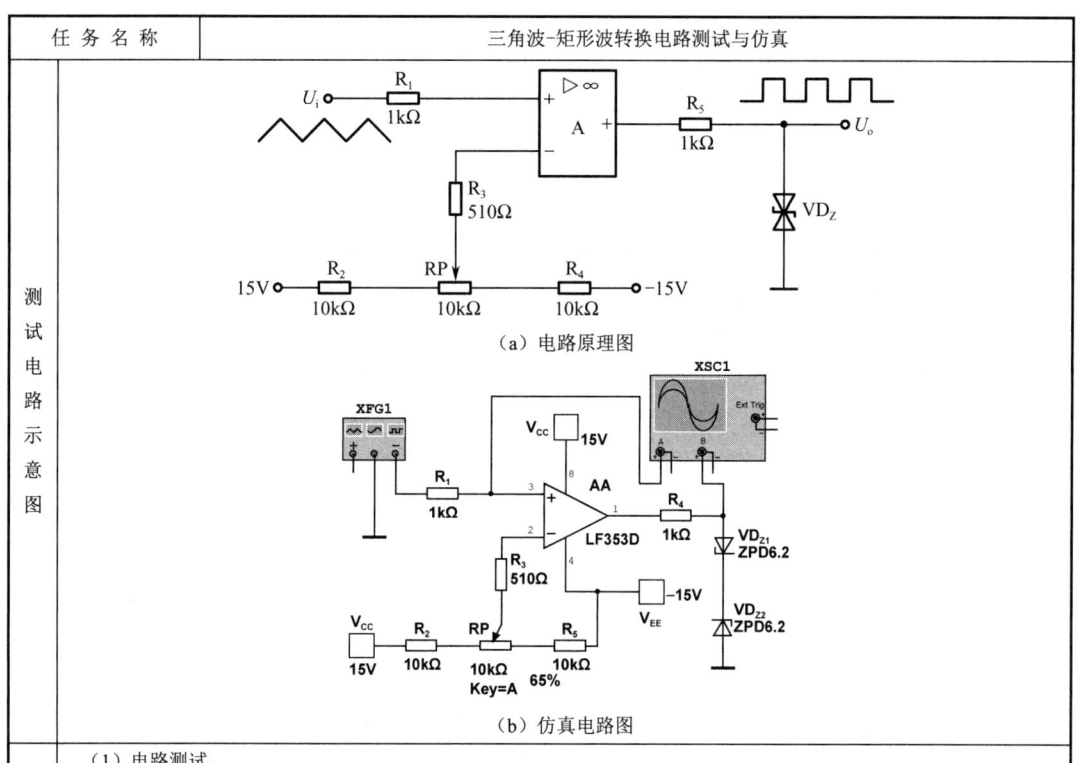

任务名称	三角波-矩形波转换电路测试与仿真
测试电路示意图	（a）电路原理图 （b）仿真电路图
步骤	（1）电路测试。 ① 按图（a）在万能电路板上进行焊接连线，检查无误后，插入集成运算放大器芯片到插座上，加入电源 V_{CC}=+15V，V_{EE}=-15V。 ② 在输入端加入三角波信号（幅度为 5V、频率为 1kHz），调节 RP 于中间位置，用示波器观察 U_o 的波形。若无波形，则仔细检查电路连线和焊接，调节 RP，排除电路故障，直至出现波形。 ③ 待电路稳定后，用示波器仔细观察 U_o、U_i 的波形。 |	波形记录	示波器（高频毫伏表）测量 | |---|---|---| | U_i		三角波 频率 f=_____ 周期 T=_____ 幅度 U_o=_____ | | U_o		矩形波 频率 f=_____ 周期 T=_____ 幅度 U_o=_____ | ④ 调节 RP，用示波器测量矩形波周期内的高电平时间 t_2=_____ 和低电平时间 t_1=_____，计算占空比 D=_____%。

续表

任务名称	三角波-矩形波转换电路测试与仿真		
步骤	⑤ 该电路＿＿＿＿＿＿（能/不能）实现三角波向矩形波的转换，通过调节 RP，可以改变输出端电压波形的＿＿＿＿＿＿＿＿＿（频率/幅度/占空比）。 （2）电路仿真。 ① 运行 Multisim10.0 仿真软件，在窗口中按图（b）绘制电路。设置信号发生器输出波形为三角波，幅度为 5V、频率为 1kHz，改变 RP 的阻值，运行仿真电路，观察示波器 XSC1 的电压波形。		
		RP 置左边位置	RP 置中间	RP 置右边位置
	XSC1 波形			
	② 通过电路仿真，知道调节 RP 可以改变输出端电压波形的＿＿＿＿＿＿＿＿＿＿（频率/幅度/占空比）		
结论	在三角波-矩形波转换电路中，通过调节 RP 来改变比较器的参考电压，达到改变矩形波的占空比的目的		

知识点　三角波-矩形波转换电路

图 4-24（a）所示为用单门限电压比较器把三角波变成占空比可调的矩形波的转换电路。调节 RP，可以改变单门限电压比较器被比较的电压 U_{REF}，从而可改变输出矩形波 U_o 的占空比，图 4-24（b）所示为 U_{REF} 等于 2V 和-2V 时的输入、输出电压波形图。

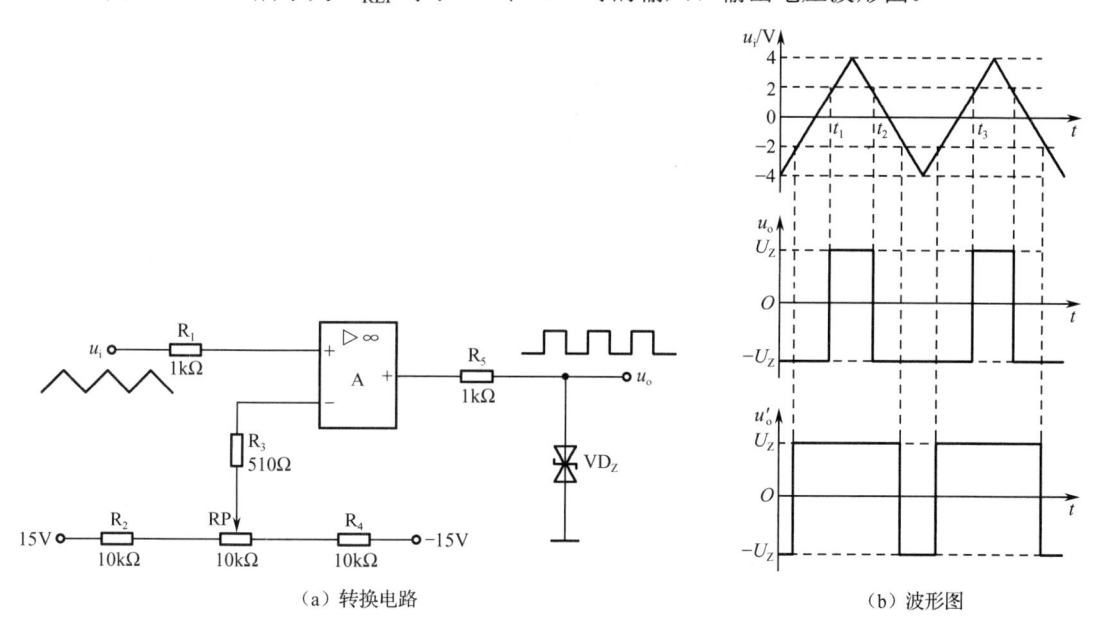

（a）转换电路　　　　（b）波形图

图 4-24　三角波-矩形波转换电路及波形图

知识拓展　三角波-正弦波转换电路

图 4-25（a）所示为三角波-正弦波转换电路，它的工作过程是，u_i 为图 4-25（b）中的折线 Oab 所示的三角波（只画出了正半周的情况），而下面的曲线为正弦波，可用折线 Ocdefb（b 点与 O 点对称，f 点与 c 点对称）来近似，折线的分段越多，越接近正弦波。由波形可知，三角波输入 u_i 从 0 开始上升，当电压低于 E_1 和 E_2 时，VD_1、VD_2 均截止，u_o 上升的斜率由 R 和 R_L 决定且最大（与 VD_1 导通或 VD_1、VD_2 均导通时相比），得图 4-25（b）中的折线 Oc 段。当 u_i 继续上升而使 u_o 超过 c 点电压时，如果 $E_1 < u_i < E_2$，则 VD_1 导通、VD_2 仍然截止，将电阻 R_1 接入电路，此时，u_o 上升的斜率取决于 R 和 $R_1 // R_L$，得图 4-25（b）中的 cd 段折线，其上升斜率减小了。u_i 继续上升，当 $u_i > E_2$ 后，VD_1、VD_2 均导通，R_2 也被接入，u_o 为斜率更小的 de 段（此时，折线斜率由 R 与 $R_1 // R_2 // R_L$ 决定）。当 u_i 下降时，与上升时类同，可以画出正弦波中的 ef 和 fb 段，负半周时 u_i 为负，二极管和直流电源的极性都应改变，原理同正半周，可得由折线构成的正弦波的负半周，这里不再重复。

实用三角波-正弦波转换电路如图 4-26 所示，输入为三角波，通过同相比例运算放大器和电阻 R_{12} 输送到三角波-正弦波转换器中，转换后的正弦波又通过 R_{32} 和 L_1 并联组成的低通滤波电路送给电压跟随器后输出 u_{o5}。工作过程：当输入三角波电压从 0 开始上升时，$u_i > 0$，随着 u_i 的上升，二极管 VD_6、VD_5、VD_2、VD_1 依次导通，将相应电阻 R_{26}、R_{25}、R_{19}、

R_{27}、R_{21} 和 R_{20} 依次接入；而当 u_i 下降时，VD_1、VD_2、VD_5、VD_6 依次截止，电阻 R_{20}、R_{21}、R_{27}、R_{19}、R_{25} 和 R_{26} 依次被切断，每接入或切断一个电阻，输出波形的折线斜率就改变一次，输出正弦波电压 u_o 的正半周是由 9 段折线组成的。负半周时，二极管 VD_8、VD_7、VD_4、VD_3 依次导通，将相应电阻接入又依次切断，9 段折线构成了正弦波输出电压的负半周，经 R_{32} 和 L_1 并联组成的低通滤波电路滤波后送给电压跟随器，这样就可得正弦波输出电压 u_{o5}。

(a) 三角波-正弦波转换电路

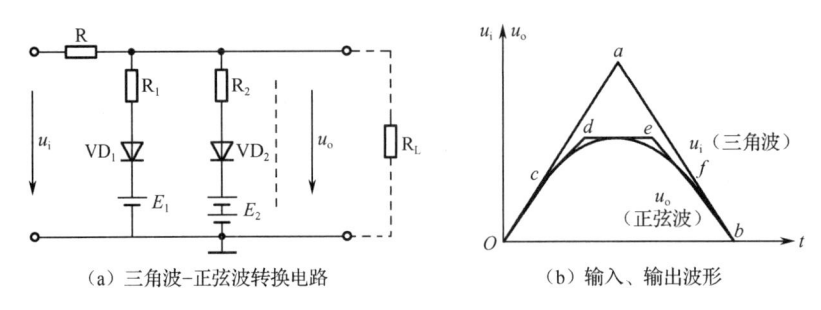

(b) 输入、输出波形

图 4-25 三角波-正弦波转换器

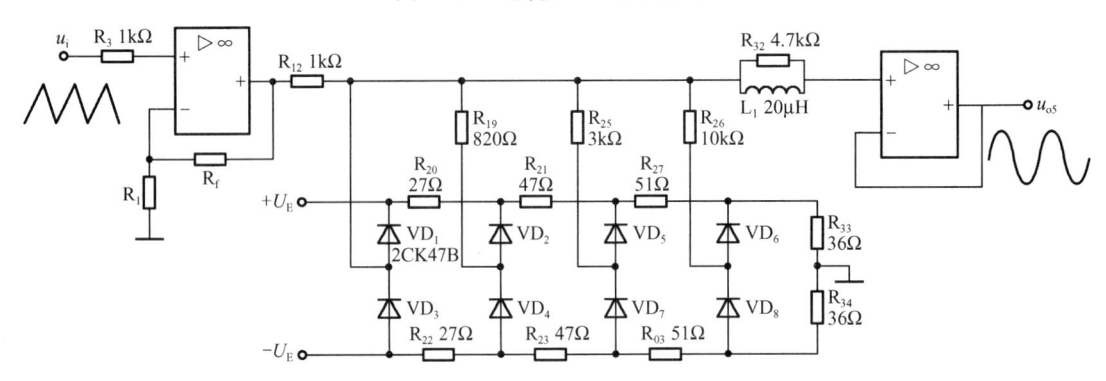

图 4-26 实用三角波-正弦波转换电路

技能训练 19　电压串联负反馈放大电路测试

完成本任务所需仪器仪表及材料如表 4-10 所示。

电压串联负反馈放大电路的测试

表 4-10　完成本任务所需仪器仪表及材料

序号	名称	型号或规格	数量	备注
1	直流稳压电源	JC2735D	1 个	
2	数字万用表	DT9205	1 只	
3	20MHz 双踪示波器	GDS-1062A	1 台	
4	函数信号发生器	STR-F220	1 台	
5	电工工具箱	含电烙铁、斜口钳等	1 套	
6	音频前置放大电路成品件	—	1 件	项目 2 中制作完成的产品

项目 4 红外线报警器的制作

任务书 4-5

任务书 4-5 如表 4-11 所示。

表 4-11 任务书 4-5

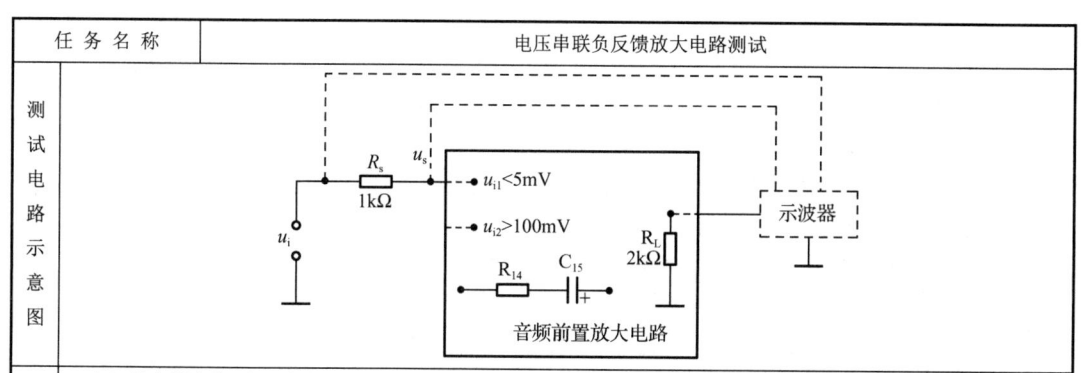

任 务 名 称	电压串联负反馈放大电路测试
测试电路示意图	(电路示意图：R_s=1kΩ，u_{i1}<5mV，u_{i2}>100mV，R_L=2kΩ，R_{14}、C_{15}，音频前置放大电路，示波器)
步骤	（1）按上图连线，框图代表本书项目 2 中的图 2-1。如果有必要，则在图 2-1 中的电阻 R_4 所在支路串联一个阻值为 100kΩ 的可调电阻 RP_2。 （2）静态测试。调节偏置电阻，使各级静态工作点正常。若测量值与计算值相差太远，则要检查修正。三极管 VT_1、VT_2、VT_3 的基极电压（用数字万用表测量的值）分别如下。 ① VT_1 的基极电位 U_{B1}=3.3V。 ② VT_2 的基极电位 U_{B2}=2.4V。 ③ VT_3 的基极电位 U_{B3}=2.1V。 ④ 各级的基极和发射极之间的压降 U_{BE}=0.7V。 （3）动态测试。 ① 函数信号发生器在输入端输入频率为 f=1kHz 的正弦波。 ② 接通反馈网络 R_{14}、C_{15}，测试电路在输出不失真情况下对输入信号的放大情况，将数据填入下表。 | | u_i | u_s | u_o | u_o' | |---|---|---|---|---| | 电压值/mV | | | | | 其中 u_o' 是将负载电阻 R_L 断开时的开路输出电压。 该电路的电压放大倍数 $A_{uf}=\dfrac{u_o}{u_s}=$ _____。 该电路的输入电阻 $r_i=\dfrac{u_s}{u_i-u_s}\times R_s=$ _____。 该电路的输出电阻 $r_o=\dfrac{u_o'-u_o}{u_o}\times R_L=$ _____。 ③ 断开反馈网络 R_{14}、C_{15}，重新调整输入信号的幅度和电路的静态工作点（通过调整 RP_1 和刚接入的 RP_2 来实现），测试电路在输出不失真情况下对输入信号的放大情况，将数据填入下表。 | | u_i | u_s | u_o | u_o' | |---|---|---|---|---| | 电压值/mV | | | | | 该电路的电压放大倍数 $A_u=\dfrac{u_o}{u_s}=$ _____。 该电路的输入电阻 $r_i=\dfrac{u_s}{u_i-u_s}\times R_s=$ _____。

续表

任务名称	电压串联负反馈放大电路测试
步骤	该电路的输出电阻 $r_o = \dfrac{u_o' - u_o}{u_o} \times R_L = $ _____。 （4）比较两表中的数据，分析负反馈对电路的电压放大倍数、输入电阻、输出电阻的影响。 （5）通频带的测试。以上面测出的电压放大倍数 A_u、A_{uf} 为中频电压放大倍数，调节输入频率，分别测量反馈网络 R_{14}、C_{15} 接通和不接通时，电路的上限频率 f_H 和下限频率 f_L，填写下表，并分析说明负反馈对电路通频带的影响。 |	f_L	f_H	f_{BW}（计算得到） | |---|---|---|---| | 接反馈网络 R_{14}、C_{15} | | | | | 不接反馈网络 R_{14}、C_{15} | | | | 测量方法：保持输入信号幅度不变，调节输入信号频率，升高频率，直到输出电压降到 $0.707u_o$ 时的频率为 f_H；降低频率，直到输出电压降到 $0.707u_o$ 时的频率为 f_L，则带宽为 $f_{BW}=f_H-f_L$
结论	电压串联负反馈能够增大放大电路的输入电阻，减小输出电阻，减小放大电路引起的非线性失真和扩展通频带，提高增益的稳定性

知识点　负反馈放大电路

在放大电路中,输入信号由输入端加入,经放大后从输出端输出,这是信号正向传输通道。如果通过一个网络将输出信号(电压或电流)的一部分或全部由反方向送回放大电路的输入回路,并与输入信号相合成,则这个过程称为反馈。

1. 反馈放大电路的组成及有关参数的定义

反馈放大电路由无反馈的基本放大电路和反馈网络组成,如图 4-27 所示。

反馈网络可以是电阻、电容、电感、变压器、二极管等单个元件及其组合,也可以是较为复杂的电路。放大电路可以是分立元件组成的放大电路,也可以是运算放大器。带有反馈的放大电路称为闭环放大电路,无反馈的放大电路称为开环放大电路。在图 4-27 中,$\dot{x}_i$ 是放大电路的输入信号,$\dot{x}_o$ 为输出信号,$\dot{x}_f$ 为反馈信号,$\dot{x}_d$ 为真正输入到基本放大电路中的净输入信号。设 $\dot{A}$ 为开环放大倍数,$\dot{F}$ 为反馈系数,$\dot{A}_f$ 为引入反馈后的广义闭环放大倍数,则各参数之间的关系为 $\dot{A}=\dfrac{\dot{x}_o}{\dot{x}_d}$,$\dot{F}=\dfrac{\dot{x}_f}{\dot{x}_o}$,$\dot{x}_d=\dot{x}_i+\dot{x}_f$,$\dot{A}_f=\dfrac{\dot{x}_o}{\dot{x}_i}=\dfrac{\dot{A}}{1+\dot{A}\dot{F}}$。在分析放大电路时,常用正弦信号的响应来进行,因此在用框图表示时,其信号和相关量均用复数表示。但是对于具体电路及其框图或不需要考虑相位时,均可不用复数表示。

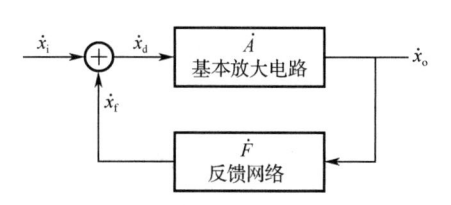

图 4-27　反馈放大电路框图

2. 反馈的分类

1)正反馈和负反馈

当反馈信号 $\dot{x}_f$ 起削弱 $\dot{x}_i$ 的作用时,净输入信号 $\dot{x}_d$ 减小,放大电路的放大倍数降低,此时引入的反馈为负反馈;相反,当 $\dot{x}_f$ 起增强输入信号 $\dot{x}_i$ 的作用时,净输入信号 $\dot{x}_d$ 变大,放大电路的放大倍数升高,此时引入的反馈为正反馈。放大电路中常引入负反馈以稳定放大电路的静态工作点,改善放大电路的动态性能;而不引入正反馈,因为正反馈很容易引起自激振荡,造成放大电路工作不稳定。但在振荡电路中必须引入正反馈,这将在后面详细讨论。

2)直流反馈和交流反馈

图 4-28(a)所示为分压式偏置共射放大电路,在前面的放大电路中已经讨论过,其静态工作点比较稳定,就是因为电路中引入了直流负反馈。为判断引入的是交流反馈还是直流反馈,只要画出放大电路的直流通路和交流通路即可,从图 4-28(b)、(c)中可以看出,R_{E1}、R_{E2} 既在输入回路中又在输出回路中,构成了反馈电路。电阻 R_{E1} 和 R_{E2} 均出现在直流通路中,因而引入了直流反馈;R_{E2} 也出现在交流通路中,对交流信号有反馈作用,因而 R_{E2} 既引入了直流反馈,又引入了交流反馈;R_{E1} 被旁路电容 C_E 短路了,它没有引入交流反馈。

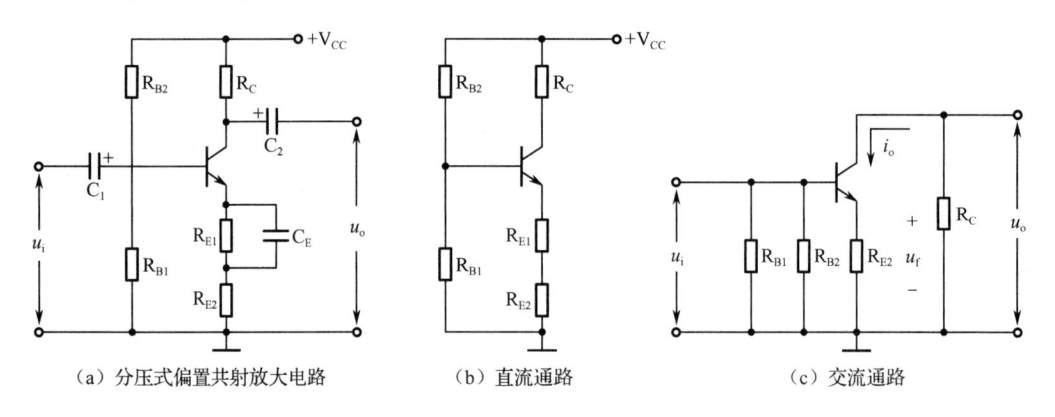

(a) 分压式偏置共射放大电路　　(b) 直流通路　　(c) 交流通路

图 4-28　直流反馈和交流反馈的判断

3）串联反馈和并联反馈

反馈的串并联类型是指反馈信号影响输入信号的方式，即输入端的连接方式。串联反馈是指净输入电压和反馈电压在输入回路中的连接方式为串联，即以电压串联的方式叠加；而并联反馈是指净输入电流和反馈电流在输入回路中并联，即以电流并联的方式叠加。

如图 4-29 所示，反馈信号是以电压的形式出现在输入回路中的，反馈信号与输入信号串联，因此是串联反馈。由此可知，图 4-28 中的 R_{E1}、R_{E2} 引入的反馈是串联反馈。

如图 4-30 所示，反馈信号是以电流的形式出现在输入回路中的，反馈信号与输入信号并联，因此是并联反馈。显然，图 4-31 中的 R_f 引入了并联反馈。

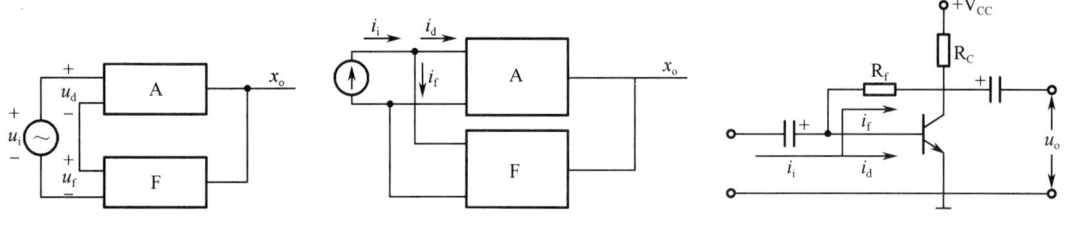

图 4-29　串联反馈框图　　图 4-30　并联反馈框图　　图 4-31　R_f 引入了并联反馈

4）电流反馈和电压反馈

电流反馈和电压反馈是指反馈信号取自输出信号的形式，反馈信号取自输出电压是电压反馈，其反馈量与放大电路的输出电压成正比；反馈信号取自输出电流是电流反馈，其反馈量与输出电流成正比。通常，采用将负载电阻短路的方法来判别是电压反馈还是电流反馈。具体方法是，将负载电阻短路，如果反馈作用消失，则为电压反馈；如果反馈作用存在，则为电流反馈。

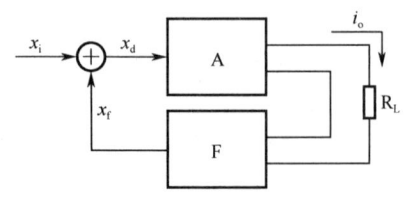

图 4-32　电流反馈框图

如图 4-32 所示，反馈信号取自输出电流并与之成正比，是电流反馈；在图 4-28（c）中，u_f 取自输出电流并与之成正比，因而是电流反馈。

如图 4-33 所示，反馈信号取自输出电压并与之成正比，是电压反馈；在图 4-34 中，因为 $u_f = u_o$，所以是电压反馈。

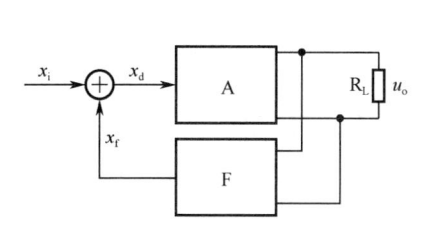

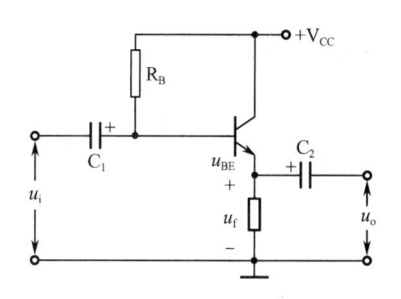

图 4-33 电压反馈框图　　　　　　图 4-34 电压反馈放大电路

3. 负反馈的 4 种基本组态及判断

在放大电路中，负反馈主要分为 4 种基本组态，即电压串联负反馈、电压并联负反馈、电流串联负反馈和电流并联负反馈。对这 4 种基本组态的简单判断方法如下。

反馈电路直接从输出端引出的是电压反馈，从负载电阻靠近地端引出的是电流反馈；输入信号和反馈信号分别加在两个输入端（同相和反相）上的是串联反馈，加在同一个输入端（同相或反相）上的是并联反馈。也就是说，输入信号与反馈信号不在同一电极的是串联反馈，输入信号与反馈信号在同一电极的是并联反馈。

下面通过具体电路进行分析。

1）电压串联负反馈

图 4-35 所示为电压串联负反馈放大电路，其中，基本放大电路是一个集成运算放大器，由电阻 R_1、R_2 组成的分压器就是反馈网络。判别反馈极性采用瞬时极性法，即假设在同相输入端接入一电压信号 u_i，设其瞬时极性为正（对地），因为输出端与同相输入端的极性一致，也为正，所以 u_o 经 R_1、R_2 分压后，N 点电位仍为正，而在输入回路中有 $u_i=u_d+u_f$，即 $u_d=u_i-u_f$，由于 u_f 的存在使 u_d 降低了，因此引入的反馈为负反馈；由于反馈信号在输入回路中与输入信号串联，因此为串联反馈；从输出端看，R_1、R_2 组成分压器，将输出电压的一部分取出作为反馈信号 $u_f = \dfrac{R_1}{R_1 + R_2} u_o$，故为电压反馈。综合上面 3 点可知，图 4-35 所示的电路引入的反馈为电压串联负反馈。

由分立元件构成的反馈放大电路如图 4-34 所示，设放大管的基极电位为正，射极电位为正，则 $u_i=u_{BE}+u_f$，即 $u_{BE}=u_i-u_f$，因为 u_f 的存在使 u_{BE} 低于 u_i，所以为负反馈。又因为电路中有 $u_f=u_o$，所以为电压负反馈；反馈信号以电压形式出现在输入回路中并与输入电压 u_i 相串联，故为串联反馈。由此可知，图 4-34 中引入的反馈也为电压串联负反馈。引入电压负反馈可以稳定放大电路的输出电压。

2）电压并联负反馈

图 4-36 所示为一个电压并联负反馈放大电路，从图 4-36 的输入端看，反馈信号 i_f 与输入信号 i_d 并联，故为并联反馈；从输出端看，反馈电路（由 R_f 构成）与基本放大电路和负载 R_L 并联，若将输出端短路，则反馈信号消失，说明反馈信号与输出电压成正比，故为电压反馈。设某一瞬间输入 u_i 为正，则 u_o 为负，i_f 和 i_d 的方向如图 4-36 中所标。可见，净输入电流 $i_d=i_i-i_f$，由于 i_f 的存在，i_d 变小了，因此为负反馈。由上述分析可知，该电路引入的

为电压并联负反馈。

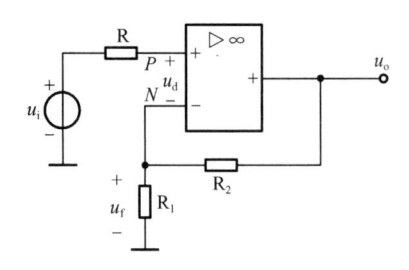

图 4-35　电压串联负反馈放大电路 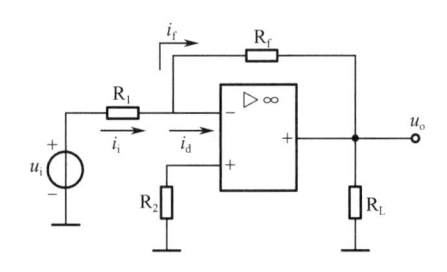　　　　图 4-36　电压并联负反馈放大电路

3）电流串联负反馈

图 4-37 所示为一个电流串联负反馈放大电路，其中，反馈信号 u_f 与输入信号 u_i 和净输入信号 u_d 串联在输入回路中，故为串联反馈；从输出端看，反馈电阻 R_f 和负载电阻 R_L 串联，当输出端被短路时，即 $u_o=0$，$u_f=i_oR_f$ 仍存在，故为电流反馈；设 u_i 的瞬时极性对地为正，输出电压 u_o 对地也为正，i_o 的方向如图中所标，u_f 极性已标出，在输入回路中有 $u_i=u_d+u_f$，即 $u_d=u_i-u_f$，u_f 的存在使 u_d 降低了，故为负反馈。因此，该电路引入的为电流串联负反馈。引入电流负反馈可以稳定输出电流。

4）电流并联负反馈

图 4-38 所示为一个电流并联负反馈放大电路，其中，反馈信号与净输入信号并联，故为并联反馈；若将 R_L 短路，则 $u_o=0$，而反馈信号 i_f 仍存在，故为电流反馈；设 u_i 的瞬时极性为正，则输出电压 u_o 为负，i_f 及 i_i 的方向如图中所标，$i_d=i_i-i_f$，故为负反馈。由此分析可知，该电路引入的为电流并联负反馈。

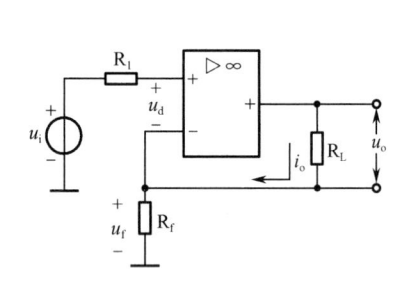

图 4-37　电流串联负反馈放大电路 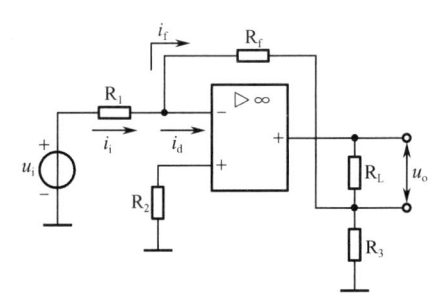　　　　图 4-38　电流并联负反馈放大电路

项目实施　红外线报警器的制作

1．电路原理分析

红外线报警器电路如图 4-1 所示，电路由传感器电路、放大电路、比较器、基准电压和指示电路组成。传感器电路由 SD02 型热释电人体红外传感器、R_1 及 C_3 组成，放大电路由 A_1、A_2 及外围元件组成，比较器由 A_3、A_4 及外围元件组成，指示电路由发光二极管等组成，基准电压由电阻 R_{10}、R_{11} 及 R_{12} 组成。

当人体进入传感器的监测范围时，传感器产生一个交流信号（约 1mV），其频率与人体移动速度有关（正常行走速度对应的频率约为 6Hz），传感器信号送到运算放大器 A_1 的同相输入端，电压放大倍数为 $A_{uf1}=1+\dfrac{R_4}{R_2}$；输出信号经过电容 C_6 耦合到运算放大器 A_2 的反相输入端，电压放大倍数为 $A_{uf2}=-\dfrac{R_8}{R_5}$，因此两级运算放大电路的总电压放大倍数为 $A_{uf}=A_{uf1}A_{uf2}$。A_3 和 A_4 构成双限电压比较器，A_3 的参考电位为 $U_A=\dfrac{R_{11}+R_{12}}{R_{10}+R_{11}+R_{12}}V_{CC}$，$A_4$ 的参考电位为 $U_B=\dfrac{R_{12}}{R_{10}+R_{11}+R_{12}}V_{CC}$。在传感器无输出信号时，$A_1$ 的静态输出电压为 0.4～1V，A_2 的直流输出电压在 2.1V 左右，由于 $U_B<2.1V<U_A$，因此 A_3 输出低电平、A_4 输出高电平，发光二极管 VD_3、VD_4 均不亮。当人体进入传感器的监测范围时，传感器信号经 A_1 和 A_2 放大后输出电压 $U_{o2}>2.7V$，A_3 输出高电平，发光二极管 VD_4 点亮、VD_3 不亮；当人体退出传感器的监测范围时，输出电压 $U_{o2}<1.5V$，发光二极管 VD_3 点亮、VD_4 不亮。当人体在传感器的监测范围内走动时，发光二极管 VD_3、VD_4 交替点亮。

2. PCB

根据图 4-1 制作完成的参考 PCB 如图 4-39 所示。

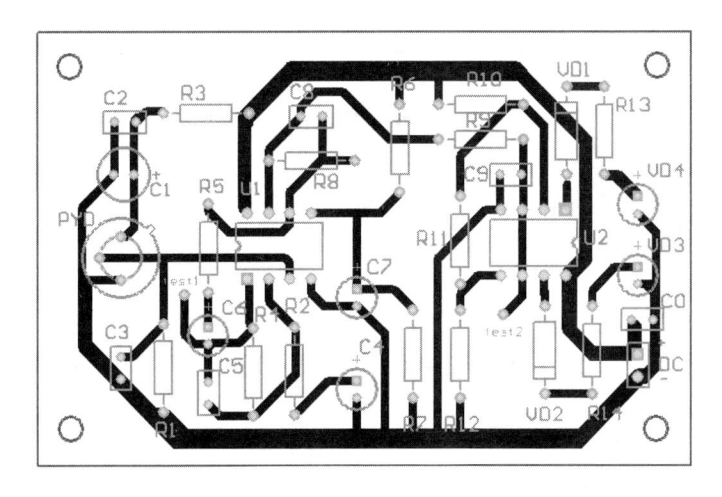

图 4-39　参考 PCB

3. 仪器仪表及材料

完成本项目所需仪器仪表及材料如表 4-12 所示。

表 4-12　完成本项目所需仪器仪表及材料

序　号	名　　称	型号或规格	数　量	备　注
1	直流稳压电源	JC2735D	1个	
2	数字万用表	DT9205	1个	
3	电工工具箱	含电烙铁、斜口钳等	1套	
4	成品 PCB 或万能电路板	10cm×5cm	1块	

续表

序 号	名 称	型号或规格	数 量	备 注
5	集成运算放大器	LM358	2个	
6	集成电路插座	集成电路8脚插座	2个	
7	二极管	1N4001	2只	
8	发光二极管	φ3.5mm 绿色、红色	各1只	
9	热释电人体红外传感器	D2D3S	1个	
10	电阻	51kΩ	3只	
		43kΩ	3只	
		100kΩ	1只	
		2MΩ	2只	
		24kΩ	2只	
		18kΩ	1只	
		200Ω	2只	
11	电容	100μF	1只	
		0.1μF	1只	
		1000pF	2只	
		4.7μF	1只	
		0.01μF	2只	
		10μF	2只	

习题 4

4-1 理想运算放大器的主要参数 A_{uo}、R_o、R_i、f_{BW} 各为多少？

4-2 集成运算放大器应用于信号运算时工作在什么区域？用于比较器时工作在什么区域？

4-3 理想运算放大器工作在线性区和非线性区时各有什么特点？各有什么重要关系式？

4-4 反相比例运算放大电路如图 4-40 所示，R_1=10kΩ，R_f=30kΩ，试估算它的电压放大倍数和平衡电阻 R_2 的值。

4-5 电路如图 4-41 所示，理想运算放大器输出电压的最大值为±10V，R_1=10kΩ，R_f=390kΩ，$R_2=R_1//R_f$，当输入电压等于 0.2V 时，求以下各种情况下的输出电压值：①正常情况；②电阻 R_1 开路；③电阻 R_f 开路。

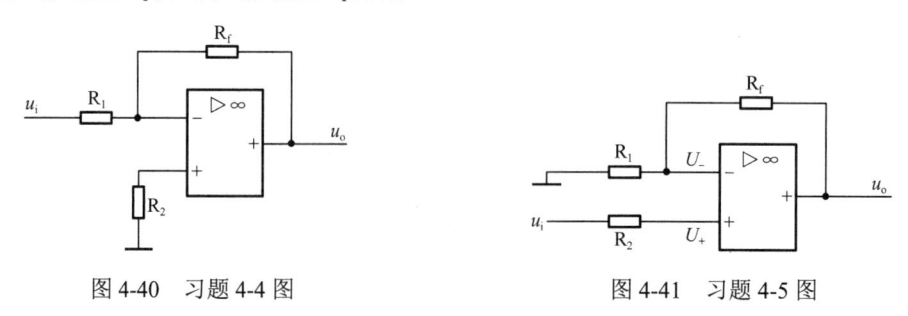

图 4-40 习题 4-4 图

图 4-41 习题 4-5 图

4-6 试比较反相比例运算放大电路和同相比例运算放大电路的特点（A_{uf}、R_i、共模输入信号、负反馈组态等）。

项目 4　红外线报警器的制作

4-7　为什么集成运算放大器组成多输入运算电路时一般多采用反相输入形式，而较少采用同相输入形式？

4-8　分别用一级和两级运算放大器设计满足关系式 $u_o=2.5u_i$ 的运算电路，画出电路图，算出电路中的所有电阻的阻值（反相输入电阻不小于 10kΩ）。

4-9　试用集成运算放大器实现以下求和运算。

（1）$u_o=-(u_{i1}+2u_{i2})$。

（2）$u_o=u_{i1}+5u_{i2}$。

要求对各个输入信号输入电阻不小于 5kΩ，请画出电路的结构形式并确定电路参数。

4-10　在分析工作在线性区的集成运算放大器时，运用"虚短"、"虚断"和"虚地"的概念，它们的实质是什么？

4-11　设如图 4-42 所示的各电路中的集成运算放大器都是理想的，试分别求出它们的输出电压与输入电压的函数关系式，并指出哪个电路对运算放大器的共模抑制比要求不高，为什么？

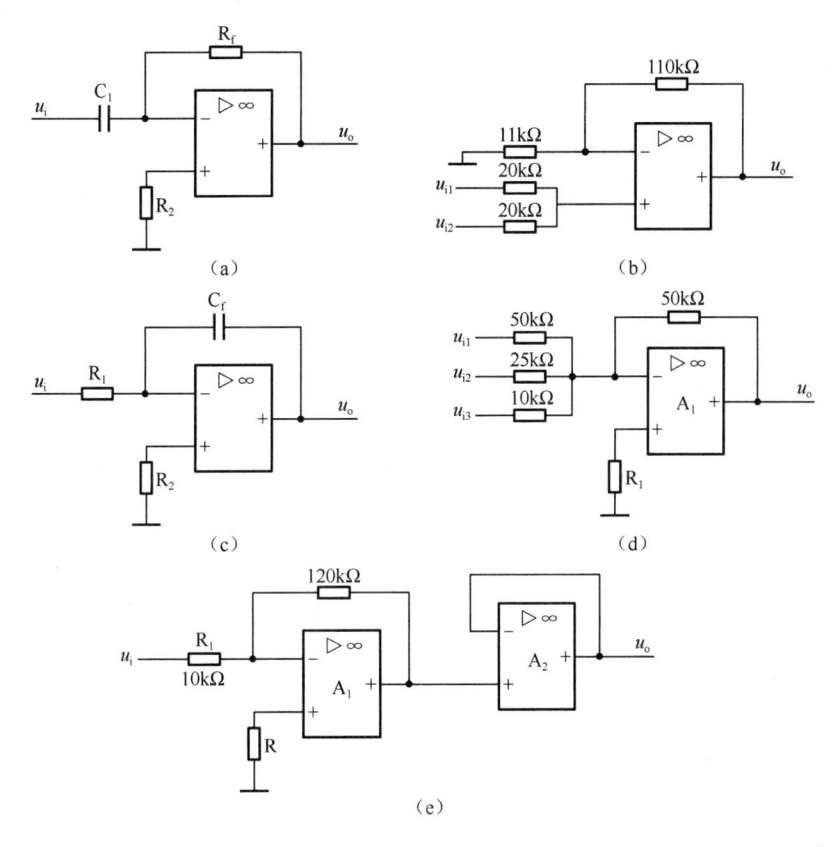

图 4-42　习题 4-11 图

4-12　基本积分运算电路及输入电压波形如图 4-43 所示，u_i 的重复周期 $T=4$s，幅度为 ±2V，当电阻、电容分别为下列数值时：①$R_1=1$MΩ，$C=1$μF；②$R_1=1$MΩ，$C=0.5$μF。试画出相应的输出电压波形。已知集成运算放大器输出电压的最大值 $U_{oPP}=±12$V，假设 $t=0$ 时，电容上的电压等于零。

(a）基本积分运算电路　　　　　（b）输入电压波形

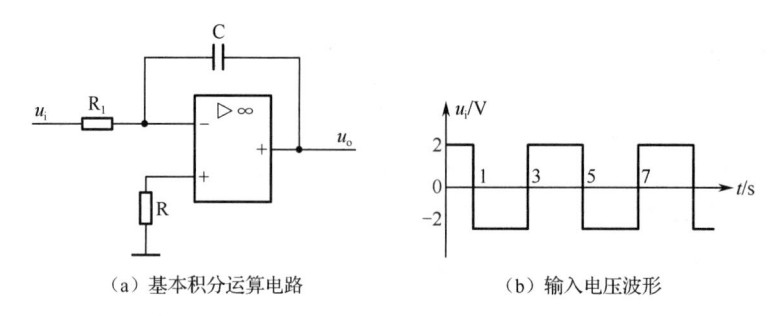

图 4-43　习题 4-12 图

4-13　电压比较器电路如图 4-44 所示，指出电路属于何种类型的比较器（过零、单门限、迟滞），画出它的传输特性。设集成运算放大器的 U_{oH}=+12V，U_{oL}=-12V，稳压二极管的稳压值 U_Z=±6V。

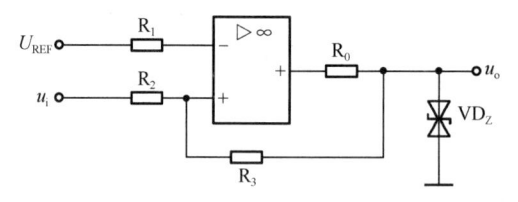

图 4-44　习题 4-13 图

4-14　图 4-45（a）所示为单门限电压比较器，当 u_i 为正弦波时，试分别画出如图 4-45（b）所示的不同参考电压 U_{R1}、U_{R2} 下的输出电压波形。

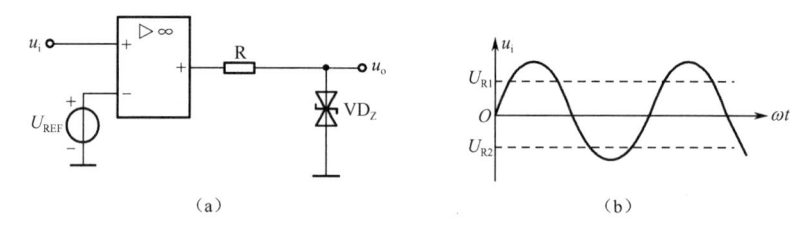

图 4-45　习题 4-14 图

4-15　求如图 4-46（a）、（b）所示的各电压比较器的阈值电压，并分别画出它们的传输特性。其中 u_i 的波形如图 4-46（c）所示，分别画出各电路输出电压的波形。

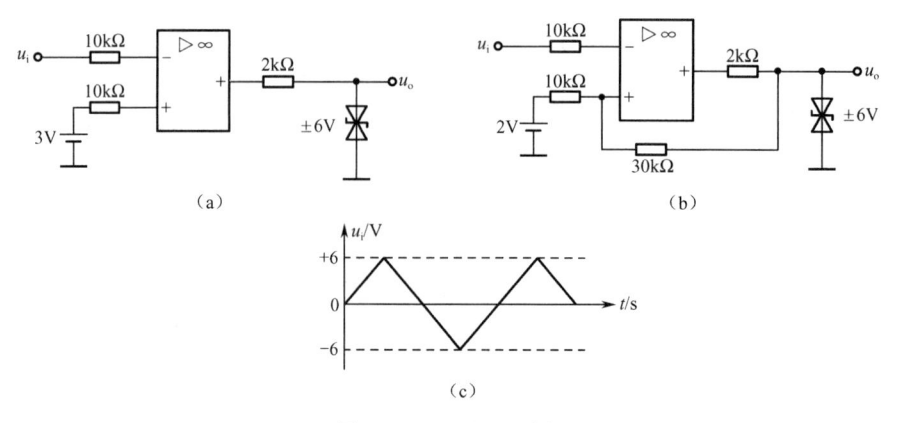

图 4-46　习题 4-15 图

4-16 迟滞电压比较器电路如图 4-47 所示，试计算其阈值电压 U_{T+} 和 U_{T-} 及其回差电压，画出其传输出特性；当 $u_i=6\sin\omega t$ V 时，试画出输出电压 u_o 的波形。

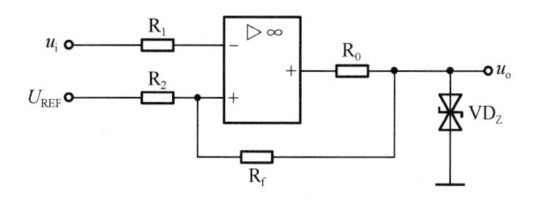

图 4-47 习题 4-16 图

4-17 判断如图 4-48 所示的各电路引入的反馈类型。

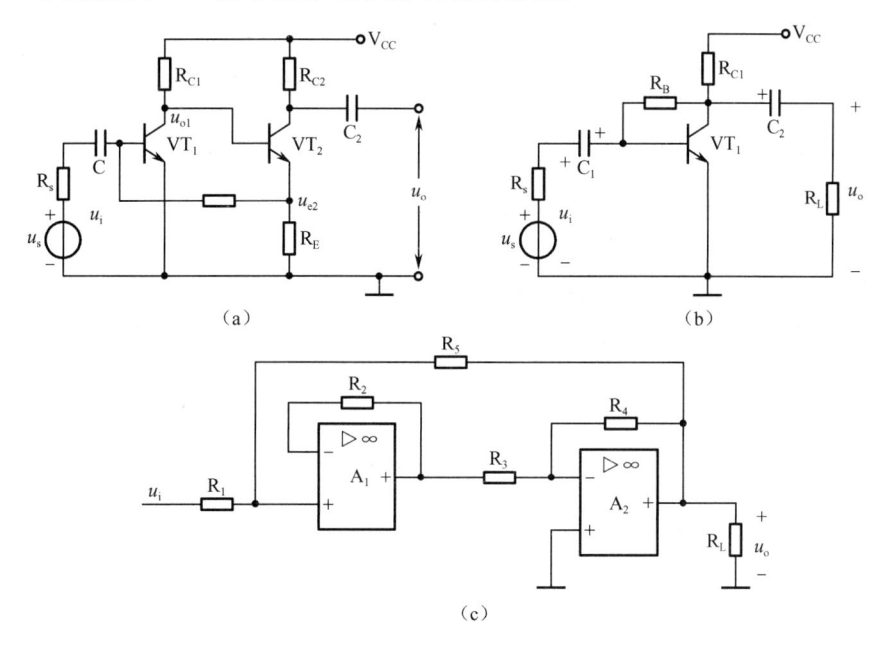

图 4-48 习题 4-17 图

4-18 在图 4-48（c）中，A_1、A_2 为理想集成运算放大器。问：
（1）第一级与第二级在反馈接法上分别是什么组态？
（2）从输出端引回输入端的级间反馈是什么组态？

4-19 负反馈对放大电路的性能有哪些主要影响？要增大某放大电路的输入电阻，稳定输出电压，应引入什么组态的负反馈？

4-20 在反相比例运算放大电路中引入深度负反馈，其电压放大倍数 $A_{uf}=-R_f/R_1$，与运算放大器的开环放大倍数无关，因此有人说可以把运算放大器用任何基本放大电路代替，A_{uf} 不变，这种说法对吗？

4-21 设如图 4-49 所示的电路满足深度负反馈条件，试估算闭环电压放大倍数 A_{uf}。

4-22 在如图 4-50 所示的电路中，R_f 和 C_f 均为反馈元件，$R_L=8\Omega$，设三极管饱和管压降为 0。
（1）为稳定输出电压 u_o，需要正确地引入负反馈，试画出 R_f、C_f 接入电路的连线，并说明反馈类型。

(2) 若要使闭环电压放大倍数 $A_{uf}=10$，确定 R_f 为多大？

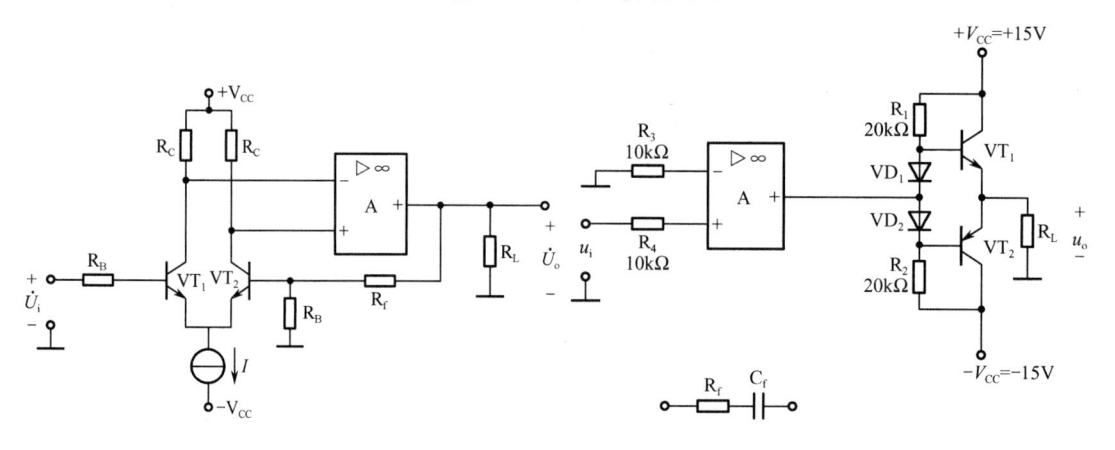

图 4-49　习题 4-21 图　　　　　图 4-50　习题 4-22 图

4-23　如图 4-51 所示，已知 $U_{i1}=4V$，$U_{i2}=1V$。

(1) 当开关 S 断开时，写出 U_{o3} 与 U_{o1} 之间的关系式。

(2) 写出 U_{o4} 与 U_{o2} 和 U_{o3} 之间的关系式。

(3) 当开关 S 闭合时，分别求 U_{o1}、U_{o2}、U_{o3}、U_{o4} 的值（对地的电位）。

(4) 设 $t=0$ 时将 S 打开，问经过多长时间后 $U_{o4}=0$？

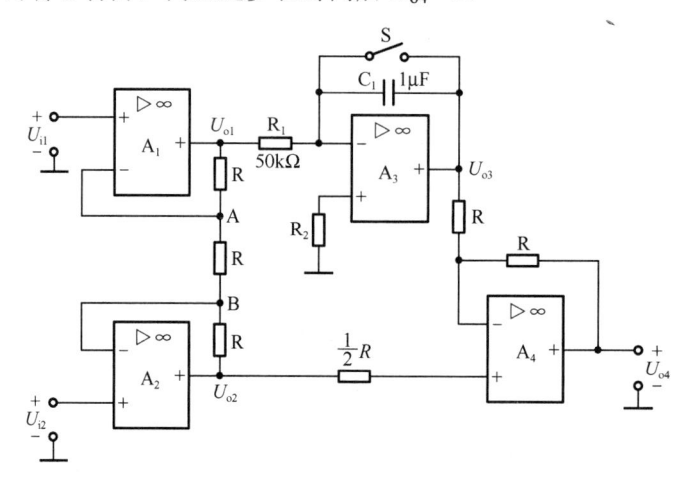

图 4-51　习题 4-23 图

项目 5　三人表决电路的设计与制作

学习目标

- 了解数字电路的基本概念。
- 掌握常用数制和编码的特点与相互转换的方法。
- 掌握逻辑门电路的逻辑功能。
- 了解集成逻辑门的常用产品和正确使用方法。
- 了解组合逻辑电路的分析、设计步骤。
- 初步掌握用小规模集成电路设计组合逻辑电路的方法。

工作任务

在比赛或选举中通常有投票表决环节，设计一个三人表决电路，其中一人具有否决权，当两人及两人以上表示同意时，该次决议通过，否则决议不通过。制作并测试电路，撰写项目制作测试报告，写出详细的设计过程。

三人表决电路原理图如图 5-1 所示。

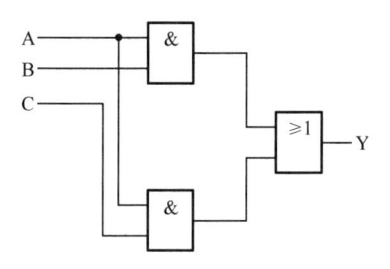

图 5-1　三人表决电路原理图

技能训练 20　常用集成门电路逻辑功能测试

完成本任务所需仪器仪表及材料如表 5-1 所示。

常用集成门电路逻辑功能的测试

表 5-1　完成本任务所需仪器仪表及材料

序　号	名　　称	型号或规格	数　量	备　注
1	数字万用表	DT9205	1个	
2	数字逻辑实验箱	THDL-1	1台	
3	集成四2输入与门	74HC08	1片	
4	集成四2输入或门	74HC32	1片	
5	集成六非门	74HC04	1片	
6	集成四2输入与非门	74HC00	1片	

项目 5　三人表决电路的设计与制作

任务书 5-1

任务书 5-1 如表 5-2 所示。

表 5-2　任务书 5-1

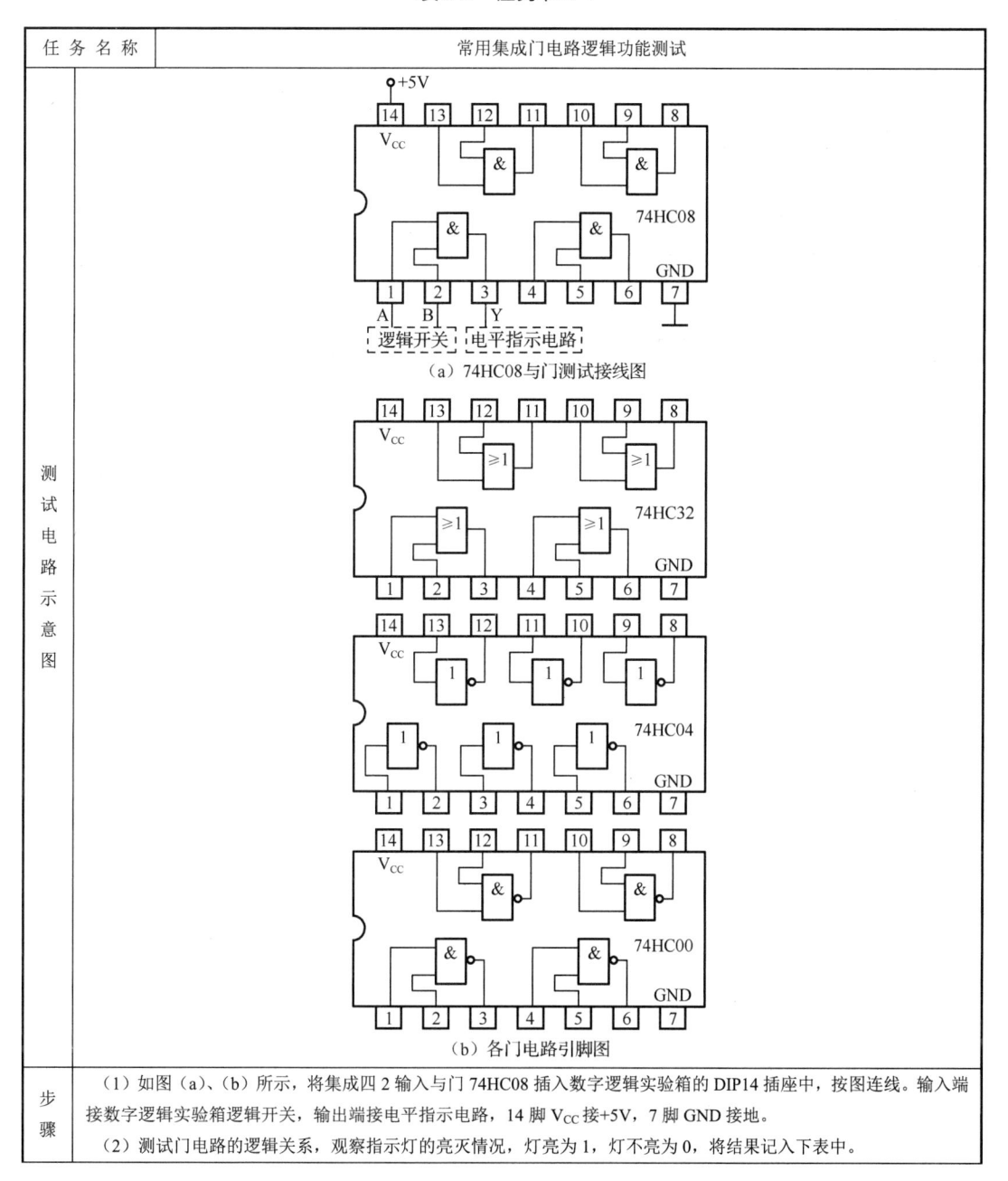

任务名称	常用集成门电路逻辑功能测试
测试电路示意图	(a) 74HC08 与门测试接线图 (b) 各门电路引脚图
步骤	(1) 如图 (a)、(b) 所示，将集成四 2 输入与门 74HC08 插入数字逻辑实验箱的 DIP14 插座中，按图连线。输入端接数字逻辑实验箱逻辑开关，输出端接电平指示电路，14 脚 V_{CC} 接 +5V，7 脚 GND 接地。 (2) 测试门电路的逻辑关系，观察指示灯的亮灭情况，灯亮为 1，灯不亮为 0，将结果记入下表中。

续表

任务名称	常用集成门电路逻辑功能测试					
步骤	输入端		输出端			
^^	^^		与门 74HC08	或门 74HC32	非门 74HC04	与非门 74HC00
^^	A	B	Y	Y	Y	Y
^^	0	0				
^^	0	1				
^^	1	0				
^^	1	1				
^^	（3）按照上述步骤依次使用集成四 2 输入或门 74HC32、集成六非门 74HC04、集成四 2 输入与非门 74HC00，选择其中一个门测试门电路的逻辑关系，记入上表					
注意	（1）接插集成片时要认清标记，不得插反。 （2）电源电压为+5V，电源极性不得接错。 （3）门电路输出端不允许直接接地或直接接电源，也不允许接逻辑开关，否则将损坏元件					

项目 5 三人表决电路的设计与制作

知识点 1 逻辑门电路

通常把决定逻辑事件的几个条件称为逻辑变量,条件满足时逻辑变量取值为 1,条件不满足时逻辑变量取值为 0;事件发生时结果取值为 1,事件不发生时结果取值为 0。这里的"0"和"1"不表示数量的多少,只表示事物的两种对立状态,即两种逻辑关系,如开关的合与开、灯的亮与灭、电位的高与低等。

逻辑门电路

图 5-2 所示为逻辑电路举例,其中,开关 A 和 B 是决定逻辑事件灯 L 亮还是不亮的两个条件,只有当 A、B 都合上时,灯 L 才会亮,否则灯 L 不亮。表 5-3 所示为此例的因果关系表。

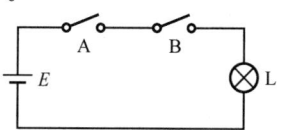

若表 5-3 中的开关断开用 0 表示,开关闭合用 1 表示,灯灭用 0 表示,灯亮用 1 表示,则可得如表 5-4 所示的逻辑电路真值表。真值表表示二值逻辑变量的所有可能取值对应的逻辑事件的状态,其中,逻辑变量的所有可能取值列在表格左侧,对应的逻辑事件的状态列在表格右侧。

图 5-2 逻辑电路举例

表 5-3 逻辑电路举例的因果关系表

A	B	L
断	断	灭
断	合	灭
合	断	灭
合	合	亮

表 5-4 逻辑电路真值表

A	B	L
0	0	0
0	1	0
1	0	0
1	1	1

逻辑门电路是指能实现一些基本逻辑关系的电路,简称门电路,是数字电路最基本的元件。门电路有一个或多个输入端,只有一个输出端,输入与输出之间满足一定的逻辑关系。

1. 基本逻辑门

最基本的逻辑关系有 3 种,即与逻辑、或逻辑和非逻辑。数字电路中实现这 3 种逻辑关系的电路分别称为与门电路、或门电路和非门电路。在数字电路中,采用逻辑图形符号来表示其逻辑关系,同一逻辑关系还可以用逻辑函数表达式和真值表来表示。

与逻辑、或逻辑和非逻辑,即 3 种最基本的逻辑关系如表 5-5 所示。

表 5-5 3 种最基本的逻辑关系

逻辑关系	逻辑函数表达式	逻辑功能	逻辑符号	逻辑真值表		
				A	B	L
与	$L = A \cdot B$	一个逻辑事件的发生取决于几个条件,当这几个条件都满足时,事件发生,否则事件不发生	A—&—L B	0	0	0
				0	1	0
				1	0	0
				1	1	1

续表

逻辑关系	逻辑函数表达式	逻辑功能	逻辑符号	逻辑真值表
或	$L = A + B$	一个逻辑事件的发生取决于几个条件，只要这几个条件中有任意一个条件满足时，事件就发生；只有所有条件都不满足时，这个逻辑事件才不会发生	A─[≥1]─L B	A B L 0 0 0 0 1 1 1 0 1 1 1 1
非	$L = \overline{A}$	逻辑事件的条件满足了，逻辑事件就不发生；而当逻辑事件的条件不满足时，逻辑事件反而发生	A─[1]○─L	A L 0 1 1 0

2. 由 3 种基本逻辑门导出的其他逻辑门及其表示

常用的逻辑门除与门、或门、非门外，还有与非门、或非门、与或非门、异或门和同或门等，这些逻辑门都可以用 3 种基本逻辑门的组合来实现。当然，这些逻辑门都有它们自己的 3 种表示。

与非门、或非门、与或非门电路分别是与、或、非 3 种门电路的组合，异或门是实现异或运算的数字单元电路。所谓异或运算，就是指在只有两个输入变量 A、B 的电路中，当 A 和 B 取值不同时输出为 1，否则输出为 0。同或门是实现同或运算的数字单元电路。所谓同或运算，就是指在只有两个输入变量 A、B 的电路中，当 A 和 B 取值相同时输出为 1，否则输出为 0。它们的逻辑函数表达式、逻辑电路、逻辑符号如表 5-6 所示。

表 5-6 几种常见的导出逻辑门

逻辑关系	逻辑函数表达式	逻辑电路	逻辑符号
与非	$L = \overline{A \cdot B}$	A,B─[&]─[1]○─L	A,B─[&]○─L
或非	$L = \overline{A + B}$	A,B─[≥1]─[1]○─L	A,B─[≥1]○─L
与或非	$L = \overline{A \cdot B + C \cdot D}$	A,B─[&], C,D─[&]─[≥1]─[1]○─L	A,B,C,D─[&│≥1]○─L
异或	$L = A \oplus B = A \cdot \overline{B} + \overline{A} \cdot B$	A,B经[1]、[1]、[&]、[&]至[≥1]─L	A,B─[=1]─L
同或	$L = A \odot B = A \cdot B + \overline{A} \cdot \overline{B} = \overline{A \oplus B}$	A,B经[&]、[1]、[1]、[&]至[≥1]─L	A,B─[=1]○─L

3. 三态门

三态门（Three State）简称 TS 门，以三态与非门为例，图 5-3（a）、(b) 所示分别为三态与非门的符号和内部电路原理图，其中 $\overline{EN}$ 是三态门的控制信号输入端。当 $\overline{EN}=0$ 时，相当于内部的开关闭合，此时的三态门就是一个普通的二输入与非门；当 $\overline{EN}=1$ 时，相当于内部的开关断开，输出端 L 和门电路不通，称为高阻状态（可理解为电阻无穷大），此时，在电路上可以把三态门的输出端看作不存在。表 5-7 所示为三态门的真值表，可以看出，三态门有 3 种输出状态：高电平 1、低电平 0、高阻态。

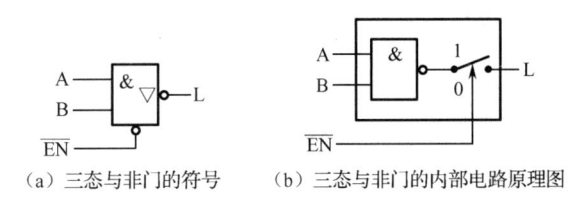

(a) 三态与非门的符号　　　(b) 三态与非门的内部电路原理图

图 5-3　三态与非门

表 5-7　三态与非门的真值表

$\overline{EN}$	A	B	L
1	×	×	高阻态
0	0	0	1
0	0	1	1
0	1	0	1
0	1	1	0

任何两个或多个普通门的输出是不能连接在一起的（下面提到的 OC 门除外），而要把输出连接在一起，只能使用具有三态输出的三态门。如图 5-4（a）所示，两个三态门通过一条线（这条线一般称为总线）连接在一起，假设在某个时刻，三态门 T_1 要向这条线输出高电平 1，但如果此时三态门 T_2 输出低电平 0，则三态门 T_1 的输出就不能实现。此时，只要设置三态门 T_2 的 $\overline{EN}=1$，相当于把三态门 T_2 从这条线上断开，T_1 就可以向这条线输出高电平 1 了，如图 5-4（b）所示。

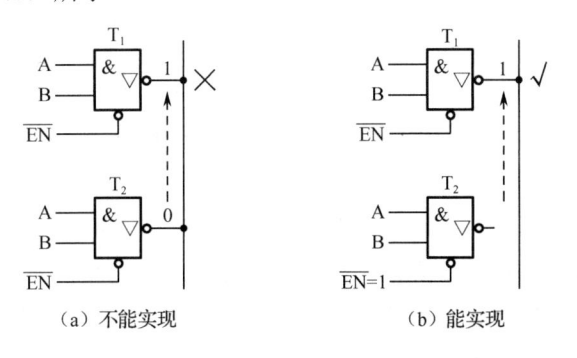

(a) 不能实现　　　(b) 能实现

图 5-4　三态与非门的应用

4．OC门（集电极开路门，Open Collector Gate）

图5-5给出了OC与非门的逻辑符号，OC门与普通门的区别在于其内部没有接上拉电阻到电源，如图5-6（a）、(b)所示。在使用时，普通门输出的高电平是真正的高电平，因为内部有电阻上拉到门电路的电源，如图5-6（c）所示；而OC门输出的高电平实际上就是输出引脚L悬空，如图5-6（d）所示，这个高电平是"假"的，不能与外电路形成回路，因此在应用时，若需要输出真正的高电平，则要在外部接一个电阻到电源，如图5-6（e）所示。OC门这种结构可以实现"线与"的功能，即用一条线可以实现两个或多个OC门输出的"与"功能。

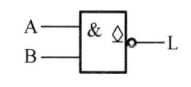

图5-5　OC与非门的逻辑符号

若将普通门内部的上拉电阻改成三极管，如图5-6（f）所示，则会形成上、下两个三极管进行推挽相连输出，这种输出结构叫作图腾柱式输出。图腾柱式输出增强了门的驱动能力。

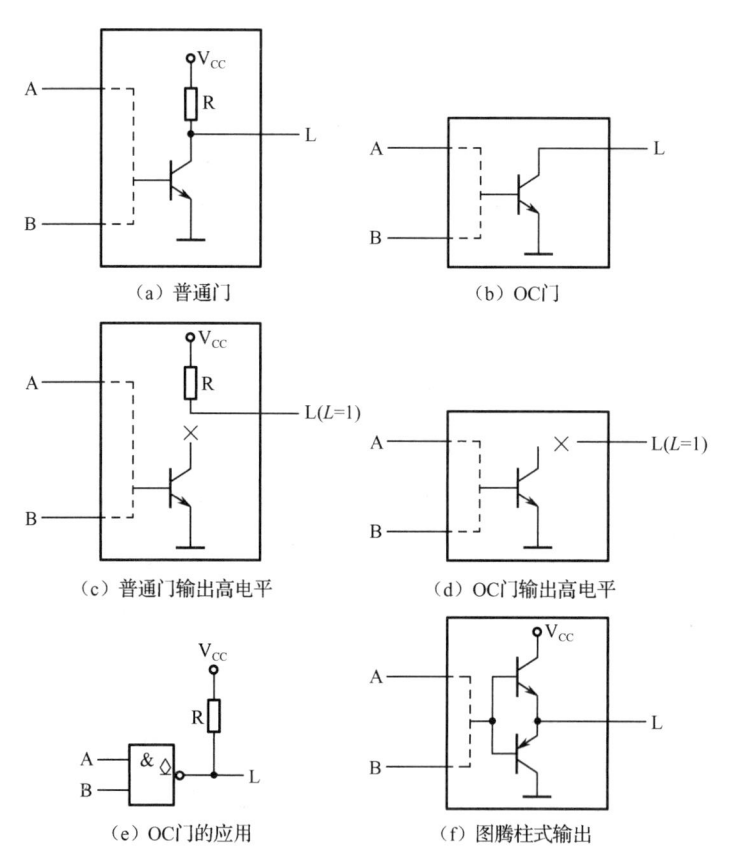

（a）普通门　　　　　　　　（b）OC门

（c）普通门输出高电平　　　（d）OC门输出高电平

（e）OC门的应用　　　　　　（f）图腾柱式输出

图5-6　OC门与普通门的区别

前面给出的各种门的逻辑符号是指国家标准（国标）符号，但是在很多图书中也会经常看到过去曾经用过的符号和国外的符号，读者对这3种形式的逻辑符号都应掌握。这3种形式的逻辑符号对照表如表5-8所示。

表 5-8 3 种形式的逻辑符号对照表

名称	逻辑符号		
	国标	曾用符号	国外符号
与门	&	□	⊃
或门	≥1	+	⊃
非门	1		▷○
与非门	&		⊃○
或非门	≥1	+	⊃○
与或非门	& ≥1 / &	+	
异或门	=1	⊕	
同或门	=1	⊙	
OC 门	& ◇		—
三态与非门	& ▽		—
三态非门	1 ▽		▷

知识点 2 TTL 门和 CMOS 门

1. 逻辑门电路简介

实现门逻辑的电路主要分两类：TTL（晶体管-晶体管逻辑，Transistor-Transistor-Logic）电路构成的门（简称 TTL 门）和 CMOS（互补对称金属氧化物半导体，Complement Metal-Oxide-Semiconductor）电路构成的门（简称 CMOS 门）。集成门电路芯片的名称大都以 54 或 74 开始，后加不同系列缩写字母及数字，如具有 4 个与非门的芯片 54/74LS00、54/74HC00。74 系列为民用品，可工作于商用温度范围 0～70℃；54 系列为军用品，可工作于军用温度范围-55～125℃，用于具有特殊工作需求的地方。

TTL 门是应用最早、技术比较成熟的集成电路，电路内部由电阻、晶体管、二极管构成的偏置电路组合构成，TTL 非门电路结构如图 5-7 所示。输入级由 VT_1 和电阻 R_{B1} 组成，用于加快电路的开关速度。VT_2 的集电极和发射极同时输出两个相位相反的信号，分别作为 VT_3 和 VT_4 输出级的驱动信号。当输入为低电平（$u_i \approx 0.2V$）时，VT_1 深度饱和，$U_{B1}=0.9V$；要使 VT_2、VT_3 导通，要求 $U_{B1}=2.1V$。VT_2、VT_3 截止，VT_4、VD 导通，$u_o = u_{B4} - u_{BE4} - u_D = (5 - 0.7 - 0.7)V = 3.6V$；当输入为高电平（$u_i \approx 3.6V$）时，$VT_1$ 处于倒置的放大状态，VT_2、VT_3 饱和导通，VT_4 和 VD 截止，输出为低电平，$u_o = u_{C3} = u_{CE3} = 0.2V$。这样就实现电路输入与、输出非的功能。

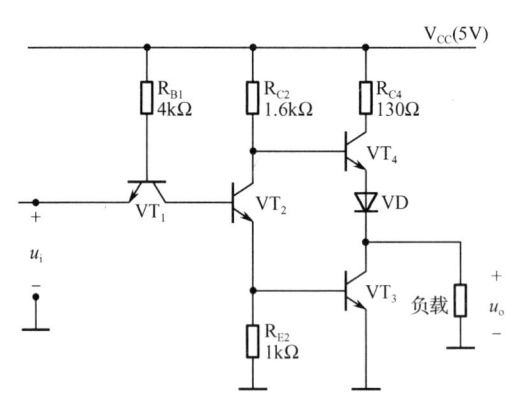

图 5-7 TTL 非门电路结构

TTL 门具有速度快、传输延迟时间短等优点，曾被广泛使用。所有 TTL 系列电路的供电电源都是+5V。常用的 TTL 门是 74LS 系列，其品种和生产厂家都非常多，性价比比较高，在中小规模电路中应用非常普遍。此外，还有一些其他的 74 系列，如 74××（标准型）、74S××（肖特基）、74AS××（先进肖特基）、74ALS××（先进低功耗肖特基）、74F××（高速）。TTL 系列电路的发展历程如图 5-8 所示。由于 TTL 门结构复杂、功耗偏大，因此，目前其使用在逐渐减少。

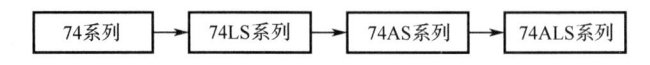

图 5-8 TTL 系列电路的发展历程

随着制造工艺的不断改进，CMOS 电路在集成度、工作速度、功耗和抗干扰能力方面都优于 TTL 电路。现在几乎所有的 CPU、存储器和可编程器件、专用集成电路都采用 CMOS 工艺制造，且费用较低。CMOS 门是目前使用最广泛、占主导地位的集成电路。CMOS 非门电路结构如图 5-9（a）所示，输入、输出的内部关系如图 5-9（b）所示。无论 u_i 是高电平还是低电平，VT_1 和 VT_2 中总有一个导通而另一个截止。CMOS 反相器的静态功耗几乎为零。

常用的 CMOS 门是 HC/HCT 系列和 LVC、LV-A、VHC 系列。与 TTL 门的工作电源电压只能是+5V 不同，CMOS 门 74HC 系列的电源电压为 2~6V，74HCT 系列的电源电压为 4.5~5.5V，74LVC 系列的电源电压为 1.65~3.6V。其中，74HC/HCT 系列与 TTL 门兼容，典型工作电源电压为 5V，74LVC 系列的典型工作电源电压为 3.3V。LVC、LV-A、VHC 系列还有一个共同的特点，就是允许输入超过电源电压，这点在多电源系统中非常有用。

近年来，随着笔记本电脑、手机等便携式设备的发展，更低电压的 ALVC（电源电压为 2.5V）、AUC/AUP（电源电压为 1.8V）系列也先后被推出。CMOS 系列芯片发展历程如图 5-10 所示。

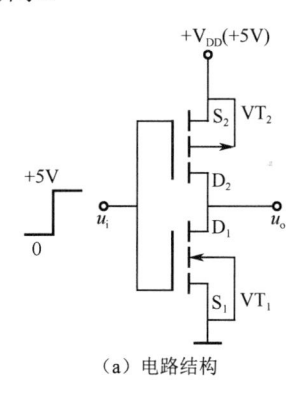

u_i/V	u_{GS1}/V	u_{GS2}/V	VT$_1$	VT$_2$	u_o/V
0	0	−5	截止	导通	5
5	5	0	导通	截止	0

（a）电路结构　　　　　　　（b）输入、输出的内部关系

图 5-9　CMOS 非门电路

4000 系列 → 74HC 74HCT 系列 → 74VHC 74VHCT 系列 → 74LVC 74AUC 系列

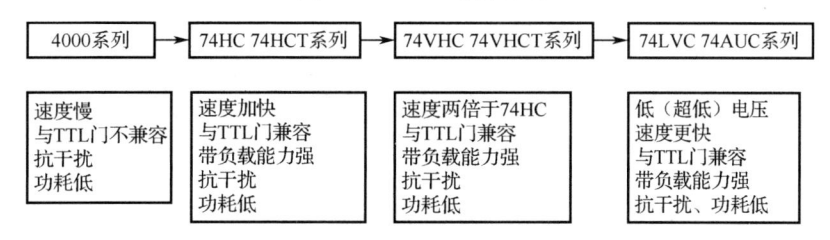

速度慢
与 TTL 门不兼容
抗干扰
功耗低

速度加快
与 TTL 门兼容
带负载能力强
抗干扰
功耗低

速度两倍于 74HC
与 TTL 门兼容
带负载能力强
抗干扰
功耗低

低（超低）电压
速度更快
与 TTL 门兼容
带负载能力强
抗干扰、功耗低

图 5-10　CMOS 系列芯片发展历程

集成门电路的代表性芯片如下。

与非门（NAND）：7400、7410、7412、7420、7430。

或非门（NOR）：7402、7427。

非门（NOT）：7404、7414。

与门（AND）：7408、7411、7421。

或门（OR）：7432。

异或门（XOR）：7486。

同或门（XNOR）：74266。

上述各个门，如与非门 7400 芯片有 TTL 与非门 74LS00 和 CMOS 与非门 74HC00、74VHC00、74LVC00 之分，只要后边的标号相同，其逻辑功能和引脚排列就相同。但它们的特性参数是有差异的，可以根据不同的电源条件和负载要求选择不同类型的系列产品。例如，当电路的供电电压为 3V 时，就应选择 74HC00 或 74LVC00 系列产品。此外，早期的 CMOS 门 4000、4500 系列在市场上还有产品存在，如 CD4012 就是具有与 7412 相同的与非门逻辑的芯片，CD4000/CD4500 系列的国产型号是 CC4000/CC4500 系列。

2．门电路的特性参数

门电路的特性参数主要包括输入和输出的高、低电平，噪声容限，传输延迟时间，扇入与扇出数，功耗等。

1）输入和输出的高、低电平

数字电路中用高、低电平来表示 1 和 0，逻辑 1、0 对应的是一定的电压范围。不同系列的集成电路的输入和输出为逻辑 1 或 0 时对应的电压范围是不同的，生产厂家会给出 4 种逻辑电平参数：输入低电平的上限值 $V_{\text{IL(max)}}$、输入高电平的下限值 $V_{\text{IH(min)}}$、输出低电平的上限值 $V_{\text{OL(max)}}$、输出高电平的下限值 $V_{\text{OH(min)}}$。以 74HC04 工作在+5V 电源下为例，其参数为 $V_{\text{IL(max)}}$=1.5V，$V_{\text{IH(min)}}$=3.5V，$V_{\text{OL(max)}}$=0.1V，$V_{\text{OH(min)}}$=4.9V，表示向 74HC04 输入信号时，电压范围为 0～1.5V 时作为低电平，3.5～5V 时作为高电平；而 74HC04 在输出信号时，低电平输出的电压值为 0～0.1V，高电平输出的电压值为 4.9～5V。

2）噪声容限

噪声容限表示门电路的抗干扰能力，指各种干扰信号的噪声幅度不超过逻辑电平允许的最小值或最大值，用 V_{NH}、V_{NL} 分别表示高电平、低电平噪声容限。用前一级门电路的输出作为后一级门电路的输入，有

$$V_{\text{NH}}=V_{\text{OH(min)}}-V_{\text{IH(min)}}$$
$$V_{\text{NL}}=V_{\text{IL(max)}}-V_{\text{OL(max)}}$$

对于前述 74HC04，其 V_{NH}=1.4V，V_{NL}=1.4V。

3）传输延迟时间

一个信号经过门后都要产生延迟，以非门为例，当非门输入方波时，输出波形是一个倒相的方波，如图 5-11 所示。输入波形上升沿经非门后输出下降沿，定义延迟时间为 t_{PHL}；输入波形下降沿经非门后输出上升沿，定义延迟时间为 t_{PLH}。此时，平均传输延迟时间 t_{pd} 为

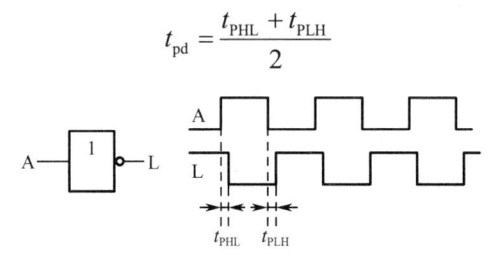

$$t_{\text{pd}}=\frac{t_{\text{PHL}}+t_{\text{PLH}}}{2}$$

图 5-11 非门的传输延迟时间

74HC 系列 CMOS 门的 t_{pd} 与 74LS 系列 TTL 门的 t_{pd} 几乎相当。

4）扇入与扇出数

扇入数取决于门电路输入端的个数。例如，一个有 3 个输入端的与非门，其扇入数 N_{I}=3。扇出数是指门电路在其正常工作情况下能带同类门电路的最大数目。大多数 TTL 门能够为 10 个其他数字门或驱动器提供信号，因此，一个典型的 TTL 门有 10 个扇出信号。

5）功耗

门电路的功耗分为静态功耗和动态功耗。静态功耗指的是电路没有状态转换时的功耗，即门电路空载时电源总电流与电源电压的乘积；动态功耗发生在状态转换的瞬间或电路中

有电容性负载时。例如，TTL 门约有 5pF 的输入电容，电容的充放电过程将增加电路损耗。对 TTL 门来说，静态功耗是主要的；对 CMOS 门来说，其功耗主要取决于动态功耗，当工作频率升高时，CMOS 门的动态功耗会线性增加。在设计 CMOS 门电路时，为降低功耗，可选用低电源电压器件。

当输入电压为 U_T 时，门的输出处于转换状态，称为阈值电压。对于 TTL 门，阈值电压 $U_T \approx 1.4V$。对于 CMOS 门，设其工作电源电压为 V_{DD}，则输出状态转换的阈值电压 $U_T = \frac{1}{2}V_{DD}$。表 5-9 列出了 2 输入与非门电路 TTL LS 系列和 CMOS HC、HCT、LVC 系列的部分特性参数，以便在使用时进行参考比较。

表 5-9 门电路特性参数比较

特 性 参 数	74LS	74HC	74HCT	74LVC
工作电源电压/V	V_{CC}=+5	V_{DD}=+5	V_{DD}=+5	V_{DD}=+3.3
$V_{IL(max)}$/V	0.8	1.5	0.8	0.8
$V_{OL(max)}$/V	0.5	0.1	0.1	0.2
$V_{IH(min)}$/V	2.0	3.5	2.0	2.0
$V_{OH(min)}$/V	2.7	4.9	4.9	3.1
高电平噪声容限 V_{NH}/V	0.3	1.4	2.9	1.1
低电平噪声容限 V_{NL}/V	0.7	1.4	0.7	0.6
t_{pd}/ns	9.5	7/16（负载电容为 15pF/50pF 时）	8	2
功耗 P_D/mW	2/每门	9*	—	2.5*

注：*指 74HC04/74LVC04 的工作频率为 10MHz 时测得的值。

3．TTL 门和 CMOS 门的使用

1）使用原则

TTL 门的电源电压严格限制为+5V，不使用的输入端可以悬空，悬空时为高电平；TTL 门的输出下拉强、上拉弱，即输出低电平时可以灌入较大的电流，而输出高电平时的驱动电流较小。一般 TTL 门高电平的驱动能力为 5mA，低电平灌电流为 20mA。

CMOS 门的电源电压可以在较大范围内变化，但不允许有大电流流入，因此，在 CMOS 芯片的工作电源输入端要加去耦电路，防止电源端出现瞬间高压，在工作电源和外电源之间要加限流电阻，不让大电流经电源流进芯片。HC 系列绝不允许输入端和输出端超过电源电压（AHC、LVC 系列可以），必要时，要在输入端和输出端加钳位电路。

由于 CMOS 门的输入阻抗比较大，比较容易捕捉到干扰脉冲，不使用的输入端悬空会造成逻辑混乱，因此，不使用的引脚或 NC 引脚尽量接上拉电阻到电源或接下拉电阻到地。同时，CMOS 门的输入端电流尽量不要太大，输入端和信号源之间要串联限流电阻，输入电流限制在 1mA 之内（输入高电平时更不能直接接电源）；输出时，CMOS 门的驱动能力上拉和下拉是相同的，一般高、低电平均为 5mA。

2）5V CMOS 系列与 3.3V CMOS 系列之间的接口

近年来，便携式数字电子产品迅速发展，要求使用功耗低、耗电量小的器件，数字系统的工作电压已经从 5V 降至 3V 甚至更低。但是目前仍有许多 5V 电源的逻辑器件和数字器件在应用，因此在许多电路中，3V 逻辑系统和 5V 逻辑系统共存，而且不同的电源电压在同一电路板中混用。两种供电电源的 CMOS 门相连时，接口的原则是 5V CMOS 系列可以直接驱动 3.3V CMOS 系列；当 3.3V CMOS 系列驱动 5V CMOS 系列时，最简单的方法是在 3.3V CMOS 系列的输出端与+5V 供电电源之间接一个上拉电阻；专门的逻辑电平转换器经常用在低电压 CMOS 系列之间的接口上，如 3V CMOS 系列与 2.5V CMOS 系列的转换，在 5V CMOS 系列与 3V CMOS 系列的转换中也可以考虑采用。

3）TTL 门和 CMOS 门混合使用

由表 5-9 可知，TTL 门输出高电平的最小值是 2.7V，输出低电平的最大值是 0.5V，输入高电平的最小值是 2.0V，输入低电平的最大值是 0.8V，噪声容限较低。而 CMOS 门的输出高电平接近电源电压，低电平接近 0，具有很宽的噪声容限。TTL 门和 CMOS 门混合使用时，主要考虑的因素是驱动电流和高、低电平的对接问题。

从门的特性参数中可以看出，用 TTL 门驱动 CMOS 门，驱动电流满足要求，但驱动电平不满足要求，解决方法是，当电源电压相同时，加一个上拉电阻 R_u，如图 5-12（a）所示；当电源电压不同时，在中间加一级电平偏移接口电路，如图 5-12（b）所示，其中 CC4019 是带电平偏移的门电路。

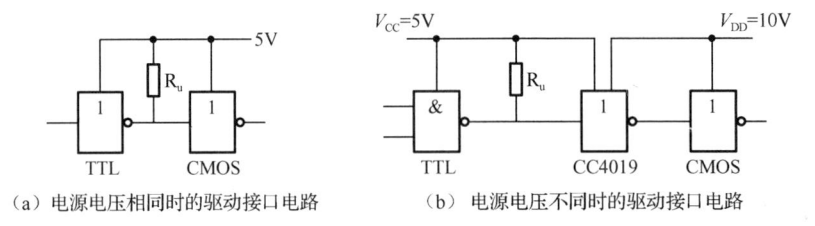

（a）电源电压相同时的驱动接口电路　　（b）电源电压不同时的驱动接口电路

图 5-12　TTL 门驱动 CMOS 门的接口电路

用 CMOS 门驱动 TTL 门，驱动电平满足要求，但驱动电流不满足要求，常用的解决方法如图 5-13 所示。图 5-13（a）所示为把两个或两个以上的 CMOS 门电路并接，以提高电流驱动能力；图 5-13（b）所示为采用晶体管放大电路，以提高电流驱动能力。

（a）几个CMOS门驱动一个TTL门的接口电路　　（b）用晶体管放大电路驱动TTL门

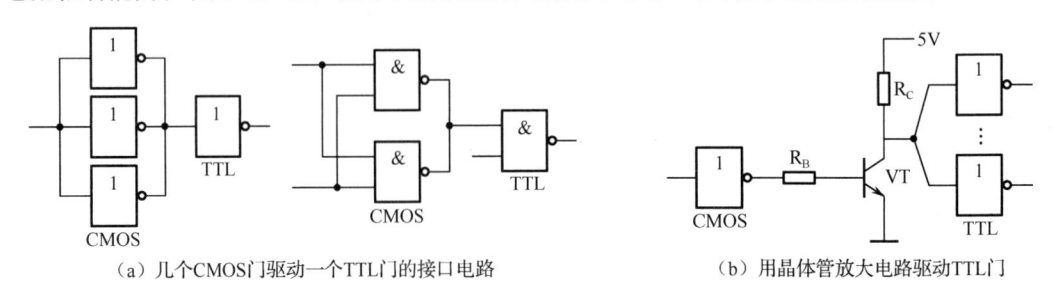

图 5-13　CMOS 门驱动 TTL 门的接口电路

项目5 三人表决电路的设计与制作

当CMOS门74HCT系列集成门与74LS系列TTL门混合使用时,无论是用74LS系列TTL门驱动74HCT系列CMOS门,还是用74HCT系列CMOS门驱动74LS系列TTL门,驱动电平、驱动电流互相均满足要求,可以直接连接。

技能训练21 二进制加法器电路的制作

完成本任务所需仪器仪表及材料如表5-10所示。

二进制加法器电路的制作

表5-10 完成本任务所需仪器仪表及材料

序 号	名 称	型号或规格	数 量	备 注
1	数字万用表	DT9205	1个	
2	数字逻辑实验箱	THDL-1	1台	
3	集成四2输入与非门	74HC00	1片	
4	集成双4输入与非门	74HC20	1片	
5	集成四2输入异或门	74HC86	1片	

项目5 三人表决电路的设计与制作

任务书 5-2

任务书 5-2 如表 5-11 所示。

表 5-11 任务书 5-2

任务名称	二进制加法器电路的制作
任务要求	制作一个二进制加法器电路,实现两个一位二进制数的求和运算,考虑来自低位的进位、输出和向高位的进位。定义输入 A_i 是加数, B_i 是被加数, C_{i-1} 是来自低位的进位;输出 S_i 是和, C_i 是向高位的进位
测试电路示意图	(电路图)
步骤	(1) 根据上图选用集成门电路并画出接线图。 (2) 将所需集成门正确地插入数字逻辑实验箱插座中,并正确连接集成芯片电源+5V 和地线。 (3) 根据画出的电路接线图,输入端 A_i、B_i、C_{i-1} 接逻辑开关,输出端 S_i、C_i 接逻辑电平指示电路。 (4) 改变输入端 A_i、B_i、C_{i-1} 的逻辑状态,观察输出端 S_i、C_i 的显示状态,并将测试结果填入下表中。观察完毕,切断电源。 | 输 入 端			输 出 端	
---	---	---	---	---
A_i	B_i	C_{i-1}	S_i	C_i
0	0	0		
0	0	1		
0	1	0		
0	1	1		
1	0	0		
1	0	1		
1	1	0		
1	1	1			 (5) 根据测试结果验证二进制加法器的功能。 (6) 可能用到的 74HC20、74HC86 的引脚图分别如图(a)、图(b)所示。 (a) 74HC20 引脚图　　　　(b) 74HC86 引脚图

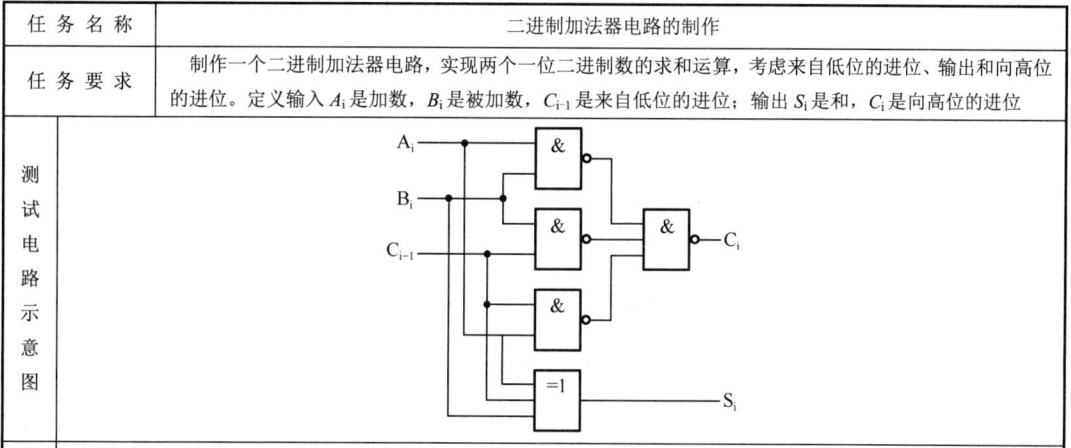

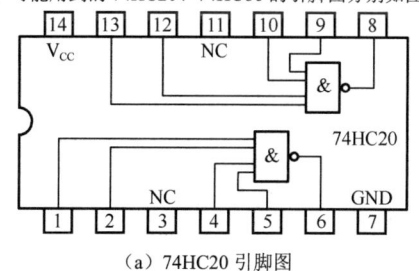

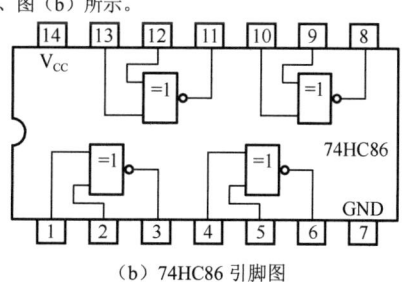

项目 5　三人表决电路的设计与制作

知识点 1　数制和编码

1. 数制

1）十进制数

十进制数用 0~9 共 10 个数表示，从起点 0 开始往上数到 9，到 9 后往上加 1，就回到起点 0，同时向高位进 1，因此是逢 10 进 1。一个十进制数按权重展开的形式如下：

$$(373)_{10} = 3\times 10^2 + 7\times 10^1 + 3\times 10^0$$

$$(84.91)_{10} = 8\times 10^1 + 4\times 10^0 + 9\times 10^{-1} + 1\times 10^{-2}$$

2）二进制数

二进制数用 0、1 共 2 个数表示，从起点 0 开始往上数到 1，到 1 后往上加 1，就回到起点 0，同时向高位进 1，因此是逢 2 进 1。一个二进制数按权重展开的形式及其与等值的十进制数的关系如下：

$$(10110)_2 = 1\times 2^4 + 0\times 2^3 + 1\times 2^2 + 1\times 2^1 + 0\times 2^0 = (22)_{10}$$

$$(110.11)_2 = 1\times 2^2 + 1\times 2^1 + 0\times 2^0 + 1\times 2^{-1} + 1\times 2^{-2} = (6.75)_{10}$$

3）十六进制数

十六进制数用 0~9、A、B、C、D、E、F 共 16 个数字和字母表示，从起点 0 开始往上数到 F，到 F 后往上加 1，就回到起点 0，同时向高位进 1，因此是逢 16 进 1。一个十六进制数按权重展开的形式及其与等值的十进制数的关系如下：

$$(5E8)_{16} = 5\times 16^2 + 14\times 16^1 + 8\times 16^0 = (1512)_{10}$$

$$(4A.B4)_{16} = 4\times 16^1 + 10\times 16^0 + 11\times 16^{-1} + 4\times 16^{-2} = (74.703125)_{10}$$

几种数制之间的对应关系如表 5-12 所示。

表 5-12　几种数制之间的对应关系

十 进 制 数	二 进 制 数	十六进制数
0	0000	0
1	0001	1
2	0010	2
3	0011	3
4	0100	4
5	0101	5
6	0110	6
7	0111	7
8	1000	8
9	1001	9
10	1010	A

续表

十 进 制 数	二 进 制 数	十六进制数
11	1011	B
12	1100	C
13	1101	D
14	1110	E
15	1111	F

4）不同数制之间的转换

十六进制数转换成二进制数的方法是，将十六进制数以小数点为基准，向左、向右把每位十六进制数转换成等值的 4 位二进制数即可。例如：

$$(A3.E)_{16} = (10100011.1110)_2$$

二进制数转换成十六进制数的方法是，首先将二进制数以小数点为基准，向左、向右把每 4 位划为一组，小数点后面的二进制数不足 4 位的，可在二进制数的后边加 0，小数点前面的二进制数不足 4 位的，可在二进制数的前面加 0；然后把每组二进制数转换成等值的十六进制数即可。例如：

$$(1011101.101)_2 = (0101,1101.1010)_2 = (5D.A)_{16}$$

$$(110101.11)_2 = (0011,0101.1100)_2 = (35.C)_{16}$$

十进制数转换成二进制数的方法是，首先把整数和小数分开并分别转换，然后合并。例如，在把 $(19.625)_{10}$ 转换成二进制数时，先把 $(19)_{10}$ 转换成二进制数，再把 $(0.625)_{10}$ 转换成二进制数。整数部分的转换方法是"除 2 取余，从低位到高位排列，直到商为 0"，其余数即二进制数的整数：

```
2 | 19
  2 | 9   ……1    低位
    2 | 4  ……1
      2 | 2  ……0
        2 | 1  ……0
          0  ……1   高位
```

$$(19)_{10}=(10011)_2$$

小数部分的转换方法是把小数部分"乘 2 取整，从高位到低位排列，直到最后乘积的小数部分为 0（或满足位数要求）"，所取整数即十进制数小数部分转换成的二进制数的小数部分：

```
              0.625
               ×2
高位  1 …… 1 .250
               ×2
      0 …… 0 .500
               ×2
低位  1 …… 1 .000
```

$$(0.625)_{10}=(0.101)_2$$

合并后得 $(19.625)_{10} = (10011.101)_2$。

2. 编码

1）8421BCD 码

十进制中的 10 个数如何用二进制的 0、1 来表示呢？如果用两位二进制数来表示，则只有 00、01、10、11 四种组合，不能完全表示出 0～9 这 10 个数。只有用 4 位二进制数才可以完全表示出 0～9 这 10 个数且是最短的组合，这个 4 位二进制数就是 8421BCD 码，即用二进制数 0000 表示十进制数 0，二进制数 0001 表示十进制数 1，依次类推，用二进制数 1001 表示十进制数 9。例如：

$$(125)_{10} = (000100100101)_{8421BCD}$$

注意 8421BCD 码表示与十进制数转换成二进制数的区别。例如，十进制数 15 转换成二进制数是 1111，但用 8421BCD 码表示是 0001 0101，因为十进制数 15 的十位数字 1 的 8421BCD 码是 0001，个位数字 5 的 8421BCD 码是 0101。

2）ASCII 码和 Unicode

在计算机中，信息在存储和运算时都要使用二进制数来表示（因为计算机只能用高电平和低电平来表示），具体用哪些二进制数表示哪个符号，需要使用相同的规则进行统一编码，方便互相通信而不造成混乱。ASCII 码（American Standard Code for Information Interchange，美国信息交换标准代码）和 Unicode（统一码）是一套计算机字符编码系统，用于显示英语和象形字符（如汉语）的文字信息。

ASCII 码一共规定了 128 个字符的编码，包含所有的英文大写和小写字母、数字 0～9、标点符号，以及在美式英语中使用的特殊控制字符，如空格是二进制数 00100000，大写字母 A 是二进制数 01000001，数字 0 是二进制数 00110000。这 128 个编码只占用了一个字节（由 8 个二进制位组成）的后 7 位，最前面的一位统一规定为 0。

英语用 ASCII 码的 128 个编码就够了，但是用来表示其他语言，如汉字，因为一个字节只能表示 256 种符号，所以肯定是不够的，就必须使用多个字节表达一个符号。Unicode 就是为了打破 ASCII 码字符编码方案的局限而产生的，它为每种语言中的每个字符设定了统一且唯一的二进制编码，以满足世界上所有的文字符号。例如，汉字"中"对应的 Unicode 是十六进制数 4E2D，即二进制数 100111000101101。

知识点 2　逻辑代数基础

1. 基本公式

根据逻辑乘 $L = A \cdot B$ 的定义，有

逻辑代数基础

$$0 \cdot 0 = 0$$
$$0 \cdot 1 = 0$$
$$1 \cdot 0 = 0$$
$$1 \cdot 1 = 1$$

根据逻辑或 $L = A + B$ 的定义，有

$$0 + 0 = 0$$

$$0+1=1$$
$$1+0=1$$
$$1+1=1$$

根据逻辑非 $L=\overline{A}$ 的定义，有

$$\overline{0}=1 \quad \overline{1}=0 \quad \overline{\overline{A}}=A$$

推理出如下逻辑运算基本公式：

$$A \cdot 0=0$$
$$A \cdot 1=A$$
$$A \cdot \overline{A}=0$$
$$A \cdot A=A$$
$$A+1=1$$
$$A+0=A$$
$$A+A=A$$
$$A+\overline{A}=1$$

2．基本定律

交换律：$A \cdot B=B \cdot A$，$A+B=B+A$。

结合律：$A \cdot B \cdot C=A \cdot (B \cdot C)$，$A+B+C=A+(B+C)$。

分配律：$A \cdot (B+C)=A \cdot B+A \cdot C$，$(A+B)(A+C)=A+B \cdot C$。

德摩根定律：$\overline{A \cdot B \cdot C}=\overline{A}+\overline{B}+\overline{C}$，$\overline{A+B+C}=\overline{A} \cdot \overline{B} \cdot \overline{C}$。

波形图表示和逻辑表示的相互转换

知识点 3　波形图表示和逻辑表示的相互转换

一个比较复杂的逻辑电路往往有多个逻辑变量。输出变量与输入变量之间的逻辑关系的描述方法除前述的逻辑符号、逻辑函数表达式、逻辑真值表外，还可以用波形图来表示。将输入变量和输出变量之间的逻辑关系按时间顺序依次排列得到的图形称为波形图。如图 5-14（a）所示，A、B 为输入变量，L 为输出变量，在 t_1 时间段内，A、B 均为低电平 0，此时，L 为高电平 1；在 t_2 时间段内，A、B 分别为 1、0，L 为 0；在 t_3 时间段内，A、B 分别为 0、1，L 为 0；在 t_4 时间段内，A、B 均为 1，L 为 1。图 5-14（b）所示为常用的另一种波形图表示方法，与前者没有区别。

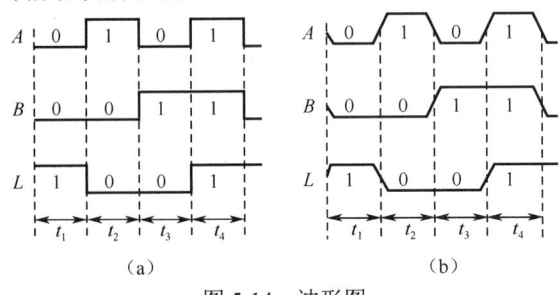

图 5-14　波形图

同一逻辑关系的逻辑符号、逻辑函数表达式、逻辑真值表、波形图表示是可以相互转换的。

项目 5　三人表决电路的设计与制作

1. 由逻辑电路图写出逻辑函数表达式

由逻辑电路图写出逻辑函数表达式的方法是根据逻辑电路图逐级写出每个逻辑符号的输出逻辑函数表达式，直到最后，如图 5-15 所示。

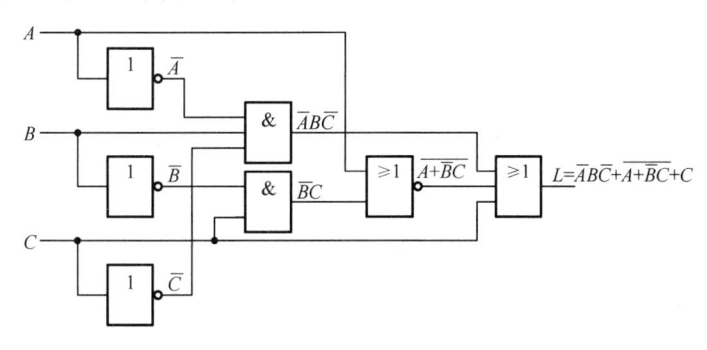

图 5-15　根据逻辑电路图写出逻辑函数表达式

2. 由逻辑函数表达式画出逻辑电路图

由逻辑函数表达式画出逻辑电路图的方法是把逻辑函数表达式中所有与、或、非等运算式用相应的逻辑符号替代，并按照运算优先顺序把这些逻辑符号连接起来。例如，已知逻辑函数表达式为

$$L = \overline{A}B\overline{C} + \overline{ABC} + (A \oplus B) \cdot \overline{(A \oplus B)}$$

根据转换方法画出的逻辑电路图如图 5-16 所示。

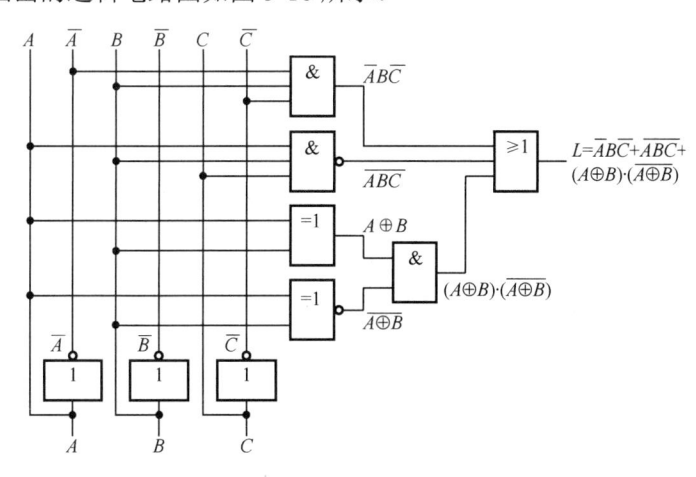

图 5-16　根据逻辑函数表达式画出逻辑电路图

3. 由真值表写出逻辑函数表达式

由真值表写出逻辑函数表达式的一般方法是，首先找出真值表中使逻辑函数表达式输出 $L=1$ 的那些输入变量的取值组合，每组输入变量的取值组合对应一个乘积项，其中，取值为 1 的写出逻辑变量的原变量，取值为 0 的写出逻辑变量的非变量；然后把这些乘积项相加，即得 L 的逻辑函数表达式。例如，由表 5-13 可写出的逻辑函数表达式为

$$L = \overline{A}BC + A\overline{B}C + AB\overline{C} + ABC$$

4．由逻辑函数表达式列出真值表

已知逻辑函数表达式列出真值表的方法是，首先把输入变量的取值组合按二进制数由小到大排列，然后把每个取值组合的逻辑变量的取值代入逻辑函数表达式，求出逻辑函数表达式的值即可。例如，对于逻辑函数表达式 $L = \overline{A}B + C + A\overline{B}C$，在列真值表时，把 ABC 的取值组合由 000～111 从小到大排列，分别计算出 ABC 为 001～111 时对应的 L。表 5-14 给出了 $L = \overline{A}B + C + A\overline{B}C$ 的真值表和 L 的计算过程。

表 5-13　真值表

A	B	C	L	使 L=1 对应的乘积项
0	0	0	0	
0	0	1	1	$\overline{A}\overline{B}C$
0	1	0	1	$\overline{A}B\overline{C}$
0	1	1	0	
1	0	1	1	$A\overline{B}C$
1	0	0	0	
1	1	0	0	
1	1	1	1	ABC

表 5-14　由逻辑函数表达式列出真值表

真　值　表				L 的计算过程
A	B	C	L	$L = \overline{A}B + C + A\overline{B}C$
0	0	0	0	$L=1\cdot0+0+0\cdot1\cdot0=0$
0	0	1	1	$L=1\cdot0+1+0\cdot1\cdot1=1$
0	1	0	1	$L=1\cdot1+0+0\cdot0\cdot0=1$
0	1	1	1	$L=1\cdot1+1+0\cdot0\cdot1=1$
1	0	0	0	$L=0\cdot0+0+1\cdot1\cdot0=0$
1	0	1	1	$L=0\cdot0+1+1\cdot1\cdot1=1$
1	1	0	0	$L=0\cdot1+0+1\cdot0\cdot0=0$
1	1	1	1	$L=0\cdot1+1+1\cdot0\cdot1=1$

知识点 4　用卡诺图化简逻辑函数表达式

逻辑函数表达式和实现逻辑函数表达式的数字电路是对应的，逻辑函数表达式简化了，相应的数字电路也就简单了。功能不变，电路简单当然是我们所追求的。对逻辑函数表达式进行化简常用的方法是卡诺图化简。

用卡诺图化简逻辑函数表达式

1．最小项表示

所谓逻辑函数表达式的最小项，就是指包含所有输入变量的最简乘积项。例如，在三输入变量 A、B、C 的逻辑函数表达式中，ABC、$A\overline{B}C$、$AB\overline{C}$ 就是最小项，而 AC、$\overline{A}B$ 不是最小项，因为它们分别缺少输入变量 B 和 C；$\overline{A}ABC$ 也不是最小项，因为它不是最简的。三输入变量 A、B、C 的逻辑函数表达式的所有最小项为 $\overline{A}\overline{B}\overline{C}$、$\overline{A}\overline{B}C$、$\overline{A}B\overline{C}$、$\overline{A}BC$、$A\overline{B}\overline{C}$、$A\overline{B}C$、$AB\overline{C}$、$ABC$，共 $2^3=8$ 项，可以把其看作二进制数 000、001、010、011、100、101、110、111，即输入变量是非的看作 0，是原变量的看作 1；也可以把其看作十进制数 0～7，用 $m_0, m_1, \cdots, m_7$ 表示。

在写逻辑函数最小项表达式时，可以采用任何一种表示形式。例如：

$$L = \overline{A}\overline{B}C + A\overline{B}C + AB\overline{C} + ABC = \sum(1,5,6,7)$$
$$= \sum(m_1, m_5, m_6, m_7) = \sum\nolimits_m(1,5,6,7)$$

要利用卡诺图化简逻辑函数表达式，首先要把逻辑函数表达式化为最小项之和的形式。如果给定的逻辑函数表达式为与或表达式，则只要利用基本公式 $A + \overline{A} = 1$ 对所缺变量的项进行补变量操作即可。例如，把逻辑函数表达式 $L(ABC) = AB + \overline{B}C$ 化为最小项之和的形式：

$$L = AB + \overline{B}C = AB \cdot (C + \overline{C}) + \overline{B}C \cdot (A + \overline{A}) = ABC + AB\overline{C} + A\overline{B}C + \overline{A}\overline{B}C$$
$$= m_7 + m_6 + m_5 + m_1 = \sum_m(1,5,6,7) = \sum(1,5,6,7)$$

如果给定的逻辑函数表达式具有公共非号，则可以反复使用德摩根定律去掉公共非号，直到只存在单个变量上有非号，如果缺变量，则按 $A + \overline{A} = 1$ 进行补变量操作。

例如，把逻辑函数表达式 $L(ABC) = \overline{(AB + \overline{AB} + \overline{C}) \cdot \overline{AB}}$ 化为最小项之和的形式：

$$L(ABC) = \overline{(AB + \overline{AB} + \overline{C}) \cdot \overline{AB}} = \overline{(AB + \overline{AB} + \overline{C})} + \overline{\overline{AB}}$$
$$= (\overline{AB} \cdot \overline{\overline{AB}} \cdot \overline{\overline{C}}) + AB = (\overline{A} + \overline{B}) \cdot (A + B) \cdot C + AB$$
$$= \overline{A}BC + A\overline{B}C + AB \cdot (C + \overline{C}) = \overline{A}BC + A\overline{B}C + ABC + AB\overline{C}$$
$$= m_3 + m_5 + m_7 + m_6 = \sum_m(3,5,6,7) = \sum(3,5,6,7)$$

2．卡诺图

卡诺图的行和列是逻辑输入变量的组合，包含了变量的所有取值情况，且相邻的行或列取值只允许 1 位有变化，行列交叉点的方格就是对应的最小项，图 5-17 所示为三变量、四变量、五变量最小项卡诺图。

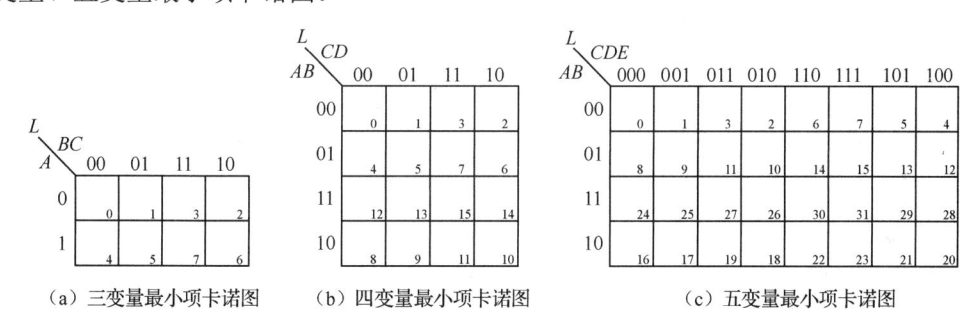

（a）三变量最小项卡诺图　（b）四变量最小项卡诺图　（c）五变量最小项卡诺图

图 5-17　三变量、四变量、五变量最小项卡诺图

3．卡诺图的填写

1）已知逻辑函数最小项表达式填卡诺图

把在逻辑函数表达式中出现的各个最小项在卡诺图相应的方格中填上 1，其余方格填上 0，通常 0 可以不填。例如，已知逻辑函数最小项表达式 $L(ABCD) = \sum(0,2,5,7,9,11,13,15)$，填好的卡诺图如图 5-18 所示。

2）已知真值表填卡诺图

在真值表中，找出使 $L=1$ 的乘积项，在卡诺图相应的最小项方格中填 1 即可。根据表 5-15 填好的卡诺图如图 5-19 所示。

图 5-18　$L(ABCD) = \sum(0,2,5,7,9,11,13,15)$ 的卡诺图

表 5-15 已知的真值表

十进制数	ABCD	L
0	0000	1
1	0001	0
2	0010	1
3	0011	0
4	0100	1
5	0101	0
6	0110	1
7	0111	0
8	1000	1
9	1001	0
10	1010	0
11	1011	0
12	1100	0
13	1101	1
14	1110	0
15	1111	1

图 5-19 填好的卡诺图

3）已知逻辑函数与或表达式填卡诺图

若已知的逻辑函数表达式不是最小项之和的形式，则一般的方法是先将其化成最小项之和的形式，再填卡诺图。但是当已知逻辑函数与或表达式时，可直接填卡诺图而不用将其化成最小项之和的形式。

例如，已知逻辑函数与或表达式 $L(ABCD) = A + \overline{B}C + \overline{A}BD + \overline{A}\overline{B}\overline{C}\overline{D}$，填卡诺图。

在根据逻辑函数与或表达式填卡诺图之前，首先要弄清楚以下两个问题。

第一，逻辑函数与或表达式中每个原变量和非变量在卡诺图中所在的区域。例如，对于原变量 A，通过补变量 $A = A(B+\overline{B}) \cdot (C+\overline{C}) \cdot (D+\overline{D}) = \sum(8,9,10,11,12,13,14,15)$ 可知，A 所在区域是卡诺图的下半部分。其他原变量或非变量情形相似，如图 5-20 所示。

第二，逻辑函数与或表达式中的每项在卡诺图中所在的区域。例如，对于 $\overline{B}C$ 项，通过补变量操作可得 $\overline{B}C = \overline{B}C \cdot (A+\overline{A}) \cdot (D+\overline{D}) = \sum(2,3,10,11)$，$\overline{B}C$ 项所在区域为 $\overline{B}$ 所在区域和 C 所在区域的交叠区域，同样可以证明 3 个变量的乘积项的所在区域是 3 个变量所在区域的交叠区域。

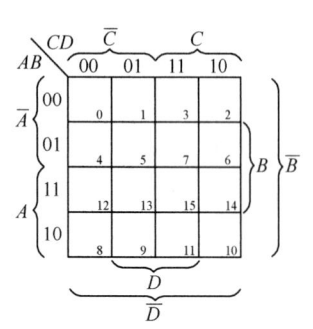

图 5-20 原变量、非变量所在区域分布图

在弄清楚上述两个问题的前提下，已知逻辑函数与或表达式填卡诺图的方法也就得到了，即把逻辑函数与或表达式中的每个乘积项（只含有一个变量和多个变量）在它所在区域的方格中填

1,当一个方格被填上两个或两个以上的 1 时,根据 1+1=1 的运算关系,只填一个 1。

根据逻辑函数与或表达式 $L(ABC) = (A + \overline{BC} + \overline{A}BD + \overline{ABCD})$ 填卡诺图如图 5-21 所示。其中,图 5-21(a)所示为按区域填 1 的过程示意图,图 5-21(b)所示为实际填好的卡诺图。

(a)按区域填 1 的过程示意图　　(b)实际填好的卡诺图

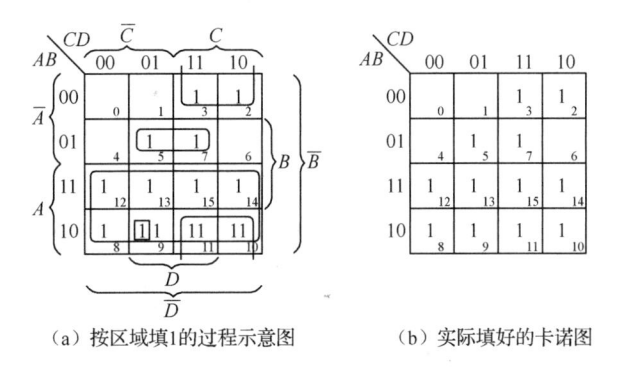

图 5-21　已知逻辑函数与或表达式填卡诺图

4.卡诺图化简

化简卡诺图的过程其实就是画包围圈的过程:把排列成矩形的 1 个、2 个、4 个、8 个相邻的填 1 方格画进同一个包围圈内,包围圈越大越好,包围圈的个数越少越好,同一个填 1 方格可多次被不同的包围圈包围,但是新包围圈必须有新的填 1 方格,单独的一个填 1 方格也不要漏掉。相邻的填 1 方格包括直接相邻、左右相邻、上下相邻和 4 角相邻 4 种情况,如图 5-22 所示。

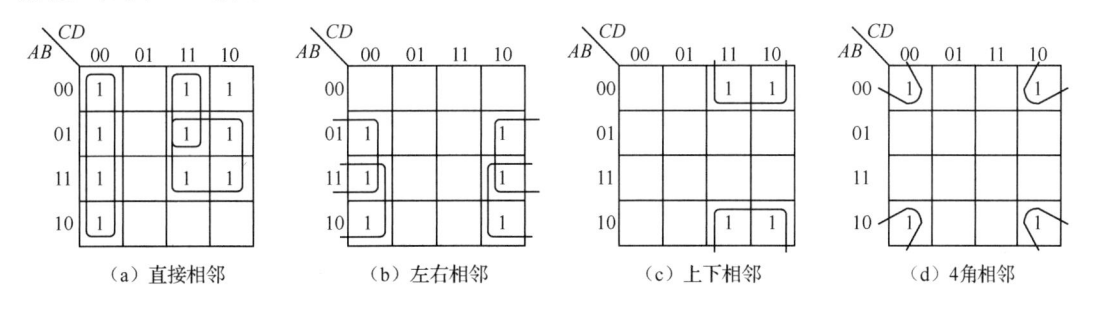

(a)直接相邻　　(b)左右相邻　　(c)上下相邻　　(d)4 角相邻

图 5-22　相邻的填 1 方格

用卡诺图化简逻辑函数表达式的步骤如下。

(1)画出卡诺图并根据逻辑函数表达式填 1。
(2)画出包含填 1 方格的包围圈。
(3)一个包围圈对应一个乘积项,写出各个包围圈的乘积项。
(4)把各个乘积项相加,即得最简的逻辑函数与或表达式。

例 5-1　已知逻辑函数表达式 $L(ABCD) = \sum(0,2,4,8,10,12,15)$,用卡诺图化简。

解:(1)画出卡诺图,并根据逻辑函数表达式填卡诺图,如图 5-23 所示。
(2)画出包围圈。
(3)写出各个包围圈的乘积项并相加得到最简的逻辑函数与或表达式。其中,

$L_1 = \sum(0,4,8,12) = \overline{C}\overline{D}$（0、4、8、12 是 $\overline{C}$ 和 $\overline{D}$ 所在区域的交叠区），$L_2 = \sum(0,2,8,10) = \overline{B}\overline{D}$（0、2、8、10 是 $\overline{B}$ 和 $\overline{D}$ 所在区域的交叠区），$L_3 = \sum(15) = ABCD$，故

$$L = \overline{C}\overline{D} + \overline{B}\overline{D} + ABCD$$

例 5-2 把下列逻辑函数表达式化成最简的逻辑函数与或表达式：

$$L_a(ABCD) = \sum(0,1,2,3,4,5,6,7,10,11)$$
$$L_b(ABCD) = \sum(0,1,2,5,6,7,10,11,14,15)$$
$$L_c(ABCD) = \sum(1,2,4,9,10,11,13,15)$$
$$L_d(ABCD) = \sum(1,5,6,7,11,12,13,15)$$

图 5-23 例 5-1 的卡诺图

解：(1) 画出逻辑函数表达式 L_a、L_b、L_c、L_d 的卡诺图，并根据 L_a、L_b、L_c、L_d 填卡诺图，如图 5-24 所示。

(2) 画出各个卡诺图内填 1 方格的包围圈。

(3) 求出各个卡诺图内各个包围圈相应的乘积项并相加得最简的逻辑函数与或表达式：

$$L_a(ABCD) = \overline{A} + \overline{B}C$$
$$L_b(ABCD) = BC + AC + \overline{A}\overline{B}\overline{D} + \overline{A}C\overline{D}$$
$$L_c(ABCD) = AD + \overline{B}C\overline{D} + \overline{B}CD + \overline{A}\overline{B}C\overline{D}$$
$$L_d(ABCD) = AB\overline{C} + \overline{A}BC + \overline{A}CD + ACD$$

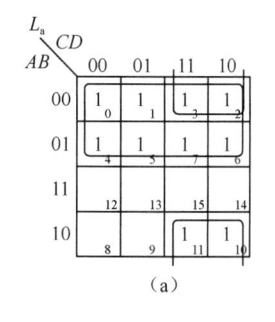

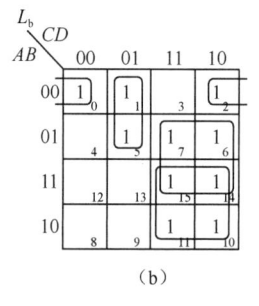

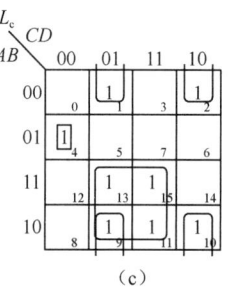

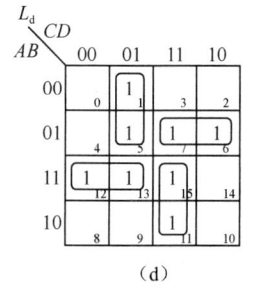

图 5-24 例 5-2 的 4 个卡诺图

n 个输入变量的逻辑函数表达式的所有 2^n 个最小项中有时会有一些最小项是受约束的项（不允许出现）或任意项（有这些项和无这些项对逻辑函数表达式没有影响），这些约束项和任意项统称无关最小项。由于无关最小项在逻辑函数表达式中要么不会出现，要么对逻辑函数表达式无影响，因此这些无关最小项在卡诺图中相应的方格中是 1 或 0 都无所谓；在填卡诺图时，把这些无关最小项在相应的方格中填"×"，以示区别；在画包围圈时，可根据需要把"×"当作 1，也可把"×"当作 0。

例 5-3 用卡诺图化简以下逻辑函数表达式：

$$L(ABCD) = \sum\nolimits_m(0,1,4,6,9,13) + \sum\nolimits_d(2,3,5,7,10,11,15)$$

式中，$\sum\nolimits_d(2,3,5,7,10,11,15)$ 中的 7 个最小项是无关最小项。

解：画出卡诺图，将 $\sum\nolimits_m(0,1,4,6,9,1,3)$ 中的最小项在卡诺图相应的方格中填 1，将

项目 5　三人表决电路的设计与制作

$\sum_d(2,3,5,7,10,11,15)$ 中的无关最小项在卡诺图相应的方格中填"×",如图 5-25（a）、（b）所示。

在图 5-25（a）中,只对填 1 方格画包围圈,并求出化简后的逻辑函数表达式：
$$L'(ABCD) = \overline{A}\overline{B}\overline{C} + \overline{A}C\overline{D} + \overline{A}\overline{B}\overline{D}$$

在图 5-25（b）中,充分利用"×"把包围圈画大,并求出化简后的逻辑函数表达式：
$$L(ABCD) = \overline{A} + D$$

显然,L 比 L' 简单,因此充分利用无关最小项把包围圈画大可以把逻辑函数表达式化简得更简单。

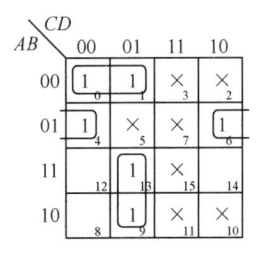

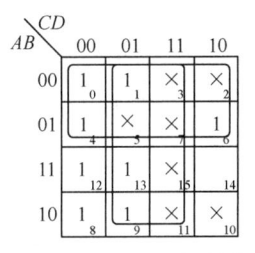

（a）没有利用无关最小项进行化简　　（b）充分利用无关最小项进行化简

图 5-25　例 5-3 的卡诺图

知识点 5　组合逻辑电路的分析

数字系统中有一类电路具有两个特点：其一,在电路结构上,均由门电路组成；其二,电路某一时刻的输出状态只取决于这一时刻的输入,而与过去的输入和输出状态无关。这一类电路称为组合逻辑电路,常用的组合逻辑电路有半加器、全加器、多位加法器、编码器、译码器、数据选择器、数值比较器等。

在组合逻辑电路中,已知逻辑电路,分析电路的逻辑功能的步骤如下。

（1）根据逻辑电路逐级写出逻辑函数表达式,直到写出最终输出的逻辑函数表达式。

（2）根据逻辑函数表达式列出真值表。

（3）根据逻辑函数表达式和真值表分析电路的逻辑功能。

例 5-4　已知逻辑电路图如图 5-26 所示,分析其逻辑功能。

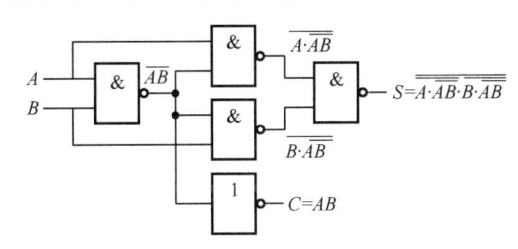

图 5-26　逻辑电路图

解：逐级写出逻辑函数表达式,直到写出最终输出的逻辑函数表达式：
$$S = \overline{\overline{A \cdot \overline{AB}} \cdot \overline{B \cdot \overline{AB}}}$$
$$C = AB$$

根据逻辑函数表达式列出真值表。首先用德摩根定律对 S 进行变换：

$$S = \overline{\overline{A \cdot \overline{AB}} \cdot \overline{B \cdot \overline{AB}}} = A \cdot \overline{AB} + B \cdot \overline{AB} = A(\overline{A}+\overline{B}) + B(\overline{A}+\overline{B})$$
$$= A\overline{A} + A\overline{B} + \overline{A}B + B\overline{B} = A\overline{B} + \overline{A}B = A \oplus B$$

根据 $S = A \oplus B$ 和 $C=AB$ 得如表 5-16 所示的真值表。

根据逻辑函数表达式和真值表分析电路的逻辑功能。由真值表可以看出，把输入变量 A 当作加数，B 当作被加数，则 S 为和，C 为进位。因此，图 5-26 所示为两个一位二进制数的加法器，称为半加器。在组合逻辑电路中，半加器有它的专用逻辑符号，如图 5-27 所示。

表 5-16　真值表

输 入 变 量		输 出 变 量	
A	B	C	S
0	0	0	0
0	1	0	1
1	0	0	1
1	1	1	0

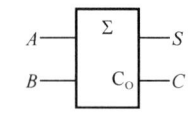

图 5-27　半加器的专用逻辑符号

知识点 6　组合逻辑电路的设计

根据逻辑功能要求，设计组合逻辑电路的步骤如下。
（1）根据逻辑功能要求得出输入、输出的逻辑规定。
（2）根据逻辑规定列出真值表。
（3）根据真值表，用卡诺图进行化简，得到最简的逻辑函数表达式。
（4）根据最简的逻辑函数表达式画出逻辑电路。

组合逻辑电路的设计

例 5-5　设计一位二进制数加法器，输入项包括两个一位二进制加数 A_i、B_i，来自低位的进位 C_{i-1}；输出项包括和数 S 和向高位的进位 C_i。

解：（1）列出真值表。根据以上逻辑功能和逻辑规定列出真值表，如表 5-17 所示。

表 5-17　例 5-5 的真值表

A_i	B_i	C_{i-1}	S	C_i
0	0	0	0	0
0	0	1	1	0
0	1	0	1	0
0	1	1	0	1
1	0	0	1	0
1	0	1	0	1
1	1	0	0	1
1	1	1	1	1

（2）本例中 S 的卡诺图都是独立的包围圈，因此无法使用卡诺图进行化简，可以用公式法进行化简：

$$S = \overline{A_i}\overline{B_i}C_{i-1} + \overline{A_i}B_i\overline{C_{i-1}} + A_i\overline{B_i}\overline{C_{i-1}} + A_iB_iC_{i-1}$$
$$= (\overline{A_i}\overline{B_i} + A_iB_i)C_{i-1} + (\overline{A_i}B_i + A_i\overline{B_i})\overline{C_{i-1}}$$
$$= \overline{(A_i \oplus B_i)}C_{i-1} + (A_i \oplus B_i)\overline{C_{i-1}}$$
$$= A_i \oplus B_i \oplus C_{i-1}$$

同样，使用公式化简 C_i：

$$C_i = \overline{A_i}B_iC_{i-1} + A_i\overline{B_i}C_{i-1} + A_iB_i\overline{C_{i-1}} + A_iB_iC_{i-1}$$
$$= (\overline{A_i}B_i + A_i\overline{B_i})C_{i-1} + A_iB_i(\overline{C_{i-1}} + C_{i-1})$$
$$= (A_i \oplus B_i)C_{i-1} + A_iB_i$$

（3）画出逻辑电路，如图5-28所示。

可以处理低位进位的二进制数加法器称为全加器。全加器的专用逻辑符号如图5-29所示。如果将低位进位输入端接地，即没有进位输入，那么这就是一个半加器。

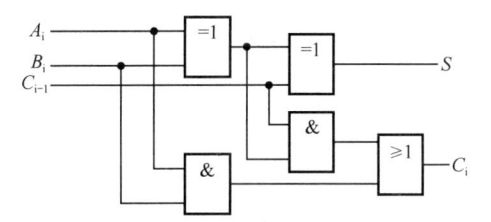

图5-28 一位二进制数加法器逻辑电路

图5-29 全加器的专用逻辑符号

例5-6 设计两个一位二进制数数值比较器，比较结果有等于、大于、小于3种。

解：（1）逻辑规定。令两个一位二进制数分别是 A、B，3个输出分别为 L_1（$A=B$）、L_2（$A>B$）、L_3（$A<B$）。

（2）列出真值表。根据以上逻辑功能和逻辑规定列出真值表，如表5-18所示。

（3）由真值表写出逻辑函数表达式：

$$L_1(A = B) = \overline{A}\overline{B} + AB = \overline{A \oplus B} = \overline{A\overline{B} + \overline{A}B}$$
$$L_2(A > B) = A\overline{B}$$
$$L_3(A < B) = \overline{A}B$$

（4）画出逻辑电路，如图5-30所示。

表5-18 两个一位二进制数数值比较器的真值表

输	入	输	出	
A	B	L_1（A=B）	L_2（A>B）	L_3（A<B）
0	0	1	0	0
0	1	0	0	1
1	0	0	1	0
1	1	1	0	0

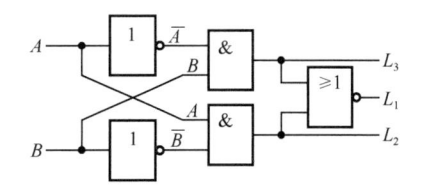

图5-30 两个一位二进制数数值比较器逻辑电路

知识点 7　组合逻辑电路的竞争与冒险

由于传输延迟时间的存在，输入信号经过门电路后，会经过一定的延迟后输出。组合逻辑电路的竞争是指同一输入信号经过不同途径到达同一门的输入端时，由于不同途径的传输延迟时间不一致，使得到达同一门的输入端时有先有后。如图 5-31（a）所示，输入信号 A 一路经过非门，另一路直接经传输线，两者均输入与门的输入端。由于非门会产生延迟，因此两者到达与门的输入端的传输时间不一致，存在竞争。组合逻辑电路的冒险是指由于竞争的存在，导致在输出端产生尖峰干扰。由于图 5-31（a）所示的电路在与门的输入端存在竞争而导致输出端出现尖峰干扰，如图 5-31（b）所示。

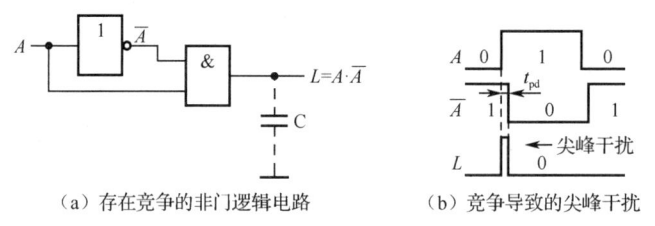

（a）存在竞争的非门逻辑电路　　（b）竞争导致的尖峰干扰

图 5-31　组合逻辑电路的竞争与冒险

在实际应用中，如果组合逻辑电路的逻辑关系是正确的，但是电路的工作不正常，那么这时应想到电路是否存在干扰，其中包含由竞争与冒险产生的尖峰干扰。

消除尖峰干扰的方法很多，其中最简单的方法是在产生尖峰干扰的输出端到电路地之间接一个数百皮法的小电容，如图 5-31（a）中的与门输出端虚线所接的电容 C。另外，还有包括加封锁脉冲法、加选通脉冲法和修改逻辑设计法等方法。

项目实施　三人表决电路的设计与制作

1. 三人表决电路的设计

（1）逻辑规定。三人表决电路中具有否决权的一方给出的结果用 A 表示，其余两方给出的结果分别用 B、C 表示，同意即为 1，不同意即为 0，表决结果用 Y 表示。当具有否决权的一方同意且另两方中至少一方同意时，该次决议通过，用 $Y=1$ 表示；否则决议不通过，$Y=0$。

（2）列出真值表，如表 5-19 所示。

表 5-19　真值表

A	B	C	Y
0	0	0	0
0	0	1	0
0	1	0	0
0	1	1	0
1	0	0	0
1	0	1	1

A	B	C	Y
1	1	0	1
1	1	1	1

（3）根据真值表得到逻辑函数表达式：$Y = A\bar{B}C + AB\bar{C} + ABC$。

通过化简得到最简的逻辑函数表达式：$Y = AC + AB$。

（4）画出逻辑电路图，如图 5-1 所示。本项目可以在数字逻辑实验箱上制作并测试，安装集成芯片时注意方向不要插反。

2．仪器仪表及材料

完成本项目可能需要的仪器仪表及材料如表 5-20 所示。

表 5-20 完成本项目可能需要的仪器仪表及材料

序 号	名 称	型号或规格	数 量	备 注
1	数字万用表	DT9205	1个	
2	数字逻辑实验箱	THDL-1	1台	
3	集成四2输入与门	74HC08	1片	
4	集成四2输入或门	74HC32	1片	

习题 5

5-1 画出 10 种门电路的逻辑符号，写出它们的逻辑函数表达式，列出它们的真值表。

5-2 图 5-32 中的各个门电路都是 TTL 门，写出各个门电路的输出状态（0、1 或高阻）或逻辑函数表达式。

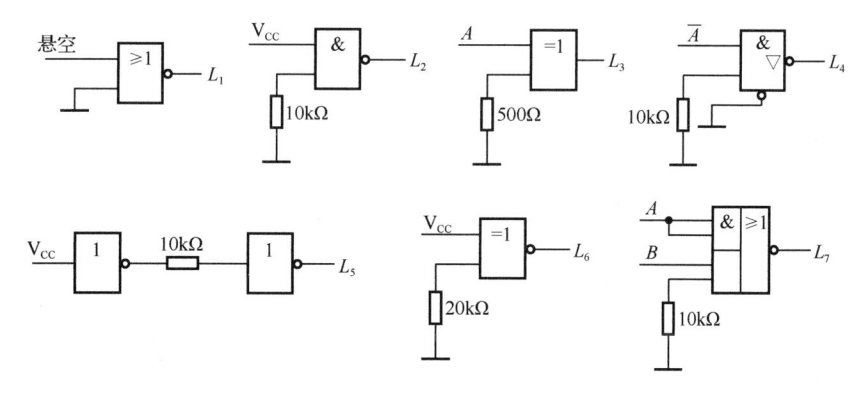

图 5-32 习题 5-2 图

5-3 图 5-33 中的各个门电路都是 CMOS 门电路，写出各个门电路的输出状态（0、1或高阻）或逻辑函数表达式。

5-4 在如图 5-34（a）所示的电路中，已知输入电压 U_i 的波形如图 5-34（b）所示，试画出输出电压的波形，其中，G_1 为 TTL 与非门，G_2 为 CMOS 非门。

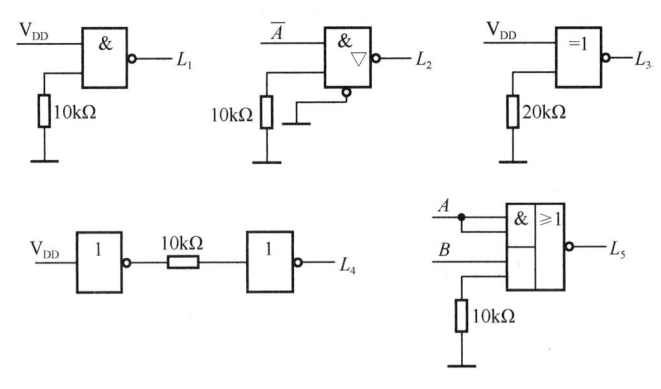

图 5-33 习题 5-3 图

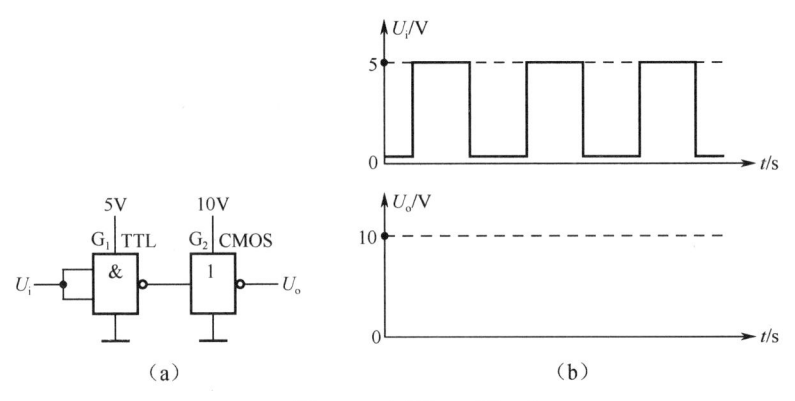

图 5-34 习题 5-4 图

5-5 在如图 5-35（a）所示的电路中，已知 U_i 的波形如图 5-35（b）所示，试画出 U_{o1}、U_{o2}、U_o 的波形，其中，G_1 为 TTL 与非门，G_2 为 TTL OC 门，G_3 为 CMOS 非门。

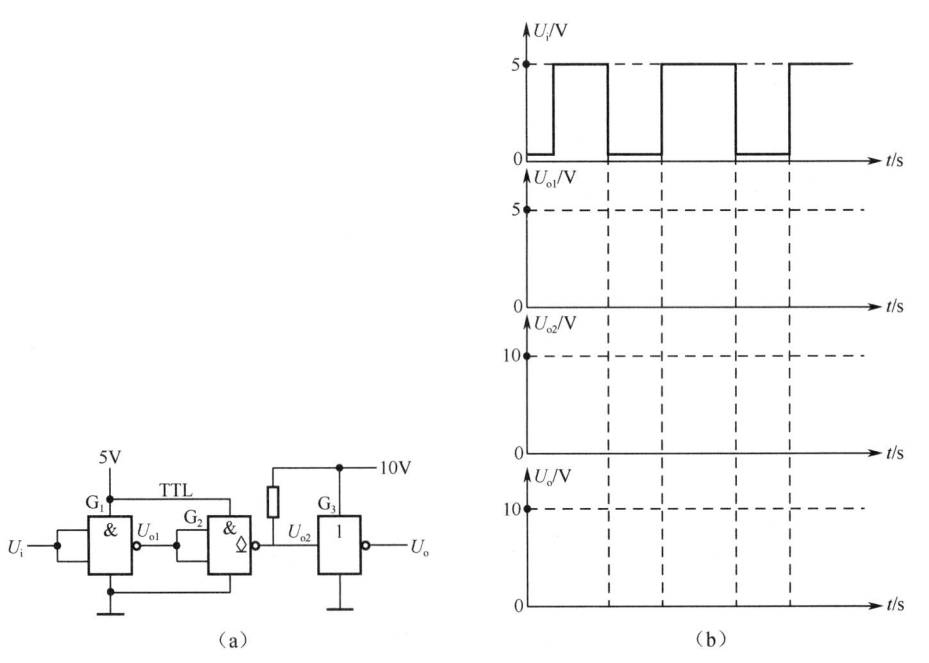

图 5-35 习题 5-5 图

5-6 图 5-36（a）所示为 TTL 与非门，图 5-36（b）所示为 CMOS 与非门，试计算电源提供给电路的电流 I_a 和 I_b。

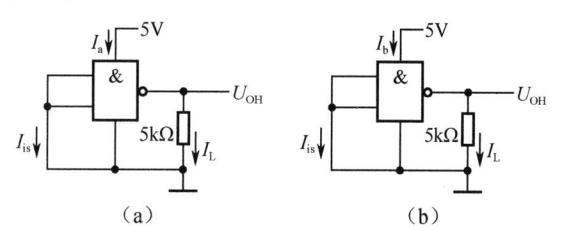

图 5-36 习题 5-6 图

5-7 在如图 5-37（a）所示的电路中，非门是 CMOS 非门，u_i 和 u_o 分别是非门的输入和输出信号，其波形如图 5-37（b）所示。当 u_i 信号频率升高时，非门的温升也随着升高，这种现象是否正常？试说明理由。

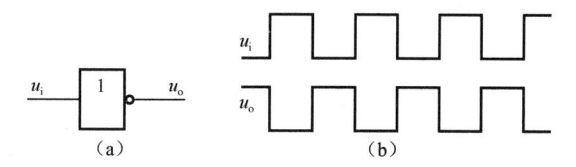

图 5-37 习题 5-7 图

5-8 在如图 5-38（a）所示的电路中，一个非门是 TTL 非门，一个非门是 CMOS 非门，所加的电源电压都是 5V，所加的输入信号也是一样的，试在图 5-38（b）中画出两个非门的输出电压波形。

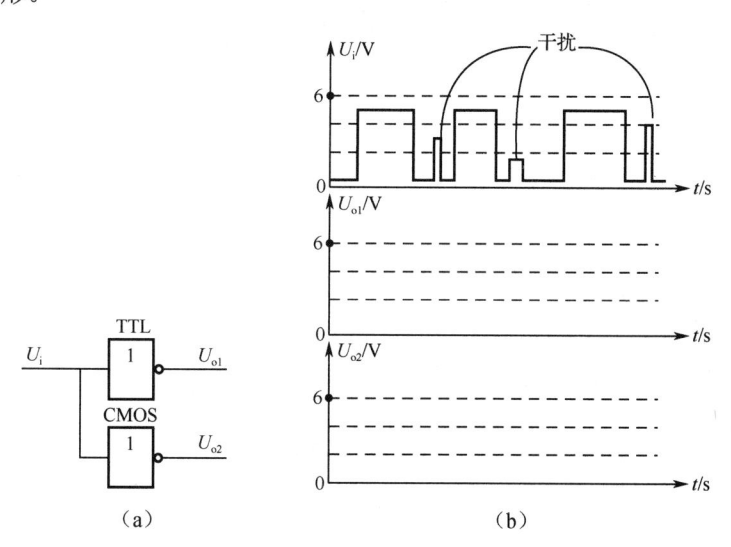

图 5-38 习题 5-8 图

5-9 把下列二进制数转换成等值的十六进制数和十进制数。

（1）$(11000011)_2$。

（2）$(1010101)_2$。

（3）$(1101.0111)_2$。

(4) $(110.011)_2$。

5-10 把下列十六进制数转换为等值的二进制数和十进制数。

(1) $(2A5)_{16}$。

(2) $(101)_{16}$。

(3) $(3F.1)_{16}$。

(4) $(10.01)_{16}$。

5-11 把下列十进制数转换为对应的二进制数和 BCD 码。

(1) $(7)_{10}$。

(2) $(13)_{10}$。

(3) $(256)_{10}$。

5-12 有两个完全相同的逻辑问题，它们的逻辑函数表达式是否可以不一样？它们的逻辑电路是否可以不一样？它们的真值表是否可以不一样？

5-13 试用自己的语言说出：

(1) 根据真值表写出逻辑函数表达式的方法。

(2) 根据逻辑函数表达式列出真值表的方法。

(3) 根据逻辑电路图写出逻辑函数表达式的方法。

(4) 根据逻辑函数表达式画出逻辑电路图的方法。

5-14 已知逻辑电路图如图 5-39 所示，试写出它的输出逻辑函数表达式，并通过转化写出逻辑函数最小项表达式，列出真值表。

5-15 已知逻辑电路图如图 5-40 所示，试写出它的输出逻辑函数表达式，并通过转化写出它的逻辑函数最小项表达式，列出真值表。

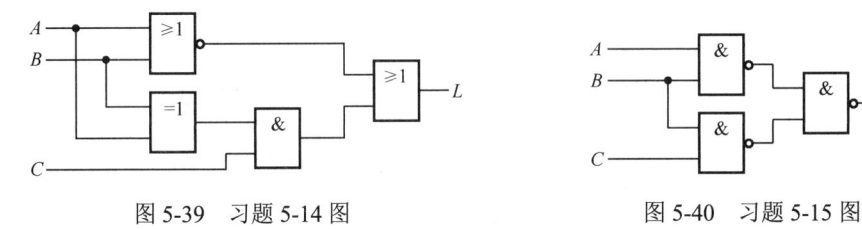

图 5-39 习题 5-14 图　　　图 5-40 习题 5-15 图

5-16 已知逻辑函数表达式 $L = AB + \overline{\overline{BC}(\overline{C} + \overline{D})}$，试列出真值表，并画出逻辑电路图。

5-17 已知真值表如表 5-21 所示，试写出逻辑函数表达式，画出逻辑电路图。

表 5-21 习题 5-17 表

A	B	C	L
0	0	0	1
0	0	1	0
0	1	0	1
0	1	1	0
1	0	0	1
1	0	1	0
1	1	0	0
1	1	1	0

5-18 用卡诺图化简下列逻辑函数表达式为最简与或表达式。

(1) $Y(ABC) = \overline{AB} + AC + \overline{BC}$。

(2) $Y(ABCD) = \overline{AB} + AB\overline{C} + B\overline{D}C + \overline{A\overline{B}D} + C$。

(3) $Y(ABCD) = \sum(m_0 m_1 m_2 m_3 m_4 m_6 m_8 m_9 m_{11} m_{14})$。

(4) $Y(ABCD) = \sum_m(0,6,9,10,12,15,) + \sum_d(2,7,8,11,13,14)$。

5-19 用与非门设计四变量的多数表决电路，当输入变量 A_3、A_2、A_1、A_0 有 3 个或 3 个以上为 1 时，输出为 1；其余输入时的输出为 0。

项目6 四路抢答器的制作

学习目标

- 了解编码器、译码器、数据选择器、缓冲器等常用接口芯片的逻辑功能。
- 掌握常用接口芯片的基本使用方法。
- 掌握 LED 数码显示电路的设计和制作。

工作任务

设计并在数字逻辑实验箱上制作数码管显示的四路输入抢答器,带有总控制输入按钮。画出电路原理图和布线图,进行功能测试和故障排除,撰写项目制作测试报告。

四路抢答器参考电路原理图如图 6-1 所示。

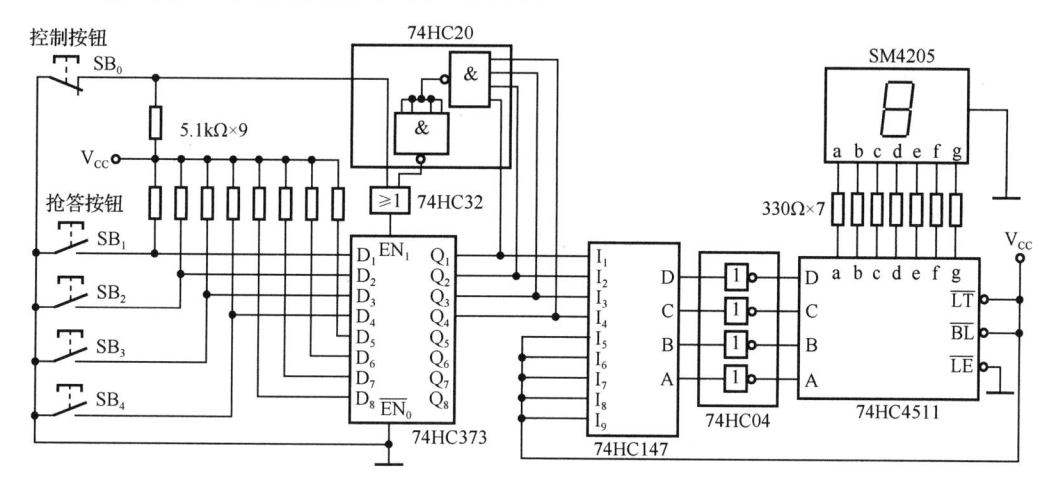

图 6-1 四路抢答器参考电路原理图

技能训练 22　数据选择器逻辑功能测试

完成本任务所需仪器仪表及材料如表 6-1 所示。

数据选择器逻辑功能的测试

表 6-1　完成本任务所需仪器仪表及材料

序　号	名　　称	型号或规格	数　量	备　注
1	数字万用表	DT9205	1 只	
2	20MHz 双踪示波器	YB4320A	1 台	
3	函数信号发生器	DF1641A	1 台	
4	数字逻辑实验箱	THDL-1	1 台	
5	集成数据选择器	74HC151	1 片	
6	集成模拟开关	CD4051	1 片	

任务书 6-1

任务书 6-1 如表 6-2 所示。

表 6-2　任务书 6-1

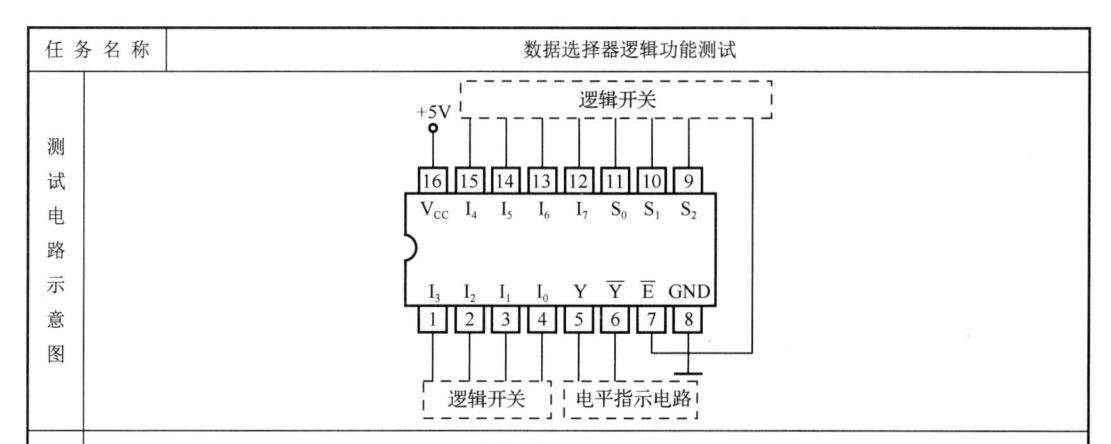

任务名称	数据选择器逻辑功能测试		
测试电路示意图	（74HC151 引脚图：16-V_{CC}, 15-I_4, 14-I_5, 13-I_6, 12-I_7, 11-S_0, 10-S_1, 9-S_2；1-I_3, 2-I_2, 3-I_1, 4-I_0, 5-Y, 6-$\overline{Y}$, 7-$\overline{E}$, 8-GND。+5V 接 V_{CC}，逻辑开关接输入，电平指示电路接输出）		
步骤	（1）如上图所示，将 74HC151 插入数字逻辑实验箱的 DIP16 插座中，连接电源线 V_{CC} 和地线 GND，连接输入线 $I_7 \sim I_0$、$S_2 \sim S_0$、$\overline{E}$ 至逻辑开关，输出线 Y 和 $\overline{Y}$ 接电平指示电路。 （2）检查无误后接通电源。 （3）填写下表。		

$\overline{E}$	S_2　S_1　S_0	I_7　I_6　I_5　I_4　I_3　I_2　I_1　I_0	Y	$\overline{Y}$
H	×　×　×	×　×　×　×　×　×　×　×		
L	0　0　0	0　×　×　×　×　×　×　×		
L	0　0　0	1　×　×　×　×　×　×　×		
L	0　0　1	×　0　×　×　×　×　×　×		
L	0　0　1	×　1　×　×　×　×　×　×		
L	0　1　0	×　×　0　×　×　×　×　×		
L	0　1　0	×　×　1　×　×　×　×　×		
L	0　1　1	×　×　×　0　×　×　×　×		
L	0　1　1	×　×　×　1　×　×　×　×		
L	1　0　0	×　×　×　×　0　×　×　×		
L	1　0　0	×　×　×　×　1　×　×　×		
L	1　0　1	×　×　×　×　×　0　×　×		
L	1　0　1	×　×　×　×　×　1　×　×		
L	1　1　0	×　×　×　×　×　×　0　×		
L	1　1　0	×　×　×　×　×　×　1　×		
L	1　1　1	×　×　×　×　×　×　×　0		
L	1　1　1	×　×　×　×　×　×　×　1		

续表

任务名称	数据选择器逻辑功能测试
步骤	(4) 设置 $\overline{E}$ 引脚为高电平（1），观察 Y 和 $\overline{Y}$ 引脚的电平并填入上表，随意设置 $I_7\sim I_0$ 或 $S_2\sim S_0$ 引脚为高或低电平，观察 Y 和 $\overline{Y}$ 引脚的电平_____（有、无）改变。 (5) 设置 $\overline{E}$ 引脚为低电平（0），将 $S_2\sim S_0$ 引脚分别设置为 000、001、010、011、100、101、110、111，改变 $I_7\sim I_0$ 引脚的输入电平，观察 Y 和 $\overline{Y}$ 引脚的电平并填入上表，确定 Y 与 I 的关系。 当 $S_2S_1S_0$=001 时，Y=_____（$I_7\sim I_0$ 中选择）。 当 $S_2S_1S_0$=010 时，Y=_____（$I_7\sim I_0$ 中选择）。 当 $S_2S_1S_0$=011 时，Y=_____（$I_7\sim I_0$ 中选择）。 当 $S_2S_1S_0$=100 时，Y=_____（$I_7\sim I_0$ 中选择）。 当 $S_2S_1S_0$=101 时，Y=_____（$I_7\sim I_0$ 中选择）。 当 $S_2S_1S_0$=110 时，Y=_____（$I_7\sim I_0$ 中选择）。 当 $S_2S_1S_0$=111 时，Y=_____（$I_7\sim I_0$ 中选择）。
结论	74HC151 是一片数据选择器。$I_7\sim I_0$ 为数据输入引脚；Y/$\overline{Y}$ 为数据输出引脚；$S_2\sim S_0$ 为数据输入选择引脚；$\overline{E}$ 为数据输入允许控制位，低电平有效

知识点　数据选择器

从多路数据中有选择地把其中一路送到输出总线上的组合逻辑电路称为数据选择器。八选一数据选择器 CC4512 的功能原理示意图和逻辑电路框图分别如图 6-2（a）、（b）所示。

(a) CC4512 的功能原理示意图　　(b) CC4512 的逻辑电路框图

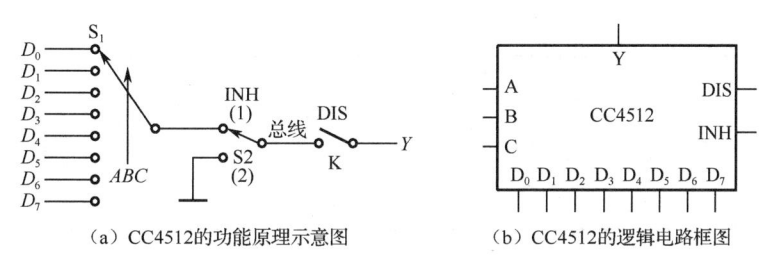

图 6-2　CC4512 的功能原理示意图和逻辑电路框图

在图 6-2(a)中，$D_7 \sim D_0$ 是被选择的输入数据，S_1 是由 ABC 控制的选择开关，当 ABC=000 时，S_1 接通 D_0；当 ABC=001 时，S_1 接通 D_1，依次类推，当 ABC 为 111 时，S_1 接通 D_7。DIS 为三态控制输入，当 DIS=0 时，K 合上，Y 可以为 0 或 1；当 DIS=1 时，K 断开，Y 为高阻状态。INH 为禁止输入控制信号，当 INH=0 时，S_2 指向(1)，$D_7 \sim D_0$ 被选择后和总线接通；当 INH=1 时，S_2 指向(2)，总线的信号为 0，输入数据 $D_7 \sim D_0$ 被禁止送出。在正常工作时，DIS、INH 均应接低电平。CC4512 的功能表如表 6-3 所示。

表 6-3　CC4512 的功能表

输 入 信 号						输 出 信 号
DIS	INH	A	B	C		Y
1	×	×	×	×		高阻
0	1	×	×	×		0
0	0	0	0	0		D_0
0	0	0	0	1		D_1
0	0	0	1	0		D_2
0	0	0	1	1		D_3
0	0	1	0	0		D_4
0	0	1	0	1		D_5
0	0	1	1	0		D_6
0	0	1	1	1		D_7

集成数据选择器的品种较多，除八选一外，还有四选一、十六选一。其中有原码输出，也有反码输出，有 CMOS 数据选择器，也有 TTL 数据选择器。例如，既有原码又有反码互补输出的八选一数据选择器 CC74H354/356，双四选一数据选择器 CC14529，反码输出的十六选一数据选择器 54/74150 等。

数据选择器对输入的数字信号进行选择性输出。对于模拟信号，能够进行选择输出的芯片是多路模拟开关，常用芯片如 CD4051/2/3、CD4066/7 等，两者是不能互换使用的。

技能训练 23　译码器逻辑功能测试

完成本任务所需仪器仪表及材料如表 6-4 所示。

译码器逻辑功能的测试

表 6-4　完成本任务所需仪器仪表及材料

序　号	名　　称	型　　号	数　　量	备　注
1	数字万用表	DT9205	1 个	
2	数字逻辑实验箱	THDL-1	1 台	
3	集成数据译码器	74HC138	1 片	

任务书 6-2

任务书 6-2 如表 6-5 所示。

表6-5　任务书6-2

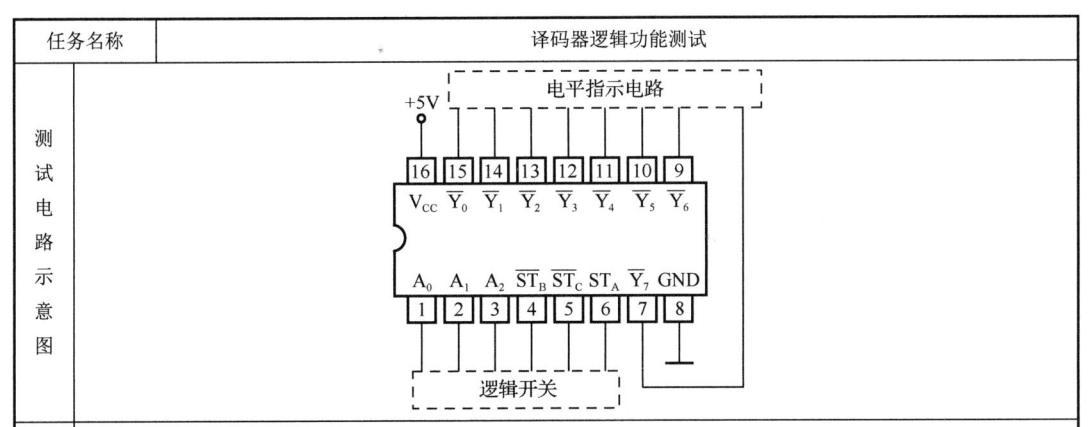

任务名称	译码器逻辑功能测试
测试电路示意图	(电路示意图：74HC138 芯片引脚连接示意图，16脚V_{CC}接+5V，15-9脚为$\overline{Y_0}$~$\overline{Y_6}$接电平指示电路，1-3脚为A_0、A_1、A_2，4脚$\overline{ST_B}$，5脚$\overline{ST_C}$，6脚ST_A，7脚$\overline{Y_7}$，8脚GND，输入接逻辑开关)

（1）如上图所示，将 74HC138 插入数字逻辑实验箱的 DIP16 插座中，连接电源线 V_{CC} 和地线 GND，连接输入引脚 A_2、A_1、A_0 和 ST_A、$\overline{ST_B}$、$\overline{ST_C}$ 至数字逻辑实验箱的逻辑开关，连接 $\overline{Y_7}$~$\overline{Y_0}$ 引脚至电平指示电路，检查无误后接通电源。

（2）填写下表。

输入引脚						输出引脚							
ST_A	$\overline{ST_B}$	$\overline{ST_C}$	A_2	A_1	A_0	$\overline{Y_0}$	$\overline{Y_1}$	$\overline{Y_2}$	$\overline{Y_3}$	$\overline{Y_4}$	$\overline{Y_5}$	$\overline{Y_6}$	$\overline{Y_7}$
0	×	×	×	×	×								
1	1	×	×	×	×								
1	×	1	×	×	×								
1	0	0	0	0	0								
1	0	0	0	0	1								
1	0	0	0	1	0								
1	0	0	0	1	1								
1	0	0	1	0	0								
1	0	0	1	0	1								
1	0	0	1	1	0								
1	0	0	1	1	1								

（3）当 ST_A 为低电平时，测试 $\overline{Y_7}$~$\overline{Y_0}$ 引脚的输出电平为_____。

结论	要保证 74HC138 正常的译码功能，需要同时满足 ST_A=1，$\overline{ST_B}$=$\overline{ST_C}$=0 的条件。74HC138 能把 $A_2A_1A_0$ 的每种代码组合译成输出引脚 $\overline{Y_7}$~$\overline{Y_0}$ 中对应的低电平

项目 6 四路抢答器的制作

知识点　译码器

译码器是把各种二进制代码转换成与之相对应的按十进制数编号的输出为高电平或低电平的逻辑电路。常用的译码器有 3 线-8 线译码器、4 线-16 线译码器和 4 线-10 线译码器。

3 线-8 线译码器 74HC138 的逻辑电路框图、输出和输入之间的逻辑函数表达式与功能表分别如图 6-3、式（6-1）、表 6-6 所示。

图 6-3　74HC138 的逻辑电路框图

$$\begin{cases} \overline{Y_0} = \overline{\overline{A_2}\,\overline{A_1}\,\overline{A_0}} = \overline{m_0} \\ \overline{Y_1} = \overline{\overline{A_2}\,\overline{A_1}\,A_0} = \overline{m_1} \\ \overline{Y_2} = \overline{\overline{A_2}\,A_1\,\overline{A_0}} = \overline{m_2} \\ \overline{Y_3} = \overline{\overline{A_2}\,A_1\,A_0} = \overline{m_3} \\ \overline{Y_4} = \overline{A_2\,\overline{A_1}\,\overline{A_0}} = \overline{m_4} \\ \overline{Y_5} = \overline{A_2\,\overline{A_1}\,A_0} = \overline{m_5} \\ \overline{Y_6} = \overline{A_2\,A_1\,\overline{A_0}} = \overline{m_6} \\ \overline{Y_7} = \overline{A_2\,A_1\,A_0} = \overline{m_7} \end{cases} \tag{6-1}$$

表 6-6　74HC138 的功能表

输入信号					输出信号							
ST_A	$\overline{ST_B}+\overline{ST_C}$	A_2	A_1	A_0	$\overline{Y_0}$	$\overline{Y_1}$	$\overline{Y_2}$	$\overline{Y_3}$	$\overline{Y_4}$	$\overline{Y_5}$	$\overline{Y_6}$	$\overline{Y_7}$
0	×	×	×	×	1	1	1	1	1	1	1	1
×	1	×	×	×	1	1	1	1	1	1	1	1
1	0	0	0	0	0	1	1	1	1	1	1	1
1	0	0	0	1	1	0	1	1	1	1	1	1
1	0	0	1	0	1	1	0	1	1	1	1	1
1	0	0	1	1	1	1	1	0	1	1	1	1
1	0	1	0	0	1	1	1	1	0	1	1	1
1	0	1	0	1	1	1	1	1	1	0	1	1
1	0	1	1	0	1	1	1	1	1	1	0	1
1	0	1	1	1	1	1	1	1	1	1	1	0

由式（6-1）和表6-6可以看出，$\overline{Y_7} \sim \overline{Y_0}$ 是变量 $A_2 \sim A_0$ 对应的最小项反码输出端，而 ST_A、$\overline{ST_B}$、$\overline{ST_C}$ 是译码器的3个控制输入端，当 $ST_A=1$，$\overline{ST_B}=\overline{ST_C}=0$ 时，译码器正常工作。当 $ST_A=0$ 时，无论 $\overline{ST_B}$、$\overline{ST_C}$ 是什么状态，或者当 $\overline{ST_B}+\overline{ST_C}=1$ 时，无论 ST_A 是什么状态，译码器均不工作，$\overline{Y_7} \sim \overline{Y_0}$ 全部输出为1。

图6-4所示为使用74HC138的3个输入引脚 $A_2 \sim A_0$ 控制8个LED的连线图。其中，当 $A_2A_1A_0$=000 时，$\overline{Y_0}$=0，VD_0 亮。依次类推，当 $A_2A_1A_0$=111 时，$\overline{Y_7}$=0，VD_7 亮。

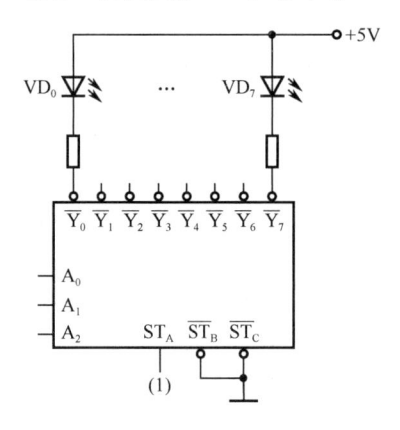

图6-4　74HC138正常译码时的连线图

技能训练24　编码器逻辑功能测试

完成本任务所需仪器仪表及材料如表6-7所示。

编码器逻辑功能的测试

表6-7　完成本任务所需仪器仪表及材料

序　号	名　　称	型号或规格	数　量	备　注
1	数字万用表	DT9205	1个	
2	数字逻辑实验箱	THDL-1	1台	
3	集成数据编码器	74HC147	1片	

任务书 6-3

任务书 6-3 如表 6-8 所示。

表 6-8 任务书 6-3

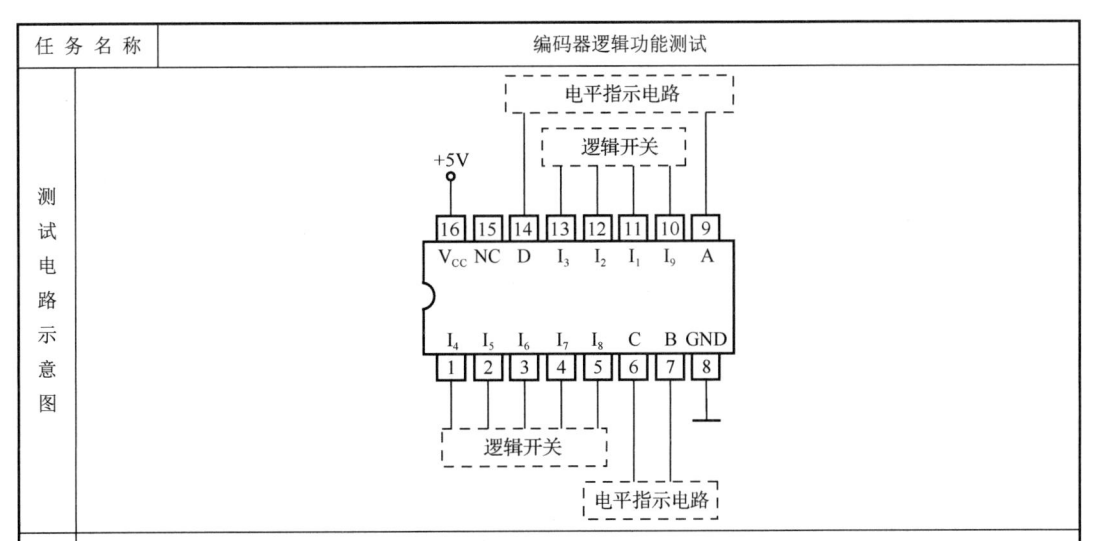

任务名称	编码器逻辑功能测试												
测试电路示意图	（电路示意图：74HC147 芯片引脚连接图，引脚 16 为 V_{CC} 接 +5V，15 为 NC，14 为 D，13 为 I_3，12 为 I_2，11 为 I_1，10 为 I_9，9 为 A；引脚 1 为 I_4，2 为 I_5，3 为 I_6，4 为 I_7，5 为 I_8，6 为 C，7 为 B，8 为 GND；逻辑开关接输入，电平指示电路接输出）												
步骤	（1）如上图所示，将 74HC147 插入数字逻辑实验箱的 DIP16 插座中，连接电源线 V_{CC} 和地线 GND，连接输入引脚 $I_9 \sim I_1$ 至数字逻辑实验箱的逻辑开关，连接输出引脚 A、B、C、D 至电平指示电路，检查无误后接通电源。 （2）设置 $I_9 \sim I_1$ 引脚全为高电平，测试输出引脚 A、B、C、D 的电平值，$ABCD=$_____。 （3）依次设置 $I_9 \sim I_1$ 引脚为低电平，测试输出引脚 A、B、C、D 的电平值，填写下表。												
	输入引脚									输出引脚			
	I_1	I_2	I_3	I_4	I_5	I_6	I_7	I_8	I_9	D	C	B	A
	1	1	1	1	1	1	1	1	1				
	0	1	1	1	1	1	1	1	1				
	×	0	1	1	1	1	1	1	1				
	×	×	0	1	1	1	1	1	1				
	×	×	×	0	1	1	1	1	1				
	×	×	×	×	0	1	1	1	1				
	×	×	×	×	×	0	1	1	1				
	×	×	×	×	×	×	0	1	1				
	×	×	×	×	×	×	×	0	1				
	×	×	×	×	×	×	×	×	0				
结论	74HC147 的功能与 74HC138 的功能刚好相反，74HC138 能把二进制形式的某种代码组合译成输出引脚编号对应的低电平，是一个译码过程；74HC147 能把输入低电平的引脚编号编成二进制代码输出，是一个编码过程												

知识点　编码器

编码器是把用十进制数编号代表的一系列不同的事件转换成与十进制数对应的各种代码的逻辑电路，相对于译码器刚好是一个相反的过程。常用的编码器有 8 线-3 线编码器（如 74HC148）、10 线-4 线编码器（如 TTL 系列的 74HC147）等。

图 6-5 和表 6-9 所示分别为 10 线-4 线编码器 74HC147 的逻辑电路框图和功能表。

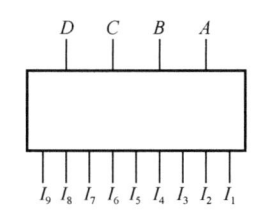

图 6-5　74HC147 的逻辑电路框图

表 6-9　74HC147 的功能表

输入信号									输出信号			
I_1	I_2	I_3	I_4	I_5	I_6	I_7	I_8	I_9	D	C	B	A
1	1	1	1	1	1	1	1	1	1	1	1	1
0	1	1	1	1	1	1	1	1	1	1	1	0
×	0	1	1	1	1	1	1	1	1	1	0	1
×	×	0	1	1	1	1	1	1	1	1	0	0
×	×	×	0	1	1	1	1	1	1	0	1	1
×	×	×	×	0	1	1	1	1	1	0	1	0
×	×	×	×	×	0	1	1	1	1	0	0	1
×	×	×	×	×	×	0	1	1	1	0	0	0
×	×	×	×	×	×	×	0	1	0	1	1	1
×	×	×	×	×	×	×	×	0	0	1	1	0

技能训练 25　LED 显示译码电路的制作

完成本任务所需仪器仪表及材料如表 6-10 所示。

表 6-10　完成本任务所需仪器仪表及材料

序号	名称	型号或规格	数量	备注
1	数字万用表	DT9205	1 个	
2	数字逻辑实验箱	THDL-1	1 台	
3	数字显示译码器	74HC4511	1 片	
4	共阴数码显示器	SM4205	1 片	
5	电阻	330Ω	7 只	

任务书 6-4

任务书 6-4 如表 6-11 所示。

表 6-11 任务书 6-4

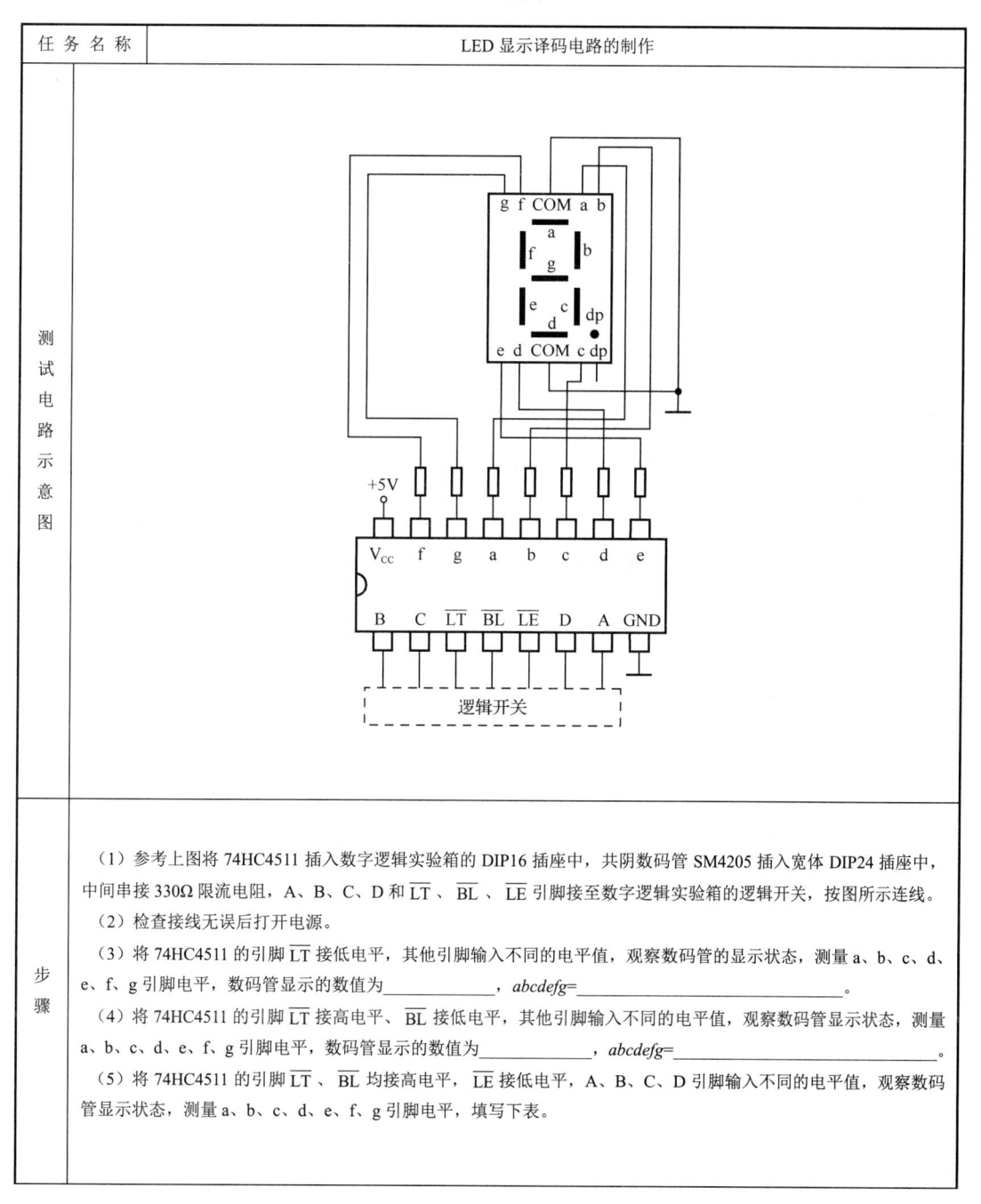

任务名称	LED 显示译码电路的制作
测试电路示意图	
步骤	（1）参考上图将 74HC4511 插入数字逻辑实验箱的 DIP16 插座中，共阴数码管 SM4205 插入宽体 DIP24 插座中，中间串接 330Ω 限流电阻，A、B、C、D 和 $\overline{LT}$、$\overline{BL}$、$\overline{LE}$ 引脚接至数字逻辑实验箱的逻辑开关，按图所示连线。 （2）检查接线无误后打开电源。 （3）将 74HC4511 的引脚 $\overline{LT}$ 接低电平，其他引脚输入不同的电平值，观察数码管的显示状态，测量 a、b、c、d、e、f、g 引脚电平，数码管显示的数值为_____，abcdefg=_____。 （4）将 74HC4511 的引脚 $\overline{LT}$ 接高电平，$\overline{BL}$ 接低电平，其他引脚输入不同的电平值，观察数码管显示状态，测量 a、b、c、d、e、f、g 引脚电平，数码管显示的数值为_____，abcdefg=_____。 （5）将 74HC4511 的引脚 $\overline{LT}$、$\overline{BL}$ 均接高电平，$\overline{LE}$ 接低电平，A、B、C、D 引脚输入不同的电平值，观察数码管显示状态，测量 a、b、c、d、e、f、g 引脚电平，填写下表。

续表

任务名称					LED显示译码电路的制作								
步骤		输入引脚				输出引脚							显示字形
		D	C	B	A	a	b	c	d	e	f	g	
		0	0	0	0								
		0	0	0	0								
		0	0	0	0								
		0	0	0	0								
		0	0	0	0								
		0	1	0	1								
		0	1	1	0								
		0	1	1	1								
		1	0	0	0								
		1	0	0	1								

（6）先将74HC4511的引脚 $\overline{LT}$、$\overline{BL}$ 均接高电平，$\overline{LE}$ 接低电平，A、B、C、D引脚输入不同的电平值，使数码管显示一个数；然后将 $\overline{LE}$ 改成高电平输入，并改变A、B、C、D引脚输入不同的电平值，数码管显示的数值_____（改变/不改变），若将 $\overline{LE}$ 改成低电平输入，并改变A、B、C、D引脚输入不同的电平值，则数码管显示的数值_____（改变/不改变）

结论	当（8421BCD码）*DCBA*=0000时，74HC4511的输出为1111110，数码显示器除g段不亮之外，其余都亮，数码显示器显示"0"，依次类推，当 *DCBA* 从0000到1001变化时，数字显示0～9

知识点 1　LED 数码显示器

经常使用的数码显示器有半导体数码显示器和液晶数码显示器。半导体数码显示器是由 7 个做成段状的和一个做成点状的 LED 组成的，如图 6-6（a）所示，这种数码显示器又叫作 LED 数码管或 LED 8 段显示器；若没有点状的 LED，则叫作 LED 7 段显示器。LED 数码管内部连线又有共阳和共阴之分，如图 6-6（b）、(c) 所示。

（a）LED 数码管的外形

（b）共阳 LED 数码管内部连线　　（c）共阴 LED 数码管内部连线

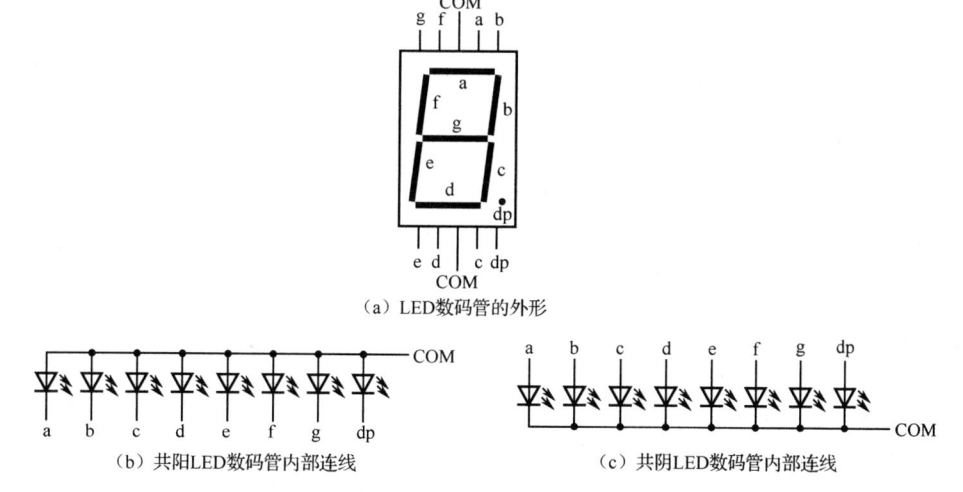

图 6-6　LED 8 段显示器

至于 7 段或 8 段液晶数码显示器，其字形和 LED 显示器类似，但是由于显示器所用材料不同，因此其显示机理、参数与 LED 显示器是不相同的。它的主要优点是功耗极低，工作电压低，常用在微型数字系统中；主要缺点是显示不够清晰，响应速度慢。

LED 数码管在显示时，若对应的 LED 点亮，则流过 LED 的电流 I_D 为 10～20mA，LED 两端的电压 U_{VD} 为 1.5～2.3V。在实际使用中，常用 TTL 电平或 CMOS 电平来驱动 LED 数码管，因此显示电路中需要串接限流电阻。

共阳 LED 数码管驱动电路如图 6-7 所示，当控制信号为低电平时，LED 点亮，一般情况下，$U_{oL}=0$，因此所接的限流电阻 R 的阻值为

$$R = \frac{电源电压 - U_{VD}}{I_D}$$

若电源电压为+5V，则限流电阻的阻值可取 330Ω～1kΩ。

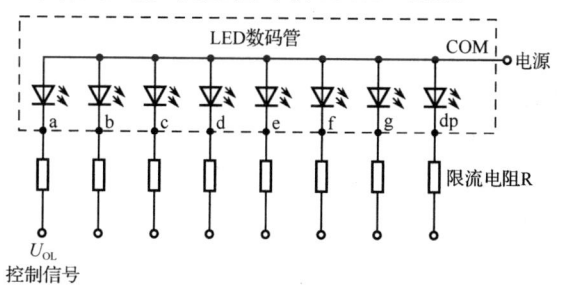

图 6-7　共阳 LED 数码管驱动电路

共阴 LED 数码管驱动电路如图 6-8 所示，当控制信号为高电平时，LED 点亮，一般情况下，对于 TTL 门电路，电源电压 V_{CC}=5V，$U_{OH原}$≈3.6V（最好查手册或实测），对于 CMOS 门电路，$U_{OH原}$≈电源电压=V_{DD}。因此所接的限流电阻 R 的阻值为

$$R = \frac{U_{OH} - U_{VD}}{I_D}$$

对于 TTL 门电路，限流电阻的阻值可取 220～680Ω。

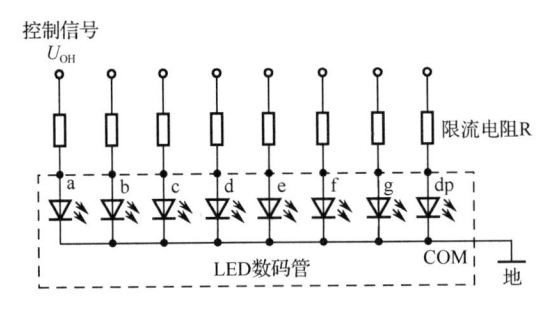

图 6-8 共阴 LED 数码管驱动电路

知识点 2 数字显示译码器

数字显示译码器是把 8421BCD 码（最常用和最基本的 BCD 码）转换成能使 7 段或 8 段数码显示器显示相对应的十进制数的组合逻辑电路。因为 LED 数码管有共阳和共阴之分，所以数字显示译码器有反码输出和原码输出之别。在使用时，共阳 LED 数码管必须和反码输出的数字显示译码器联合使用，共阴 LED 数码管必须和原码输出的数字显示译码器联合使用。

原码输出的数字显示译码器 74HC4511 的逻辑电路框图和功能表分别如图 6-9（a）、表 6-12 所示。其中，$\overline{LT}$ 为试灯输入，当 $\overline{LT}$=0 时，无论其他输入如何，输出 a、b、c、d、e、f、g 引脚均为高电平，7 段灯全亮，显示"8"。74HC4511 正常工作时，$\overline{LT}$ 接高电平。$\overline{BL}$ 为灭灯输入，当 $\overline{LT}$=1 时，$\overline{BL}$=0，无论输入 D、C、B、A 引脚的状态如何，输出 a、b、c、d、e、f、g 引脚均为低电平，7 段灯全灭。74HC4511 正常译码时，$\overline{BL}$ 应接高电平。$\overline{LE}$ 为锁存输出，当 $\overline{LT}$=1，$\overline{BL}$=1 时，若 $\overline{LE}$=1，则无论输入 D、C、B、A 引脚的状态如何变化，输出 a、b、c、d、e、f、g 引脚均保持不变。74HC4511 正常译码输出时，$\overline{LE}$ 应该为低电平。

在早期的芯片中，接共阳 LED 数码管的反码输出芯片有 74LS47/247，接共阴 LED 数码管的原码输出芯片有 74LS48/248［见图 6-9（b）］等。在图 6-9（b）中，$\overline{BI/RBO}$ 为灭灯输入控制，当 $\overline{BI/RBO}$ 输入为 0 时，无论其他引脚为何种电平，译码输出均使灯灭；$\overline{LT}$ 为亮灯测试，当 $\overline{BI/RBO}$=1 时，若 $\overline{LT}$=0，则译码输出使灯全亮；当 $DCBA$=0000 时，可以通过控制 $\overline{RBI}$ 来灭灯，即当 $\overline{LT}$=1，$\overline{RBI}$=0 且 $DCBA$=0000 时，译码输出使灯全灭。此时，$\overline{BI/RBO}$ 作为 $\overline{RBI}$ 的输出引脚使用，$\overline{BI/RBO}$=$\overline{RBI}$=0，用于译码器的串接控制。74LS47/48 芯片正常译码时，$\overline{BI/RBO}$、$\overline{LT}$ 接高电平。

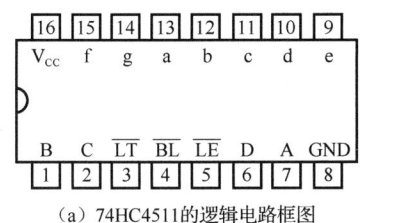

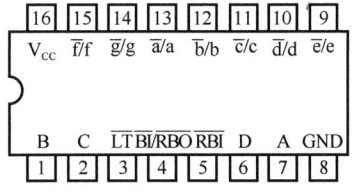

项目6 四路抢答器的制作

(a) 74HC4511的逻辑电路框图　　(b) 74LS47/48的逻辑电路框图

图 6-9　LED 数码管译码器

表 6-12　74HC4511 的功能表

输入信号							输出信号							字形
$\overline{LT}$	$\overline{BL}$	$\overline{LE}$	D	C	B	A	a	b	c	d	e	f	g	
0	×	×	×	×	×	×	1	1	1	1	1	1	1	8
1	0	×	×	×	×	×	0	0	0	0	0	0	0	灭
1	1	1	×	×	×	×	—	—	—	—	—	—	—	保持不变
1	1	0	0	0	0	0	1	1	1	1	1	1	0	0
1	1	0	0	0	0	1	0	1	1	0	0	0	0	1
1	1	0	0	0	1	0	1	1	0	1	1	0	1	2
1	1	0	0	0	1	1	1	1	1	1	0	0	1	3
1	1	0	0	1	0	0	0	1	1	0	0	1	1	4
1	1	0	0	1	0	1	1	0	1	1	0	1	1	5
1	1	0	0	1	1	0	1	0	1	1	1	1	1	6
1	1	0	0	1	1	1	1	1	1	0	0	0	0	7
1	1	0	1	0	0	0	1	1	1	1	1	1	1	8
1	1	0	1	0	0	1	1	1	1	1	0	1	1	9

技能训练 26　集成缓冲器功能测试

完成本任务所需仪器仪表及材料如表 6-13 所示。

集成缓冲器功能的测试

表 6-13　完成本任务所需仪器仪表及材料

序号	名称	型号或规格	数量	备注
1	数字万用表	DT9205	1个	
2	数字逻辑实验箱	THDL-1	1台	
3	集成缓冲器	74HC245	1片	

任务书 6-5

任务书 6-5 如表 6-14 所示。

表 6-14 任务书 6-5

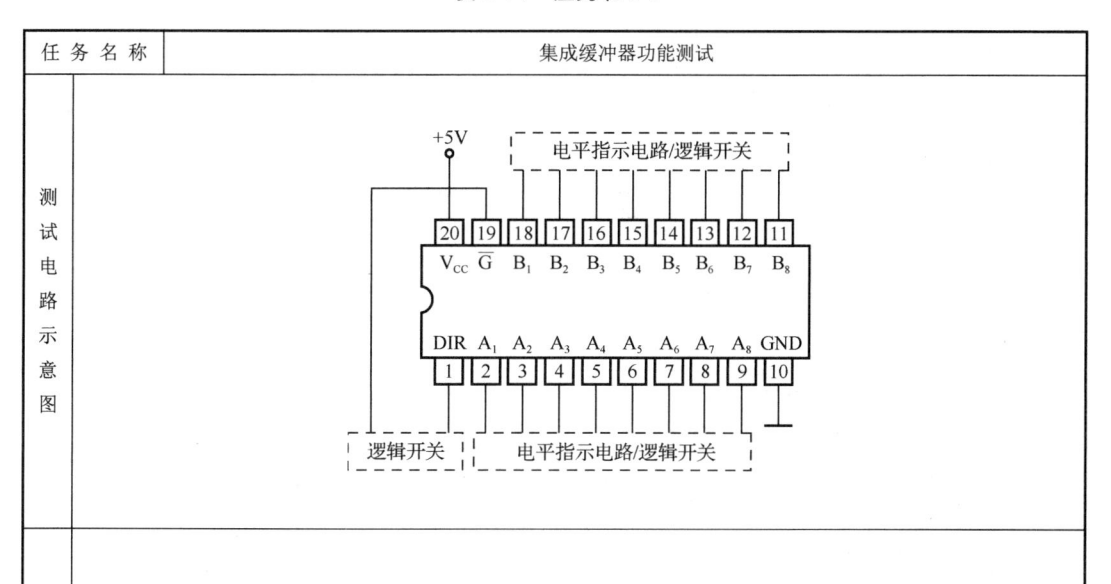

任务名称	集成缓冲器功能测试
测试电路示意图	（参考上图：74HC245 引脚图，20 脚 V_{CC}，19 脚 $\overline{G}$，18~11 脚 B_1~B_8，1 脚 DIR，2~9 脚 A_1~A_8，10 脚 GND；+5V 接 V_{CC}，电平指示电路/逻辑开关接 $\overline{G}$、B_1~B_8，逻辑开关接 DIR，电平指示电路/逻辑开关接 A_1~A_8）

步骤																		
（1）参考上图，将 74HC245 插入数字逻辑实验箱的 DIP20 插座中，控制输入端 DIR、$\overline{G}$ 接逻辑开关，按图所示接线。检查接线无误后打开电源。																			
（2）将 A_8~A_1 引脚接逻辑开关，随机设置 A_8~A_1 引脚为高或低电平，测量 B_8~B_1 引脚的电平并记入下表中。																			

$\overline{G}$	DIR	A_8	A_7	A_6	A_5	A_4	A_3	A_2	A_1	B_8	B_7	B_6	B_5	B_4	B_3	B_2	B_1
0	0	0	0	0	0	0	0	0	0								
		0	0	0	0	0	0	0	1								
		1	1	1	0	1	1	1	1								
0	1	0	0	0	0	0	0	0	0								
		0	0	0	0	0	0	0	1								
		1	1	1	0	1	1	1	1								

结论	$\overline{G}$=0，DIR=0，改变 A_8~A_1 引脚的值，B_8~B_1 引脚的值_____（会、不会）相应改变
	$\overline{G}$=0，DIR=1，改变 A_8~A_1 引脚的值，B_8~B_1 引脚的值_____（会、不会）相应改变

续表

任务名称			集成缓冲器功能测试														
步骤	(3) 将 $B_8 \sim B_1$ 引脚接高/低电平开关，随机设置 $B_8 \sim B_1$ 引脚为高或低电平，测量 $A_8 \sim A_1$ 引脚的电平并记入下表中。																	
^	$\overline{G}$	DIR	B_8	B_7	B_6	B_5	B_4	B_3	B_2	B_1	A_8	A_7	A_6	A_5	A_4	A_3	A_2	A_1
^	0	0	0	0	0	1	0	0	0	1								
^	^	^	1	0	0	0	0	0	0	1								
^	^	^	1	1	1	0	0	1	1	1								
^	0	1	0	0	0	1	0	0	0	1								
^	^	^	1	0	0	0	0	0	0	1								
^	^	^	1	1	1	0	0	1	1	1								
^	结论	$\overline{G}$=0，DIR=0，改变 $B_8 \sim B_1$ 引脚的值，$A_8 \sim A_1$ 引脚的值 _____（会、不会）相应改变																
^	^	$\overline{G}$=0，DIR=1，改变 $B_8 \sim B_1$ 引脚的值，$A_8 \sim A_1$ 引脚的值 _____（会、不会）相应改变																
^	(4) 设置 $\overline{G}$=1，测试数据能否从 $A_8 \sim A_1$ 引脚传送到 $B_8 \sim B_1$ 引脚，或者从 $B_8 \sim B_1$ 引脚传送到 $A_8 \sim A_1$ 引脚																
结论	当 $\overline{G}$=0，DIR=0 时，数据从_____（$A_8 \sim A_1$、$B_8 \sim B_1$）引脚传送到_____（$A_8 \sim A_1$、$B_8 \sim B_1$）引脚。																	
^	当 $\overline{G}$=0，DIR=1 时，数据从_____（$A_8 \sim A_1$、$B_8 \sim B_1$）引脚传送到_____（$A_8 \sim A_1$、$B_8 \sim B_1$）引脚																	

知识点　集成缓冲器

集成缓冲器一般是由三态非门、三态缓冲器和直通缓冲器等单元电路组成的，这些单元电路的图形符号与逻辑功能如表 6-15 所示。

表 6-15　三态非门、三态缓冲器和直通缓冲器的图形符号与逻辑功能

电路名称	国标图形符号	国外流行的图形符号	逻辑功能
三态非门	A—[1 ▽]o—L, $\overline{EN}$	A—▷o—L, $\overline{EN}$	$\overline{EN}=0$, $L=\overline{A}$ $\overline{EN}=1$, L 为高阻状态
	A—[1 ▽]o—L, EN	A—▷o—L, EN	EN=1, $L=\overline{A}$ EN=0, L 为高阻状态
三态缓冲器	A—[▷ ▽]—L, $\overline{EN}$	A—▷—L, $\overline{EN}$	$\overline{EN}=0$, $L=A$ $\overline{EN}=1$, L 为高阻状态
	A—[▷ ▽]—L, EN	A—▷—L, EN	EN=1, $L=A$ EN=0, L 为高阻状态
直通缓冲器	A—▷—L	A—▷—L	$L\equiv A$ 直通缓冲器实际上是一个数字信号小功率放大器

集成三态缓冲器 74HC244 是由两组四位三态缓冲器组成的，它的内部电路框图如图 6-10 所示。

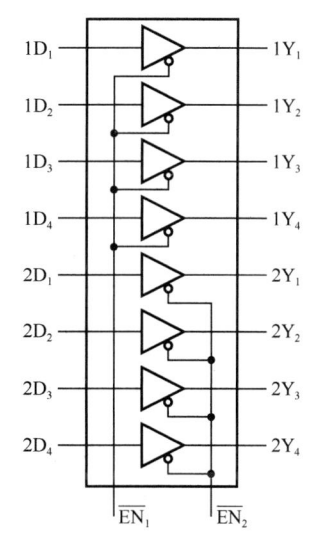

图 6-10　74HC244 的内部电路框图

由图 6-10 可以看出它的功能。

若 $\overline{EN_1}=1$，则 $1Y_1=1Y_2=1Y_3=1Y_4=$ 高阻。

若 $\overline{EN_1}=0$，则 $1Y_1=1D_1$，$1Y_2=1D_2$，$1Y_3=1D_3$，$1Y_4=1D_4$。

若 $\overline{EN_2}$ =1，则 2Y$_1$=2Y$_2$=2Y$_3$=2Y$_4$=高阻。

若 $\overline{EN_2}$ =0，则 2Y$_1$=2D$_1$，2Y$_2$=2D$_2$，2Y$_3$=2D$_3$，2Y$_4$=2D$_4$。

74HC245 是受控可以双向传输数据的缓冲器，它的内部电路框图如图 6-11 所示，表 6-16 所示为其功能表。由图 6-11 可以看出，当使能输入 $\overline{G}$ =1 时，L_1,L_2=0，此时，A 到 B 或 B 到 A 均不通，即双向隔离；当使能输入 $\overline{G}$ =0 时，若 DIR=0，则数据由 A 传输到 B，反之则数据由 B 传输到 A。

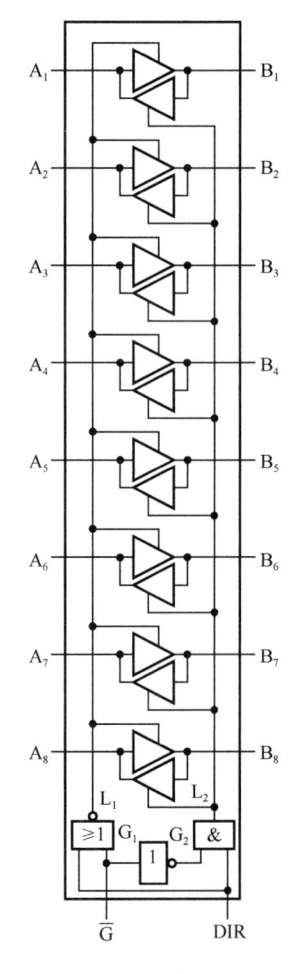

图 6-11 74HC245 的内部电路框图

表 6-16 74HC245 的功能表

使能输入端 $\overline{G}$	定向控制输入端 DIR	工 作 状 态
1	×	双向隔离
0	0	数据由 A 传输到 B
0	1	数据由 B 传输到 A

项目实施 四路抢答器的制作

1. 电路原理分析

四路抢答器电路如图 6-1 所示，其中，$SB_1 \sim SB_4$ 是四路抢答者操作的常开按钮，SB_0 是主持人控制的常闭按钮。

抢答开始前，主持人按一下 SB_0，断开触点，产生的高电平信号输入四 2 输入或门 74HC32 中，锁存器 74HC373 的锁存控制端 EN_1 为高电平，由于此时抢答者还未按抢答按钮，因此 74HC373 的输出均为高电平，该信号一路经 8421BCD 编码器 74HC147、六非门 74HC04、共阴 LED 数码管译码器 74HC4511 的显示电路使 LED 数码管显示 0；另一路经双 4 输入与非门 74HC20 输入 74HC32 中，也使 74HC373 的锁存控制端 EN_1 为高电平。

抢答开始后，SB_0 是闭合的，但 74HC373 的锁存控制端 EN_1 为高电平，允许接收数据，如果有抢答者按下抢答按钮，则相对应的 74HC373 输出线马上变为 0，一方面，这个 0 信号经编码、译码显示电路后，LED 数码管显示出对应该次抢答成功者的编号 1、2、3 或 4；另一方面，这个 0 信号经 74HC20、74HC32，使 74HC373 的锁存控制端 EN_1 为低电平，如果此时有其他抢答者按下抢答按钮，则相应的 74HC373 输出状态不改变。

74HC373 输出的四路抢答信号经 74HC147 编码后输出，74HC4511 和共阴 LED 数码管组成了译码显示电路。由于 74HC147 的编码输出与 74HC4511 所需的输入 8421BCD 码刚好电平相反，因此，在 74HC147 的输出和 74HC4511 的输入之间应加一个逻辑取反的 74HC04 电路。

2. PCB

根据图 6-1 制作完成的参考 PCB 如图 6-12 所示。

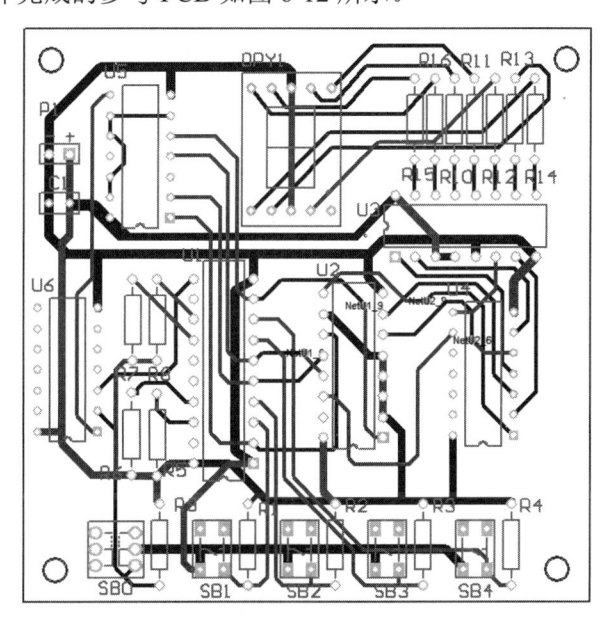

图 6-12 参考 PCB

3. 仪器仪表及材料

本项目所需仪器仪表及材料如表 6-17 所示。

表 6-17 本项目所需仪器仪表及材料

序 号	名 称	型号或规格	数 量	备 注
1	直流稳压电源	JC2735D	1个	
2	数字万用表	DT9205	1个	
3	成品 PCB 或数字逻辑实验箱	THDL-1	1台	
4	共阴 LED 数码管	SM4205	1只	
5	集成锁存器	74HC373	1片	
6	集成 10 线-4 线编码器	74HC147	1片	
7	数字显示译码器	74HC4511	1片	
8	六非门	74HC04	1片	
9	双 4 输入与非门	74HC20	1片	
10	四 2 输入或门	74HC32	1片	
11	电阻	330Ω	7只	
		5.1kΩ	9只	
12	常开按钮	—	4只	
13	常闭按钮	—	1只	

习题 6

6-1 试写出如图 6-13 所示的四选一数据选择器的输出 L 的逻辑函数表达式。

6-2 试写出如图 6-14 所示的 3 线-8 线译码器输出 L_1、L_2 的逻辑函数表达式,A 为高电平。

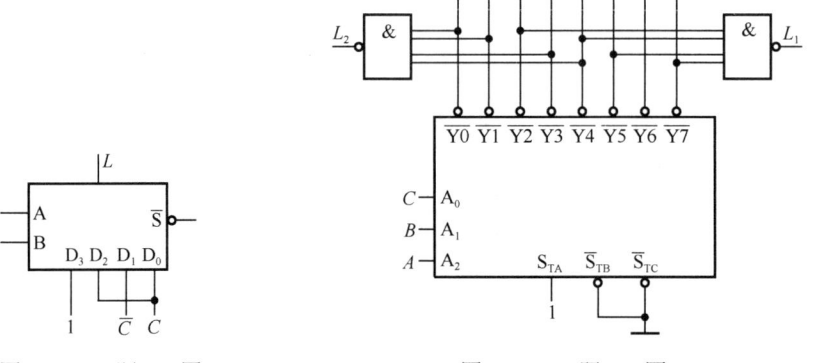

图 6-13 习题 6-1 图   图 6-14 习题 6-2 图

6-3 用如图 6-14 所示的 3 线-8 线译码器和有关门电路画出产生如下多输出逻辑函数的逻辑电路图:

$$\begin{cases} L_1 = AC + BC \\ L_2 = \overline{AB}C + A\overline{BC} + BC \\ L_3 = \overline{BC} + ABC \end{cases}$$

6-4 用八选一数据选择器实现逻辑函数 $Y = \overline{AB}C + \overline{AB} + BC$,画出逻辑电路图。

6-5 用 3 线-8 线译码器实现逻辑函数 $Y = A \oplus B \oplus C$。

项目 7　电风扇模拟阵风调速电路的制作

学习目标

- 了解基本 RS 触发器的组成和应用。
- 了解施密特触发器的特点和应用。
- 理解多谐振荡器的原理。
- 了解 555 集成电路的内部电路，掌握其逻辑真值表。
- 理解由 555 组成多谐振荡器的原理。

工作任务

电风扇产生周期性的阵风会给人强烈的自然风感觉，本项目使用 NE555 组成周期固定、脉冲占空比连续可调的振荡器，用它的高电平输出脉冲控制双向晶闸管的导通，从而控制电风扇输出风速可调的阵风。

电风扇模拟阵风调速电路原理图如图 7-1 所示。

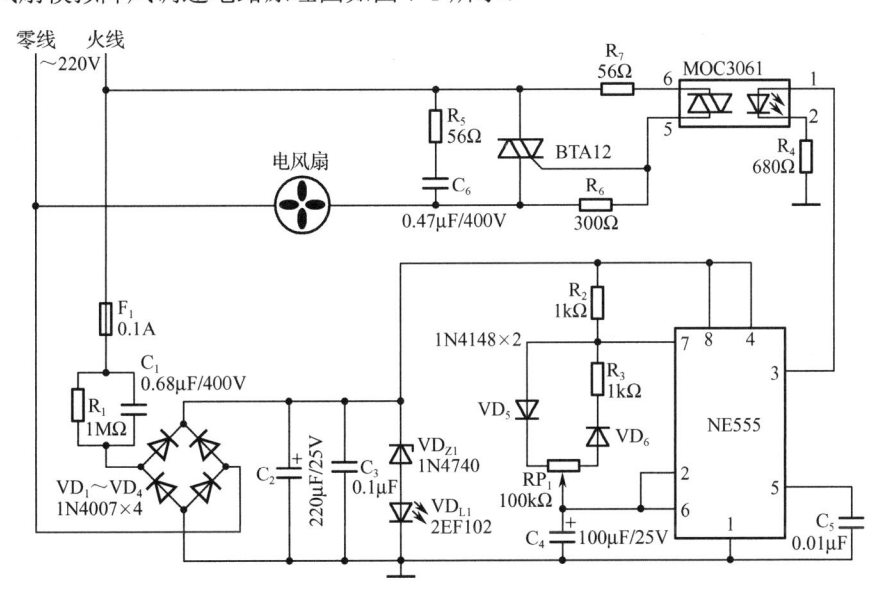

图 7-1　电风扇模拟阵风调速电路原理图
（电源采用电容降压方式，制作时注意安全，避免直接触摸电路板）

在本装置中，电风扇处安装一个电源插座，将普通电风扇电源插头插在该插座上即可实现模拟阵风调速功能。

技能训练 27　基本 RS 触发器功能测试

完成本任务所需仪器仪表及材料如表 7-1 所示。

表 7-1　完成本任务所需仪器仪表及材料

序号	名　称	型号或规格	数　量	备　注
1	数字万用表	DT9205	1 个	
2	数字逻辑实验箱	THDL-1	1 台	
3	四 2 输入与非门	74HC00	1 片	
4	四 2 输入或非门	74HC02	1 片	

项目 7　电风扇模拟阵风调速电路的制作

任务书 7-1

任务书 7-1 如表 7-2 所示。

表 7-2　任务书 7-1

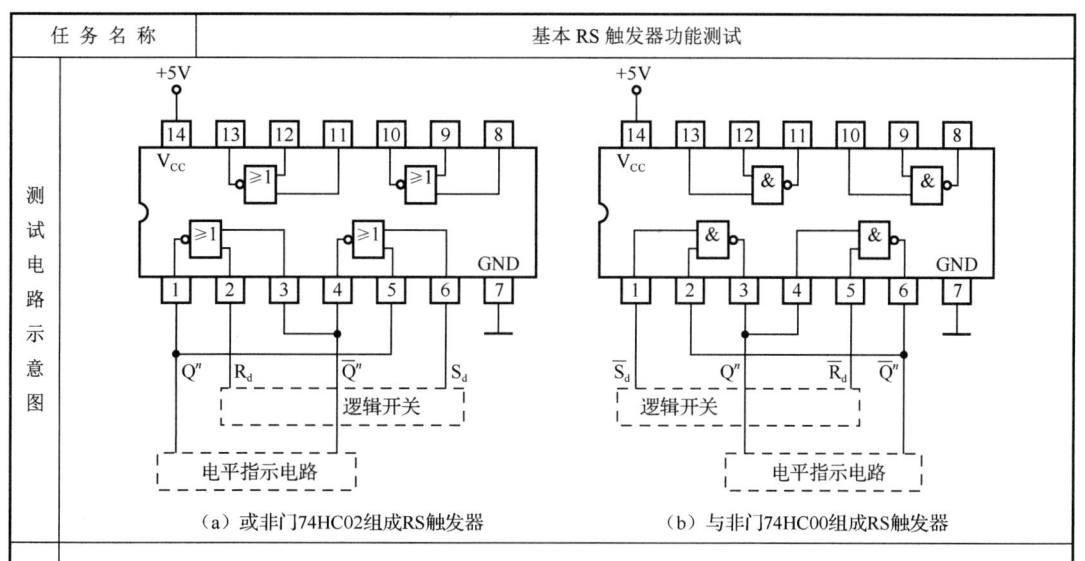

任务名称	基本 RS 触发器功能测试
测试电路示意图	（a）或非门74HC02组成RS触发器　　　（b）与非门74HC00组成RS触发器
步骤	（1）参考图（a），将 74HC02 插入数字逻辑实验箱的 DIP14 插座中，S_d、R_d 接逻辑开关，Q''、$\overline{Q''}$ 接电平指示电路，按图所示连线，检查接线无误后打开电源。 （2）将 S_d、R_d 分别接高电平或低电平，测量输出端 Q''、$\overline{Q''}$ 的状态并记入下表中。 	S_d	R_d	Q''	$\overline{Q''}$	触发器状态
---	---	---	---	---
0	0			
0	1			
1	0			
1	1			| （3）使用与非门组成 RS 触发器，如图（b）所示，将 74HC00 插入数字逻辑实验箱的 DIP14 插座中，按图所示连线，重复上述步骤，测量输出端 Q''、$\overline{Q''}$ 的状态并记入下表中。 | $\overline{S_d}$	$\overline{R_d}$	Q''	$\overline{Q''}$	触发器状态
---	---	---	---	---
0	0			
0	1			
1	0			
1	1				
结论	

项目 7　电风扇模拟阵风调速电路的制作

知识点　基本 RS 触发器

基本 RS 触发器又称 RS 锁存器，其常见结构有两种：一种由或非门组成，另一种由与非门组成。

基本 RS 触发器

1. 由两个或非门组成的基本 RS 触发器

由两个或非门组成的基本 RS 触发器的逻辑电路和逻辑符号如图 7-2 所示，其中，Q^n、$\overline{Q^n}$ 是触发器的输出端，并定义 $Q^n=1$、$\overline{Q^n}=0$ 为 1 态，$Q^n=0$、$\overline{Q^n}=1$ 为 0 态；R_d、S_d 是触发器的输入端，称 R_d 为清零输入端，S_d 为置 1 输入端，通常把触发器的 Q^n、$\overline{Q^n}$ 称为现态，Q^{n+1}、$\overline{Q^{n+1}}$ 称为次态，次态表示输入状态改变以后的输出状态。由图 7-2（a）可以分析出，触发器的输出状态 Q^{n+1}、$\overline{Q^{n+1}}$ 不但与 R_d、S_d 有关，而且与触发器的原有状态 Q^n、$\overline{Q^n}$ 有关，Q^{n+1}、$\overline{Q^{n+1}}$ 和 R_d、S_d 及 Q^n、$\overline{Q^n}$ 的关系可用表 7-3 和图 7-3 表示。

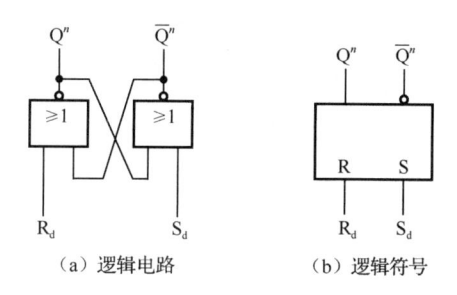

（a）逻辑电路　　　　（b）逻辑符号

图 7-2　由两个或非门组成的基本 RS 触发器

表 7-3　由或非门组成的基本 RS 触发器的功能表

R_d	S_d	Q^n	$\overline{Q^n}$	Q^{n+1}	$\overline{Q^{n+1}}$	功 能 说 明
0	0	0	1	0	1	$Q^{n+1}=Q^n$
0	0	1	0	1	0	保持
0	1	0	1	1	0	置 1
0	1	1	0	1	0	
1	0	0	1	0	1	清零
1	0	1	0	0	1	
*1	1	0	1	0	0	不正常状态
*1	1	1	0	0	0	

注：*表示当 $R_d=S_d=1$ 同时变为 $R_d=S_d=0$ 时，Q^{n+1} 的状态不定。

由表 7-3 和图 7-3 可以看出，当 $R_d=S_d=1$，$Q^{n+1}=\overline{Q^{n+1}}=0$，这个状态既不是 0 态，也不是 1 态，可以视为不正常状态；当 $R_d=S_d=1$ 同时变为 $R_d=S_d=0$ 时，Q^{n+1}、$\overline{Q^{n+1}}$ 不定，因此，基本 RS 触发器在正常工作时，$R_d=S_d=1$ 是不允许出现的，即应遵守 $R_d \cdot S_d=0$ 的约束条件。

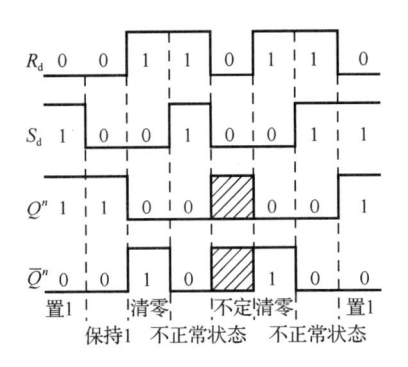

图 7-3 由或非门组成的基本 RS 触发器的波形图

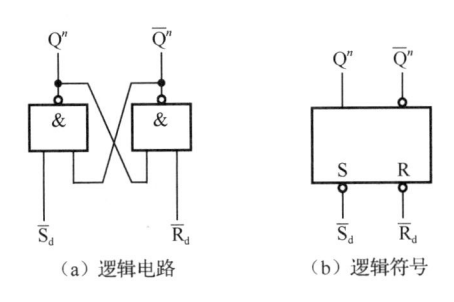

2. 由两个与非门组成的基本 RS 触发器

基本 RS 触发器也可用两个与非门组成，并用 $\overline{R_d}$、$\overline{S_d}$ 分别表示清零输入端和置 1 输入端，$\overline{R_d}$、$\overline{S_d}$ 上的非号表示输入低电平有效，即只有当 $\overline{R_d}=0$ 时才清零，$\overline{S_d}=0$ 时才置 1。由与非门组成的基本 RS 触发器的逻辑电路和逻辑符号如图 7-4 所示，其功能表如表 7-4 所示。由与非门组成的基本 RS 触发器应遵守 $\overline{R_d}+\overline{S_d}=1$ 的约束条件，即 $\overline{R_d}=\overline{S_d}=0$ 是不允许出现的。

（a）逻辑电路　　（b）逻辑符号

图 7-4 由与非门组成的基本 RS 触发器

表 7-4 由与非门组成的基本 RS 触发器的功能表

$\overline{R_d}$	$\overline{S_d}$	Q^n	$\overline{Q^n}$	Q^{n+1}	$\overline{Q^{n+1}}$	功能说明
*0	0	0	1	1	1	不正常状态
*0	0	1	0	1	1	
1	0	0	1	1	0	置 1
1	0	1	0	1	0	
0	1	0	1	0	1	清零
0	1	1	0	0	1	
1	1	0	1	0	1	$Q^{n+1}=Q^n$ 保持
1	1	1	0	1	0	

注：*表示当 $\overline{R_d}=\overline{S_d}=0$ 同时变为 $\overline{R_d}=\overline{S_d}=1$ 时，Q^{n+1} 的状态不定。

3. 基本 RS 触发器的应用

利用基本 RS 触发器可以产生点动单脉冲。简单的机械开关一合一断时，由于接触点

项目 7　电风扇模拟阵风调速电路的制作

的振动，U_o 的波形不是单脉冲，在其下降沿和上升沿会产生许多毛刺，如图 7-5（a）所示；在基本 RS 触发器电路中，如图 7-5（b）所示，当开关 K 向右、向左开合而分别与 $\overline{S_d}$、$\overline{R_d}$ 接触时，虽然在接触点上有振动，使 $\overline{S_d}$、$\overline{R_d}$ 端接收的信号波形有毛刺，但是根据基本 RS 触发器的特性，$\overline{S_d}=1$、$\overline{R_d}=1$，触发器输出保持，只有在确定的 $\overline{S_d}=0$ 或 $\overline{R_d}=0$ 出现时，才会改变输出端 Q'' 或 $\overline{Q''}$ 的电平，因此，Q'' 或 $\overline{Q''}$ 端输出的是一个无任何毛刺的标准点动单脉冲。

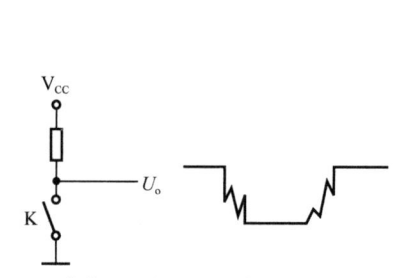

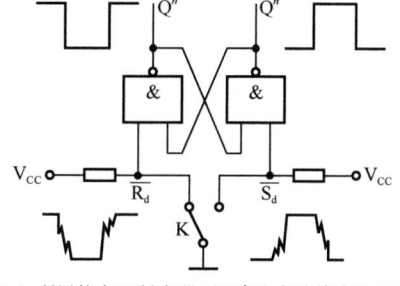

（a）简单的机械开关不能产生点动单脉冲　　（b）利用基本RS触发器可以产生点动单脉冲 U_Q''

图 7-5　基本 RS 触发器应用

技能训练 28　施密特触发器功能测试

完成本任务所需仪器仪表及材料如表 7-5 所示。

表 7-5　完成本任务所需仪器仪表及材料

序号	名　　称	型号或规格	数量	备　注
1	数字万用表	DT9205	1 个	
2	数字逻辑实验箱	THDL-1	1 台	
3	20MHz 双踪示波器	GSD-1062A	1 台	
4	施密特触发六非门	74HC14	1 片	

施密特触发器功能的测试

项目 7 电风扇模拟阵风调速电路的制作

任务书 7-2

任务书 7-2 如表 7-6 所示。

表 7-6 任务书 7-2

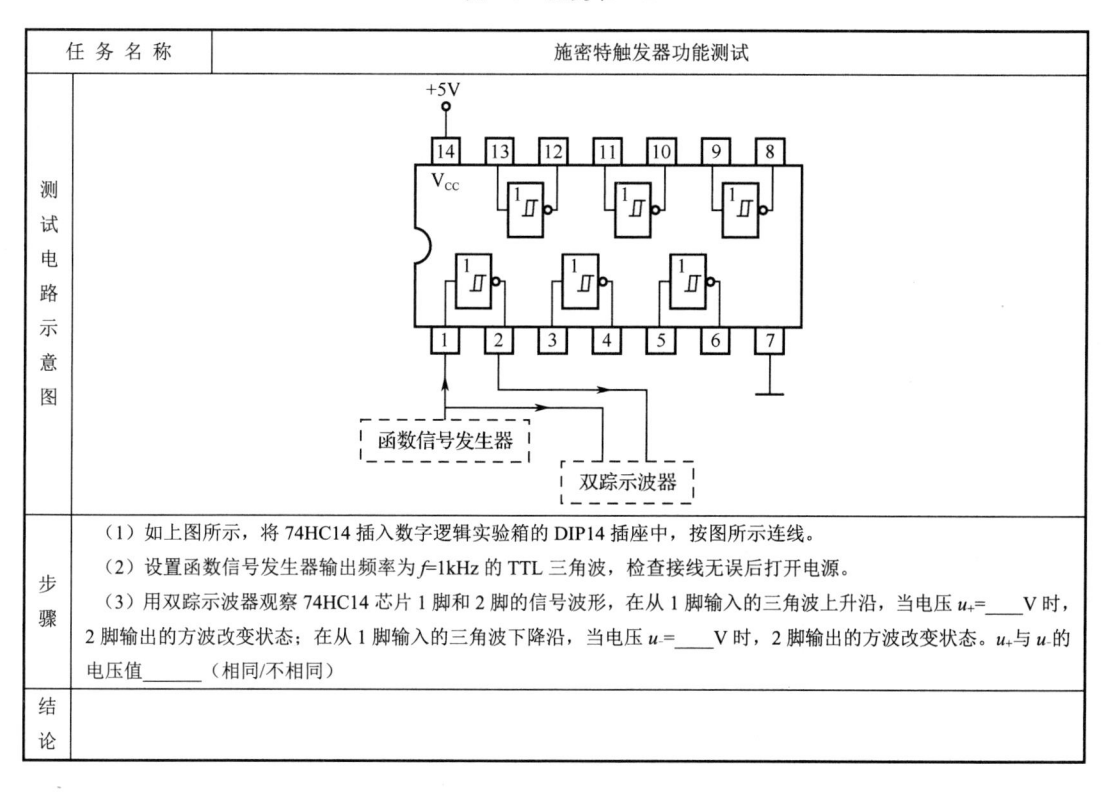

任 务 名 称	施密特触发器功能测试
测试电路示意图	（电路示意图：74HC14 芯片，14 脚接+5V，Vcc；1 脚接函数信号发生器，2 脚接双踪示波器，7 脚接地）
步骤	（1）如上图所示，将 74HC14 插入数字逻辑实验箱的 DIP14 插座中，按图所示连线。 （2）设置函数信号发生器输出频率为 f=1kHz 的 TTL 三角波，检查接线无误后打开电源。 （3）用双踪示波器观察 74HC14 芯片 1 脚和 2 脚的信号波形，在从 1 脚输入的三角波上升沿，当电压 u_+=___V 时，2 脚输出的方波改变状态；在从 1 脚输入的三角波下降沿，当电压 u_-=___V 时，2 脚输出的方波改变状态。u_+ 与 u_- 的电压值_____（相同/不相同）
结论	

项目 7 电风扇模拟阵风调速电路的制作

知识点 施密特触发器

1. 施密特触发器简介

施密特触发器既是一个触发器，又是一个特殊的门电路。施密特触发器不同于前述的 RS 触发器，也不同于普通的门电路，它具有以下特点。

（1）普通门电路、RS 触发器等要求输入是一个高电平或低电平信号，而对于施密特触发器，缓慢变化的输入信号仍然适用。

（2）普通门电路有一个阈值电压，当输入电压从低电平上升到阈值电压或从高电平下降到同一阈值电压时，输出电路的状态发生变化。与此不同的是，施密特触发器是一种特殊的门电路，它有两个阈值电压，分别称为正向阈值电压 U_{T+} 和负向阈值电压 U_{T-}。只有当输入电压高于正向阈值电压或低于负向阈值电压时，输出才发生变化，这是它的门特性。另外，当输入电压在正、负向阈值电压之间时，施密特触发器的输出保持不变，这是它的触发器特性。也可以这样说，只有当输入电压发生足够大的变化时，施密特触发器的输出才会发生变化，实现门电路的功能；否则，施密特触发器的输出保持不变，实现触发器的记忆功能。

下面以能实现非功能的施密特非门为例来说明施密特触发器的组成原理和功能特性。施密特非门的逻辑符号如图 7-6（a）所示，其内部电路原理图如图 7-6（b）所示。其中两个非门 G_1、G_2 都是普通 CMOS 非门。

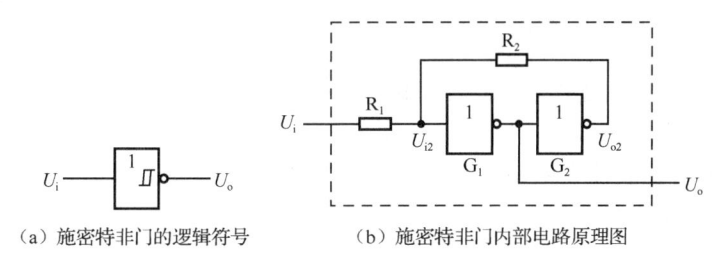

（a）施密特非门的逻辑符号　　（b）施密特非门内部电路原理图

图 7-6　施密特非门的逻辑符号和内部电路原理图

如图 7-6（b）所示，输入电压 U_i 是一个缓慢变化的信号，设电源电压为 V_{DD}。

（1）当 $U_i=0$ 时，$U_o=V_{DD}$，$U_{o2}=0$。当 U_i 缓慢上升时，G_1 的输入端电压为

$$U_{i2} = \frac{R_2}{R_1+R_2}(U_i - U_{o2}) + U_{o2} = \frac{R_2}{R_1+R_2}U_i$$

若 U_i 上升，使 $U_{i2} = \frac{1}{2}V_{DD}$，则 G_1、G_2 将改变输出状态，此时

$$U_{i2} = \frac{R_2}{R_1+R_2}U_i = \frac{1}{2}V_{DD}$$

故 $U_i = \left(1+\frac{R_1}{R_2}\right) \times \frac{1}{2}V_{DD}$。

也就是说，当 $U_i > \left(1+\frac{R_1}{R_2}\right) \times \frac{1}{2}V_{DD}$ 时，U_o 将从 V_{DD} 变为 0。

（2）当 U_i 从 V_{DD} 开始缓慢下降时，由于 $U_o=0$，$U_{o2}=V_{DD}$，因此

$$U_{i2} = U_{o2} - \frac{R_2}{R_1+R_2}(U_{o2}-U_i) = V_{DD} - \frac{R_2}{R_1+R_2}(V_{DD}-U_i)$$

当 U_i 下降到使 $U_{i2} = \frac{1}{2}V_{DD}$ 时，G_1、G_2 将改变输出状态，此时

$$U_{i2} = V_{DD} - \frac{R_2}{R_1+R_2}(V_{DD}-U_i) = \frac{1}{2}V_{DD}$$

故 $U_i = \left(1 - \dfrac{R_1}{R_2}\right) \times \dfrac{1}{2}V_{DD}$。

也就是说，当 $U_i < \left(1 - \dfrac{R_1}{R_2}\right) \times \dfrac{1}{2}V_{DD}$ 时，U_o 将从 0 变为 V_{DD}。

因此，施密特非门只有在输入电压高于正向阈值电压或低于负向阈值电压时，输出才会发生变化，正、负向阈值电压分别为

$$U_{T+} = \left(1 + \frac{R_1}{R_2}\right) \times \frac{1}{2}V_{DD}$$

$$U_{T-} = \left(1 - \frac{R_1}{R_2}\right) \times \frac{1}{2}V_{DD}$$

把正向阈值电压 U_{T+} 与负向阈值电压 U_{T-} 之差称为回差电压 ΔU_T，即 $\Delta U_T = U_{T+} - U_{T-}$。

施密特非门的回差电压 $\Delta U_T = U_{T+} - U_{T-} = \dfrac{R_1}{R_2}V_{DD}$，由此可知，调节 R_1、R_2 可以调节回差电压，但必须保证 $R_1 < R_2$，否则电路不能正常工作。

施密特非门的输入、输出电压波形如图 7-7 所示。

集成的施密特触发器在集成电路手册中被归类为门电路。例如，施密特触发六非门 74HC14 的引脚图如图 7-8 所示，其中每个施密特触发非门就是一个单输入施密特触发器。

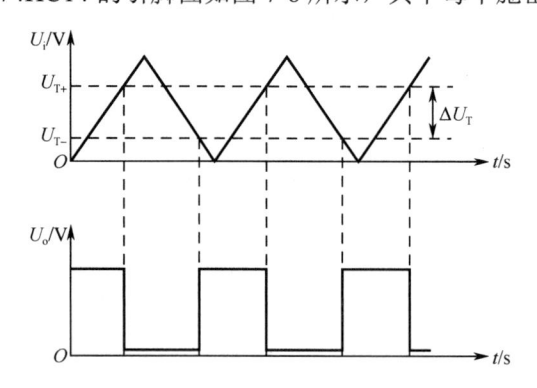

图 7-7 施密特非门的输入、输出电压波形 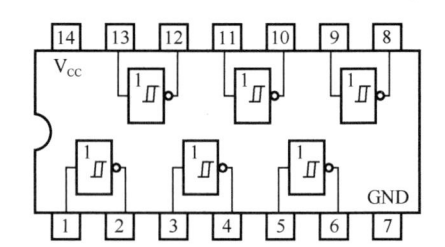 图 7-8 施密特触发六非门 74HC14 的引脚图

2．施密特触发器的应用

施密特触发器可用于波形变换、整形和幅度鉴别（鉴幅）。图 7-9 给出了施密特非门输入和输出的变换、整形、鉴幅的波形。

(a) 波形变换

(b) 整形（取 ΔU_T 较大些）

(c) 鉴幅（取 ΔU_T 尽量小些）

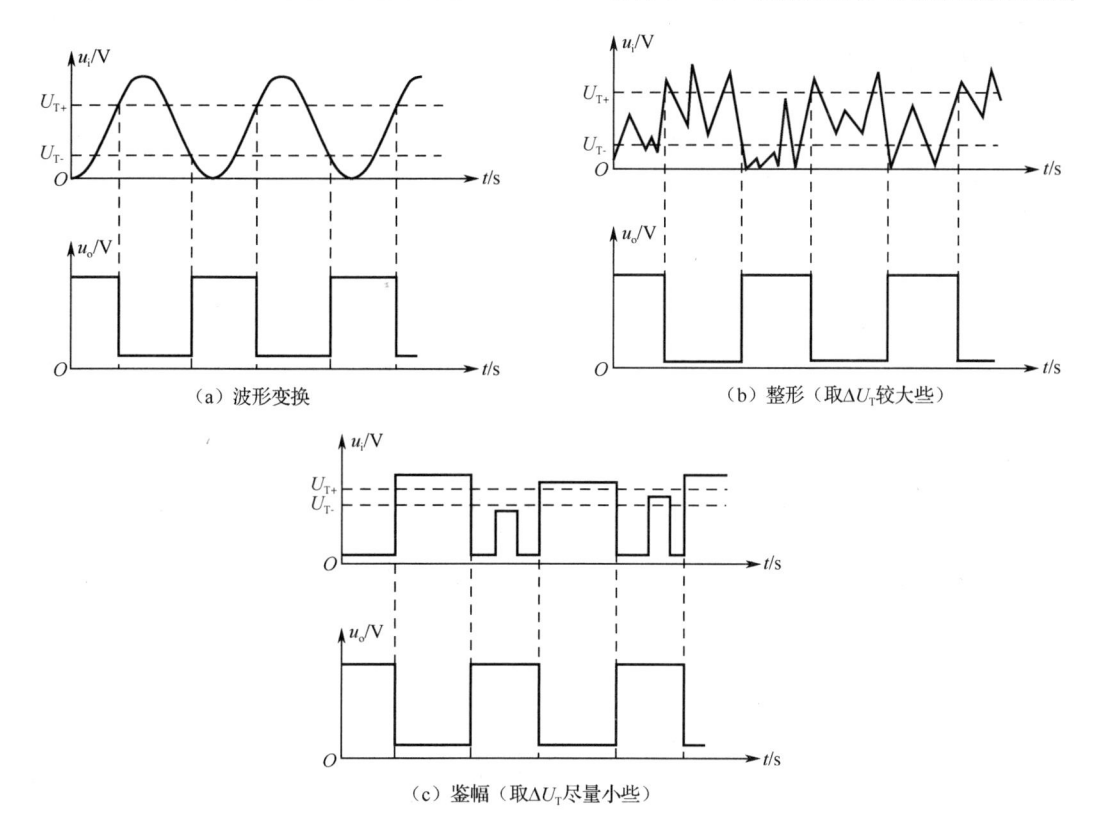

图 7-9 施密特触发器用于波形变换、整形、鉴幅时的输入、输出电压波形

3. 施密特非门组成的多谐振荡器

由施密特非门组成的多谐振荡器的电路十分简单，只要把施密特非门的输出端经 RC 积分电路接回输入端即可组成多谐振荡器，如图 7-10（a）所示。电路的工作过程如下。

在刚加电源时，由于电容 C 还没有来得及充上电荷，因此 $U_C=0$，$U_o=V_{DD}$，并且 U_o 通过 R 向 C 充电，当充电到 $U_C=U_{T+}$ 时，电路的输出状态发生变化，U_o 由 V_{DD} 变成 0。此时，电容上的电压 $U_C=U_{T+}$，又要通过 R 向 U_o 放电，当电容上的电压放到 U_{T-} 时，电路的输出状态又发生变化，如此周而复始，形成振荡。振荡时，U_C 和 U_o 的波形如图 7-10（b）所示。

通过调节 R、C，可调节振荡频率 f。利用二极管的单向导电性，使 RC 积分电路充放电的 RC（时间常数）不一致，得到可改变输出波形占空比的多谐振荡器，其电路如图 7-10（c）所示。

4. 常用施密特芯片

具有施密特特性的常用芯片如下。

（1）双 4 输入与非门施密特触发器 74LS18、74LS13。
（2）六反相器 74HC14、74LVC14、74HC19、74LVC19、CD40106、HD14584。
（3）单个反相器 74VHC1G14。
（4）双同相输出缓冲器 74LVC2G17。
（5）四 2 输入与非门施密特触发器 74HC132、CD4093、74LVC132、74AC132。

（6）双 2 输入与非门 74LVC2G132。
（7）双单稳态多谐振荡器 74 HC221。
（8）三态输出 8 位缓冲器 74HC7541。
（9）9 位缓冲器 74VHC9151。
（10）9 位反相器 74VHC9152。

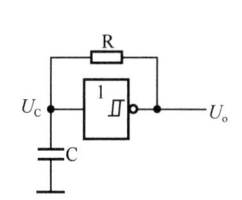

(a) 由CMOS施密特非门组成的多谐振荡器

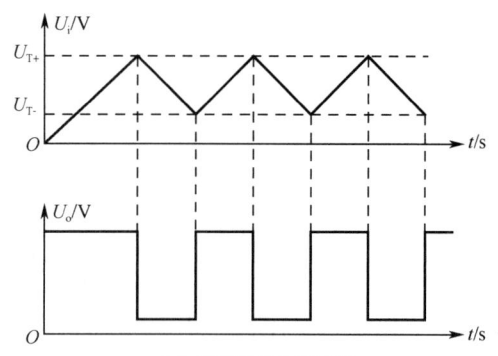

(b) 振荡时的电压波形

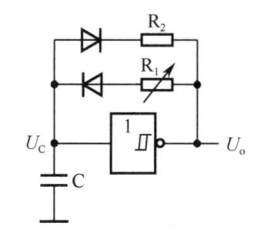

(c) 占空比可调的多谐振荡器

图 7-10　由 CMOS 施密特非门组成的多谐振荡器电路

技能训练 29　555 多谐振荡器制作与测试

完成本任务所需仪器仪表及材料如表 7-7 所示。

555 多谐振荡器的制作与测试

表 7-7　完成本任务所需仪器仪表及材料

序　号	名　称	型号或规格	数　量	备　注
1	数字万用表	DT9205	1个	
2	数字逻辑实验箱	THDL-1	1台	
3	20MHz 双踪示波器	GDS-1062A	1台	
4	集成 555 定时器	NE555	1片	
5	电阻	680Ω 3.9kΩ 3kΩ 3.9MΩ 3MΩ	各1只	
6	电容	0.01μF 0.1μF	各1只	
7	发光二极管	—	1只	

项目 7　电风扇模拟阵风调速电路的制作

任务书 7-3

任务书 7-3 如表 7-8 所示。

表 7-8　任务书 7-3

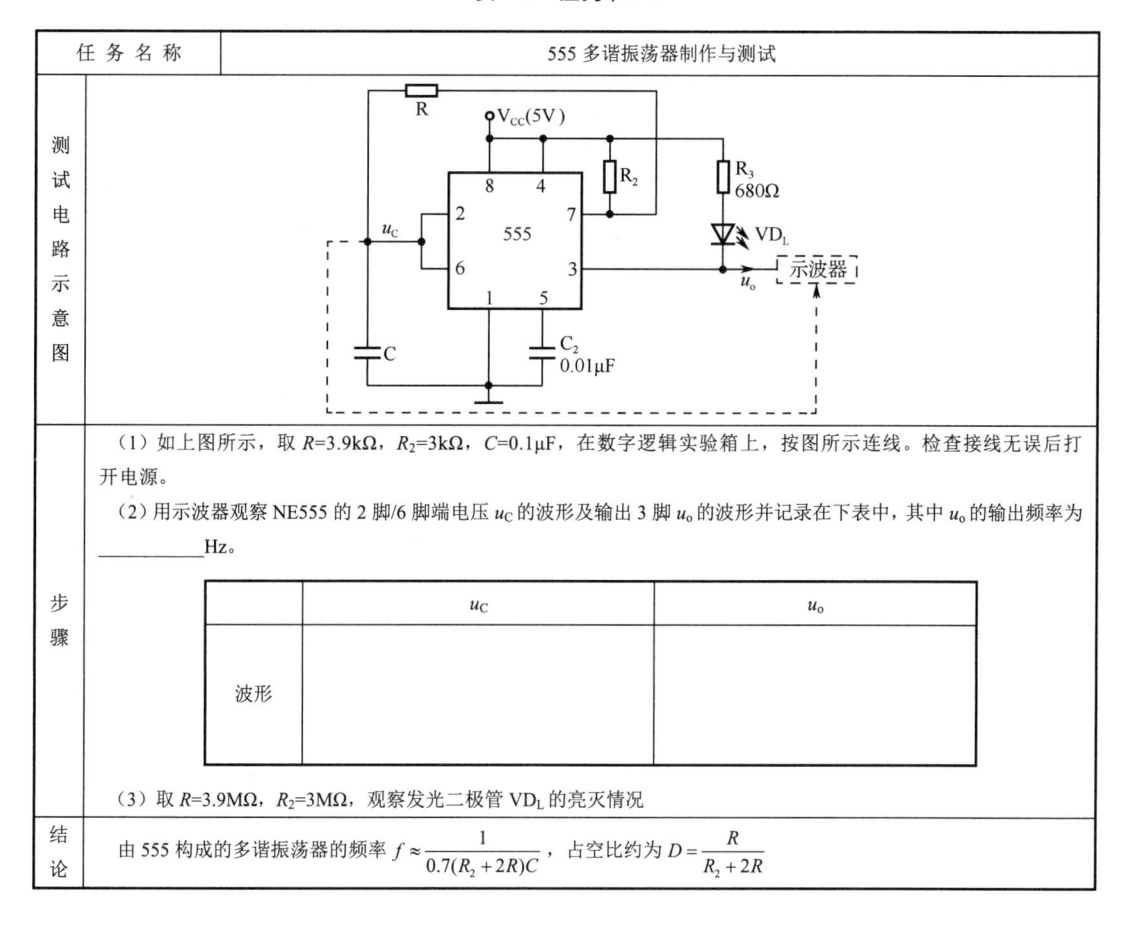

任 务 名 称	555 多谐振荡器制作与测试
测试电路示意图	（电路示意图）
步骤	（1）如上图所示，取 R=3.9kΩ，R_2=3kΩ，C=0.1μF，在数字逻辑实验箱上，按图所示连线。检查接线无误后打开电源。 （2）用示波器观察 NE555 的 2 脚/6 脚端电压 u_C 的波形及输出 3 脚 u_o 的波形并记录在下表中，其中 u_o 的输出频率为_____ Hz。 |	u_C	u_o | |---|---|---| | 波形		| （3）取 R=3.9MΩ，R_2=3MΩ，观察发光二极管 VD_L 的亮灭情况
结论	由 555 构成的多谐振荡器的频率 $f \approx \dfrac{1}{0.7(R_2+2R)C}$，占空比约为 $D = \dfrac{R}{R_2+2R}$

知识点 555 集成电路

555 集成电路是一个多用途的数字模拟混合集成定时器芯片，555 最大的优点是电源电压范围大，为 4.5~18V，可以与 TTL 和 CMOS 兼容，同时 555 集成电路驱动电流可达 200mA。555 的常用型号有 NE555、5G555、LM555 等，其内部电路原理框图和引脚图如图 7-11 所示。

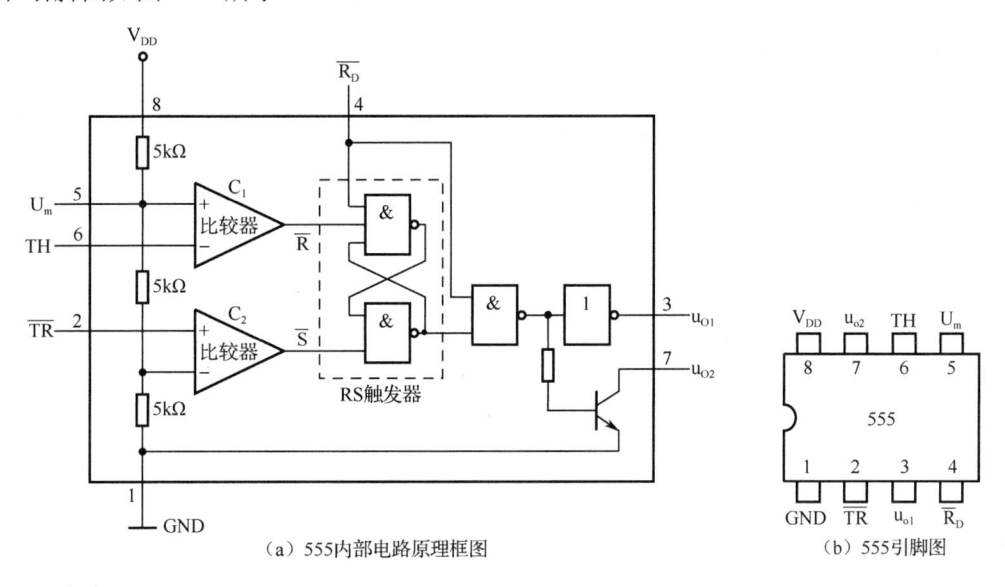

图 7-11 555 定时器

555 定时器内部含有由三个 5kΩ 的电阻组成的分压器、两个电压比较器、一个 RS 触发器、一个放电晶体管等。当 U_m 开路，$\overline{R_D}$ 接电源 V_{DD} 高电平时，门限端 TH 通过比较器 C_1 与 $\frac{2}{3}V_{DD}$ 进行比较，产生结果 $\overline{R}$；触发端 $\overline{TR}$ 通过比较器 C_2 与 $\frac{1}{3}V_{DD}$ 进行比较，产生结果 $\overline{S}$，$\overline{R}$、$\overline{S}$ 是内部 RS 触发器的清零和置 1 输入控制端，因此，若 $TH>\frac{2}{3}V_{DD}$，则 $\overline{R}$ 为低电平，从而在 u_{o1} 端产生低电平输出；若 $\overline{TR}<\frac{1}{3}V_{DD}$，则 $\overline{S}$ 为低电平，从而在 u_{o1} 端产生高电平输出。555 的逻辑真值表如表 7-9 所示。

表 7-9 555 的逻辑真值表

输入		输出	
TH	$\overline{TR}$	u_{o1}	u_{o2}
$>\frac{2}{3}V_{DD}$	$>\frac{1}{3}V_{DD}$	0	内部管导通
$<\frac{2}{3}V_{DD}$	$>\frac{1}{3}V_{DD}$	不变	不变
$<\frac{2}{3}V_{DD}$	$<\frac{1}{3}V_{DD}$	1	内部管截止

若将电压控制端 U_m 接参考电平 V_{ref}，则与 TH、$\overline{TR}$ 进行比较的电平是 V_{ref} 和 $\frac{1}{2}V_{ref}$，而不是 $\frac{2}{3}V_{DD}$ 和 $\frac{1}{3}V_{DD}$。$\overline{R_D}$ 是 RS 触发器的清零控制端，也是输出复位控制信号的端口，V_{o2} 是集电极开路的放电输出端。

由 555 组成的施密特触发器如图 7-12 所示。当输入电压 $u_i > \frac{2}{3}V_{DD}$ 时，555 内部 $\overline{R}$ 为低电平，从而在输出端产生低电平；若 $u_i < \frac{1}{3}V_{DD}$，则 555 内部 $\overline{S}$ 为低电平，从而在输出端产生高电平；若 $\frac{1}{3}V_{DD} < u_i < \frac{2}{3}V_{DD}$，则内部 $\overline{R}$、$\overline{S}$ 均为高电平，RS 触发器保持原有状态，从而使输出不改变状态。因此，该施密特触发器的正向阈值电压 $U_{T+} = \frac{2}{3}V_{DD}$，负向阈值电压 $U_{T-} = \frac{1}{3}V_{DD}$，回差电压 $\Delta U_T = \frac{1}{3}V_{DD}$，$u_{o1}$、$u_{o2}$ 是一样的，之所以用了两个输出端，是为了保证该施密特触发器有最强的驱动能力。

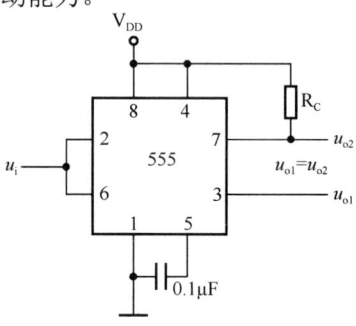

图 7-12 由 555 组成的施密特触发器

回顾图 7-10（a），与用施密特非门组成的多谐振荡器一样，只要把图 7-10（a）中的施密特非门用由 555 组成的施密特触发器电路替换，u_{o2} 经 RC 积分电路接回输入端，即可组成多谐振荡器，如图 7-13 所示。该多谐振荡器的频率 $f \approx \dfrac{1}{0.7(R_C + 2R)C}$。

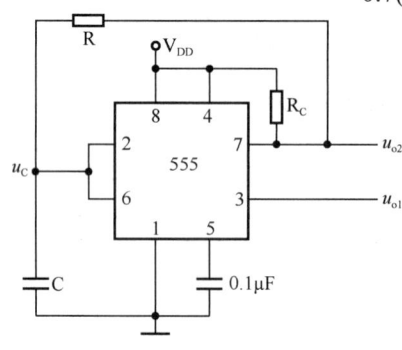

图 7-13 用由 555 组成的施密特触发器加 RC 积分电路组成的多谐振荡器

由于 555 的 4 脚为 $\overline{R_d}$，是清零输入端，因此控制 $\overline{R_d}$ 可控制多谐振荡电路的振荡和停振。如图 7-14 所示，由 555 组成的多谐振荡器直接驱动扬声器，u_{o1} 的输出波形受 $\overline{R_d}$ 的控制。

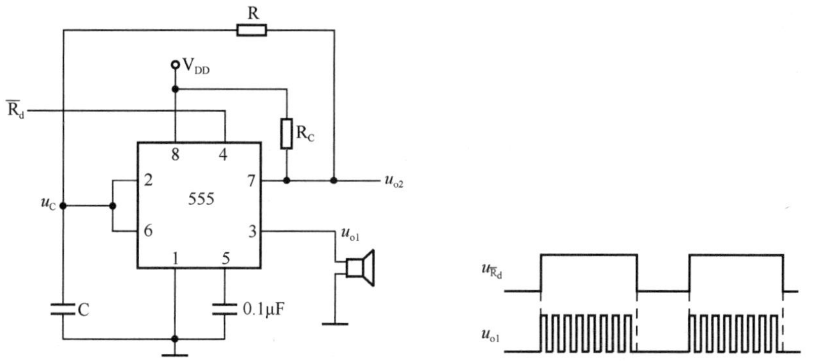

项目 7　电风扇模拟阵风调速电路的制作

(a) 受$\overline{R_d}$控制的由555组成的多谐振荡器　　(b) 受$\overline{R_d}$控制的振荡器的$U_{\overline{R_d}}$、u_{o1}的电压波形

图 7-14　由 555 组成的多谐振荡器

项目实施　电风扇模拟阵风调速电路的制作

1. 电路原理分析

电风扇模拟阵风调速电路的制作

如图 7-1 所示，市电（交流 220V）经 C_1、R_1 降压，整流二极管 $VD_1 \sim VD_4$ 整流，电容 C_2 滤波，并经稳压二极管 VD_{Z1} 稳压，得到稳定的直流 10V 电源，为后续的 NE555 周围电路供电，发光二极管 VD_{L1} 用于指示电源的状态。

NE555 与电阻 R_2、RP_1、电容 C_4 等外围元件构成无稳态方波发生器，振荡周期约为 20s，电风扇的阵风周期也约为 20s，改变 C_4 的容量可改变阵风周期。RP_1 并联二极管 VD_5、VD_6，组成占空比调节电路。

在 NE555 的 3 脚输出高电平期间，光电耦合器 MOC3061 的 1、2 脚得到约 15mA 的正向工作电流，使内部光电管导通，经过零检测器中的光敏双向开关控制双向晶闸管 BTA12 在市电过零时导通，接通电风扇电机电源，电风扇运转送风。在 NE555 的 3 脚输出低电平期间，光敏双向开关关断，电风扇停转。

2. PCB

根据图 7-1 制作完成的参考 PCB 如图 7-15 所示。

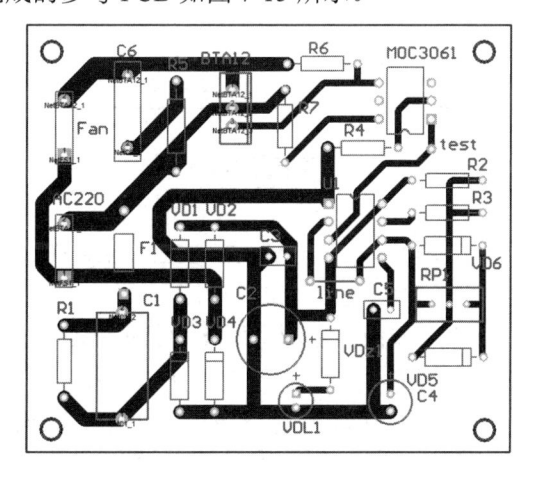

图 7-15　参考 PCB

3. 仪器仪表及材料

完成本项目所需仪器仪表及材料如表 7-10 所示。

表 7-10 完成本项目所需仪器仪表及材料

序 号	名 称	型号或规格	数 量	备 注
1	直流稳压电源	JC2735D	1个	
2	数字万用表	DT9205	1个	
3	20MHz 双踪示波器	GSD-1062A	1台	
4	电工工具箱	含电烙铁、斜口钳等	1套	
5	成品 PCB 或万能电路板	10cm×5cm	1块	
6	集成 555 定时器	NE555	1片	
7	双向晶闸管	BTA12	1只	
8	光电耦合器	MOC3061	1片	
9	熔断器	0.5A	1个	
10	电阻	1MΩ	1只	
		680Ω	1只	
		300Ω	1只	
		56Ω/1W	2只	
		1kΩ	2只	
11	可调电阻	100kΩ	1只	
12	电容	0.68μF/400V	各1只	
		0.47μF/400V		
		220μF/25V		
		100μF/25V		
		0.1μF		
		0.01μF		
13	二极管	1N4007	4只	
		1N4148	2只	
14	10V1W 稳压二极管	1N4740	1只	
15	发光二极管	2EF102	1只	

习题 7

7-1 如图 7-16 所示，电源电压 V_{DD}=5V，R_1=10kΩ，R_2=50kΩ，已知输入电压波形，试画出输出电压波形，其中两个非门是 CMOS 非门。

7-2 如图 7-17 所示，3 个非门的电源电压均为 5V，其中，一个是施密特非门，其 U_{T+} = 4V，U_{T-} = 1V；一个是 CMOS 非门；还有一个是 TTL 与非门，接成非门。已知输入电压 U_i 的波形，试画出电压 U_{o1}、U_{o2}、U_{o3} 的波形，分析各个非门的抗干扰能力的强弱，并说明施密特电路抗干扰的能力与 ΔU（$\Delta U = U_{T+} - U_{T-}$）的关系。

项目7 电风扇模拟阵风调速电路的制作

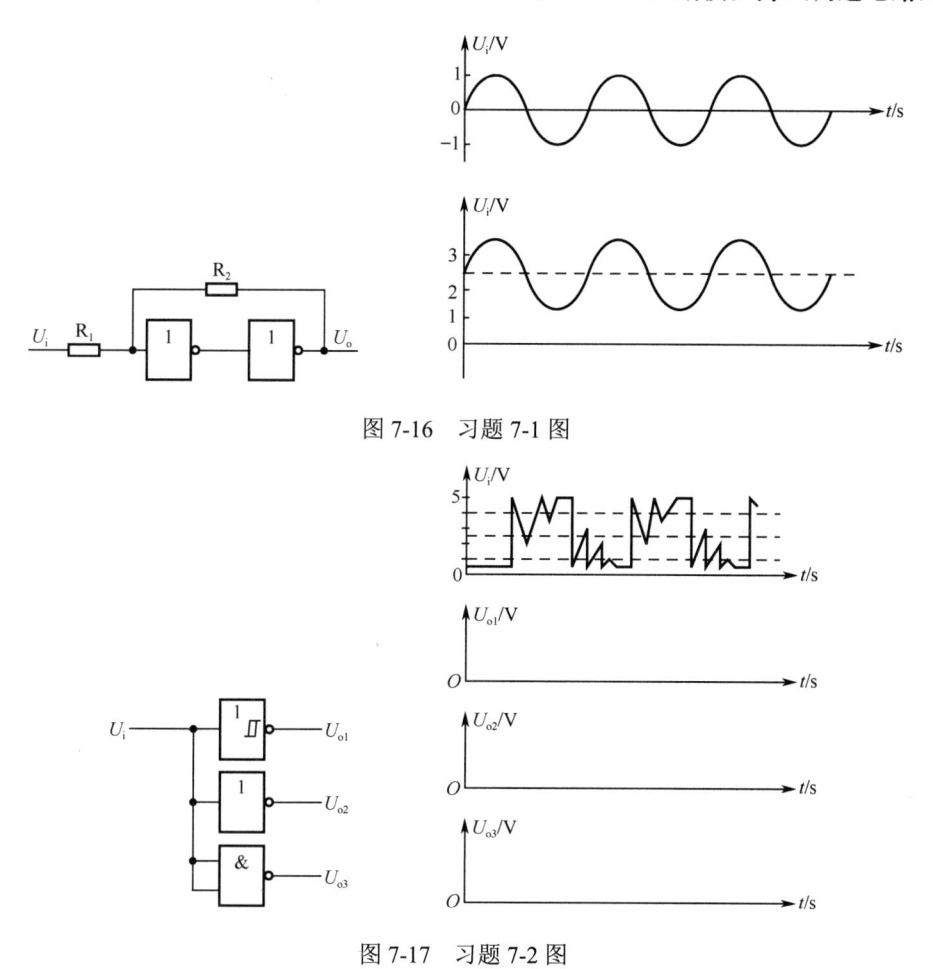

图7-16 习题7-1图

图7-17 习题7-2图

项目 8 60 秒计时电路的设计与制作

学习目标

- 熟悉 D 触发器、JK 触发器等的逻辑功能和使用方法。
- 了解集成锁存器、集成寄存器等常用芯片的功能。
- 了解计数器的概念。
- 掌握常用集成计数器的功能和使用方法。
- 掌握高进制计数器变成低进制计数器的方法。
- 熟悉脉冲的产生、分频原理。
- 了解同步时序逻辑电路的分析方法。

工作任务

本项目设计并制作一个 60 秒计时电路，能对秒信号进行计数和显示，画出设计电路原理图，撰写项目制作测试报告；并对进一步的功能扩展提出电路改正或补充方案。

60 秒计时电路原理图如图 8-1 所示。

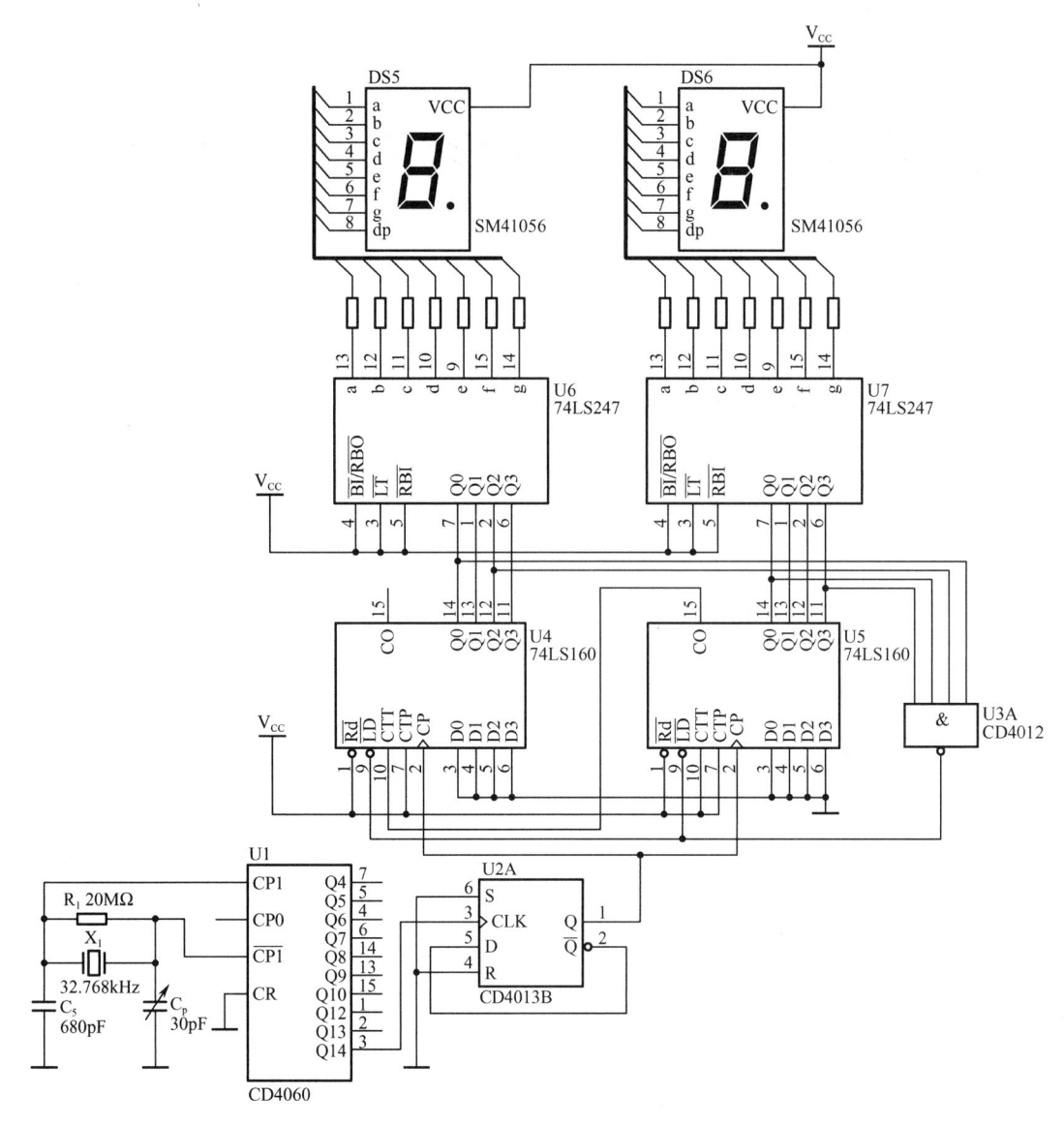

图 8-1　60 秒计时电路原理图

技能训练 30　集成边沿触发器功能测试

完成本任务所需仪器仪表及材料如表 8-1 所示。

集成边沿 D 触发器功能的测试

集成边沿 JK 触发器功能的测试

表 8-1　完成本任务所需仪器仪表及材料

序　号	名　称	型号或规格	数　量	备　注
1	数字万用表	DT9205	1 个	
2	数字逻辑实验箱	THDL-1	1 台	
3	双 D 触发器	74HC74	1 片	
4	双 JK 触发器	74HC112	1 片	

项目 8 60 秒计时电路的设计与制作

任务书 8-1

任务书 8-1 如表 8-2 所示。

表 8-2 任务书 8-1

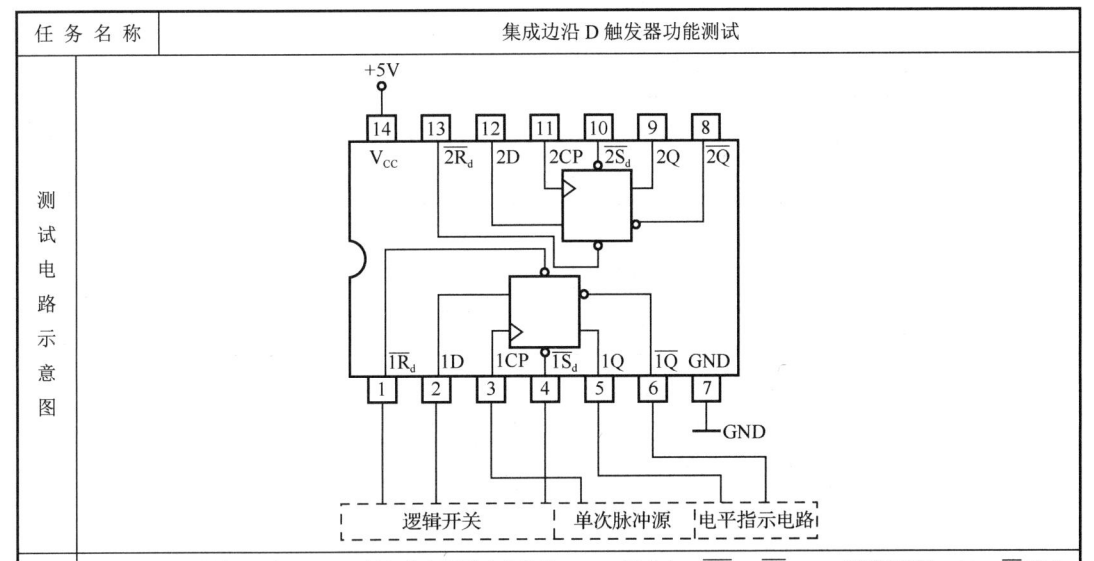

任务名称	集成边沿 D 触发器功能测试
测试电路示意图	（电路示意图：74HC74 引脚连接 +5V，1-14 引脚标注 $\overline{1R_d}$、1D、1CP、$\overline{1S_d}$、1Q、$\overline{1Q}$、GND、$\overline{2R_d}$、2D、2CP、$\overline{2S_d}$、2Q、$\overline{2Q}$、V_{CC}；下方连接逻辑开关、单次脉冲源、电平指示电路）
步骤	（1）如上图所示，将 74HC74 插入数字逻辑实验箱的 DIP14 插座中，$\overline{1R_d}$、$\overline{1S_d}$、1D 接逻辑开关，1Q、$\overline{1Q}$ 接电平指示电路，1CP 接单次脉冲源输入电路，按图所示连线，检查接线无误后打开电源。 （2）使清零端 $\overline{1R_d}$ 为 0，置 1 端 $\overline{1S_d}$ 为 1，分别将 1D 接高电平和低电平，1CP 先由高电平变成低电平（下降沿↓），再由低电平变成高电平（上升沿↑），将测试输出端 1Q、$\overline{1Q}$ 的状态记入下表中，输出端 1Q＿＿＿＿＿＿（有、无）变化。 {{TABLE1}} （3）使清零端 $\overline{1R_d}$ 为 1，置 1 端 $\overline{1S_d}$ 为 0，分别将 1D 接高电平和低电平，1CP 先由高电平变成低电平（下降沿↓），再由低电平变成高电平（上升沿↑），将测试输出端 1Q、$\overline{1Q}$ 的状态记入下表中，输出端 1Q＿＿＿＿＿＿（有、无）变化。 {{TABLE2}}

表格 1：

$\overline{1R_d}$	$\overline{1S_d}$	1D	1CP	1Q	$\overline{1Q}$
0	1	0	↓		
0	1	1	↓		
0	1	0	↑		
0	1	1	↑		

表格 2：

$\overline{1R_d}$	$\overline{1S_d}$	1D	1CP	1Q	$\overline{1Q}$
1	0	0	↓		
1	0	1	↓		
1	0	0	↑		
1	0	1	↑		

续表

任务名称	集成边沿 D 触发器功能测试
步骤	（4）先使 $\overline{1R_d}$ 和 $\overline{1S_d}$ 均为 1，再使 $\overline{1R_d}$ 为 0，然后使 $\overline{1R_d}$ 为 1，设置触发器的初始状态为将 1Q 置 0，将 1D 设置成 0，手动送入 CP 脉冲信号，检测输出状态并记入下表中；按刚才的步骤重新设置触发器的初始状态为将 1Q 置 0，将 1D 设置成 1，手动送入 CP 脉冲信号，再次检测输出状态并记入下表中。 设置触发器的初始状态为将 1Q 置 0 | $\overline{1R_d}$ | $\overline{1S_d}$ | 1D | 1CP | $1Q^n$ | $1Q^{n+1}$ | |---|---|---|---|---|---| | 1 | 1 | 0 | ↑ | 0 | | | 1 | 1 | 0 | ↓ | 0 | | 再次设置触发器初始状态为将 1Q 置 0 | $\overline{1R_d}$ | $\overline{1S_d}$ | 1D | 1CP | $1Q^n$ | $1Q^{n+1}$ | |---|---|---|---|---|---| | 1 | 1 | 1 | ↑ | 0 | | | 1 | 1 | 1 | ↓ | 0 | | （5）参考步骤（4），设置触发器初始状态为将 1Q 置 1，继续测试，填写下表。 设置触发器初始状态为将 1Q 置 1 | $\overline{1R_d}$ | $\overline{1S_d}$ | 1D | 1CP | $1Q^n$ | $1Q^{n+1}$ | |---|---|---|---|---|---| | 1 | 1 | 0 | ↑ | 1 | | | 1 | 1 | 0 | ↓ | 1 | | 再次设置触发器初始状态为将 1Q 置 1 | $\overline{1R_d}$ | $\overline{1S_d}$ | 1D | 1CP | $1Q^n$ | $1Q^{n+1}$ | |---|---|---|---|---|---| | 1 | 1 | 1 | ↑ | 1 | | | 1 | 1 | 1 | ↓ | 1 | |
结论	当 $\overline{1R_d}$ 为 0，$\overline{1S_d}$ 为 1 时，触发器输出为 0 态，清零端 $\overline{1R_d}$ 低电平有效。 当 $\overline{1R_d}$ 为 1，$\overline{1S_d}$ 为 0 时，触发器输出为 1 态，置 1 端 $\overline{1S_d}$ 低电平有效。 当 $\overline{1R_d}$ 为 1，$\overline{1S_d}$ 为 1 时，在 1CP 上升沿到来之际，若 1D 为 0，则 1Q 为＿＿＿＿；若 1D 为 1，则 1Q 为＿＿＿＿，满足特征方程 $Q^{n+1}=$＿＿＿＿。在 1CP 脉冲信号的其他时刻，触发器保持原有状态不变

任务书 8-2

任务书 8-2 如表 8-3 所示。

表 8-3 任务书 8-2

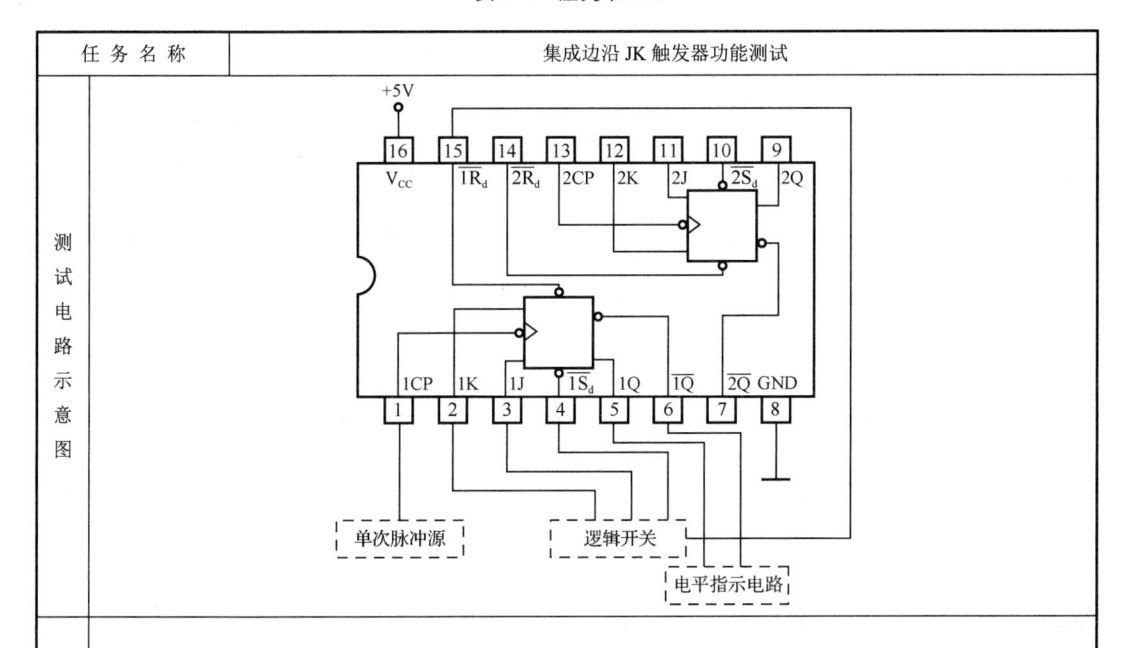

任务名称	集成边沿 JK 触发器功能测试
测试电路示意图	（电路图：74HC112 芯片引脚连接示意图，16 脚 V_{CC} 接 +5V，15 脚 $1\overline{R_d}$、14 脚 $2\overline{R_d}$、13 脚 2CP、12 脚 2K、11 脚 2J、10 脚 $2\overline{S_d}$、9 脚 2Q；1 脚 1CP、2 脚 1K、3 脚 1J、4 脚 $1\overline{S_d}$、5 脚 1Q、6 脚 $1\overline{Q}$、7 脚 $2\overline{Q}$、8 脚 GND。单次脉冲源、逻辑开关、电平指示电路接相应引脚）
步骤	（1）如上图所示，将 74HC112 插入数字逻辑实验箱的 DIP16 插座中，$1\overline{R_d}$、$1\overline{S_d}$、1J、1K 接逻辑开关，1Q、$1\overline{Q}$ 接电平指示电路，1CP 接单次脉冲源输入电路，按图所示连线，检查接线无误后打开电源。 （2）设置清零端 $1\overline{R_d}$，置 1 端 $1\overline{S_d}$，分别将 1J、1K 接高电平和低电平，1CP 先由低电平变成高电平（上升沿↑），再由高电平变成低电平（下降沿↓），测试输出端 1Q、$1\overline{Q}$ 的状态并记入下表中；输出端 1Q＿＿＿＿（有、无）变化。

$1\overline{R_d}$	$1\overline{S_d}$	1J	1K	1CP	1Q	$1\overline{Q}$
0	1	×	×	×		
1	0	×	×	×		

（3）使 $1\overline{R_d}$ 和 $1\overline{S_d}$ 均为 1，按下表要求完成测试逻辑功能 [$1Q^n$ 表示 $1Q^{n+1}$ 的前态，参考步骤（2）设置 $1Q^n$]。

1J	1K	1CP	$1Q^n$	$1Q^{n+1}$
0	0	↑	0	
			1	
0	0	↓	0	
			1	
0	1	↑	0	
			1	

续表

任务名称	集成边沿 JK 触发器功能测试				
步骤	1J	1K	1CP	$1Q^n$	$1Q^{n+1}$
	0	1	↓	0	
				1	
	1	0	↑	0	
				1	
	1	0	↓	0	
				1	
	1	1	↑	0	
				1	
	1	1	↓	0	
				1	
结论	当 $\overline{1R_d}$ 为 0，$\overline{1S_d}$ 为 1 时，触发器输出为 0 态，置 0 端 $\overline{1R_d}$ 低电平有效。 当 $\overline{1R_d}$ 为 1，$\overline{1S_d}$ 为 0 时，触发器输出为 1 态，置 1 端 $\overline{1S_d}$ 低电平有效。 当 $\overline{1R_d}$ 为 1，$\overline{1S_d}$ 为 1 时，在 1CP 下降沿到来之际，若 1J 和 1K 均为 0，则触发器_____（置 0/置 1/保持/翻转）；若 1J 为 0，1K 为 1，则触发器_____（置 0/置 1/保持/翻转）；若 1J 为 1，1K 为 0，则触发器_____（置 0/置 1/保持/翻转）；若 1J 为 1，1K 为 1，则触发器_____（置 0/置 1/保持/翻转）。在 1CP 脉冲信号的其他时刻，触发器保持原有状态不变					

项目 8 60 秒计时电路的设计与制作

知识点 常用触发器介绍

1. 同步 RS 触发器

同步触发器又称时钟触发器，这类触发器的输出状态除由输入和触发器的原有状态决定以外，还受同步信号时钟 CP 的控制。如果有多个触发器都用同一个时钟 CP，则多个触发器的输出状态改变是同步的，称为同步触发器。异步是指电路中没有统一的时钟信号，电路状态的改变由外部输入变化直接引起。

如图 8-2 所示，在基本 RS 触发器的基础上增加两个由时钟 CP 控制的与非门，就组成了同步 RS 触发器，其中，$\overline{R_d}$、$\overline{S_d}$ 分别是基本 RS 触发器的清零控制端和置 1 控制端，$\overline{R_d}$、$\overline{S_d}$ 是异步控制信号。

当 CP=0 时，与非门封锁，$\overline{R}=\overline{S}=1$，$R$、$S$ 不会被基本 RS 触发器接收，触发器保持原有状态。

当 CP=1 时，与非门打开，R、S 经与非门控制基本 RS 触发器的 $\overline{R}$、$\overline{S}$，此时，若 R=0，S=1，则 $\overline{R}$=1，$\overline{S}$=0，有 Q^n=1，$\overline{Q^n}$=0，触发器为 1 态；若 R=1，S=0，则 $\overline{R}$=0，$\overline{S}$=1，有 Q^n=0，$\overline{Q^n}$=1，触发器为 0 态；若 R=S=0，与非门封锁，$\overline{R}=\overline{S}=1$，则触发器处于保持状态；若 R=S=1，则与非门输出使 $\overline{R}=\overline{S}=0$，这是不允许出现的。因此，该同步 RS 触发器的约束条件是 $R \cdot S$=0。

同步 RS 触发器的状态转换图如图 8-3 所示。其中，用圆圈表示状态，圆圈内用文字或数字注明状态；圆圈之间用箭头线相连，表示状态的转换。箭尾端圆圈内注明的是现态，箭头线上注明发生转换的输入条件，箭头端圆圈内注明的是次态。

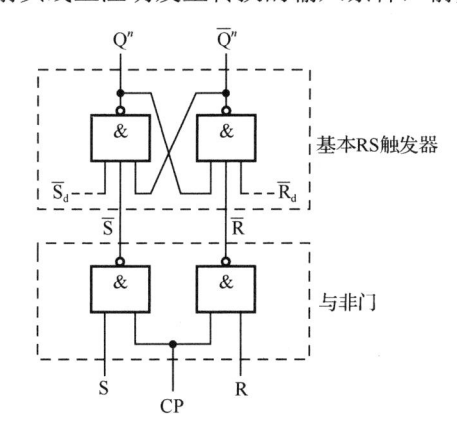

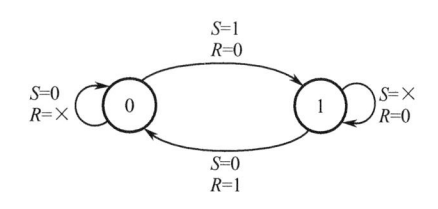

图 8-2 同步 RS 触发器　　　　　图 8-3 同步 RS 触发器的状态转换图

2. 同步 D 触发器

如图 8-4 所示，在同步 RS 触发器电路中添加一个非门，就能避免 $\overline{R}=\overline{S}$=0 出现，克服触发器输出状态不定的缺点，这种单端输入的同步 RS 触发器称为同步 D 触发器，又称为锁存器。图 8-5 所示为同步 D 触发器的逻辑符号。

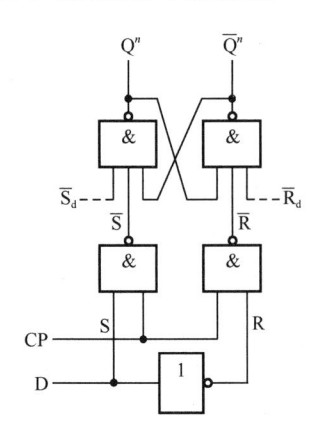

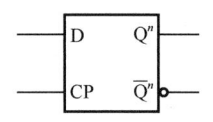

图 8-4　同步 D 触发器　　　　　　　　　图 8-5　同步 D 触发器的逻辑符号

由图 8-4 可得出以下结论。

（1）当 CP=0 时，$\bar{R}=\bar{S}=1$，由基本 RS 触发器的特性可知，Q^n、$\overline{Q^n}$ 处于保持状态，与 D 无关。

（2）当 CP=1 时，若 $D=0$，$S=D=0$，则 $R=\bar{D}=1$，$\bar{S}=1$，$\bar{R}=0$，根据由与非门组成的基本 RS 触发器的特性，其输出状态 $Q^{n+1}=0$、$\overline{Q^{n+1}}=1$（0 态）。

（3）当 CP=1 时，若 $D=1$，$S=D=1$，$R=\bar{D}=0$，$\bar{S}=0$，$\bar{R}=1$，则 $Q^{n+1}=1$、$\overline{Q^{n+1}}=0$（1 态）。

同步 D 触发器的状态转换图如图 8-6 所示。

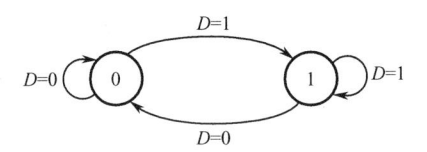

图 8-6　同步 D 触发器的状态转换图

表 8-4 所示为同步 D 触发器的功能表。

表 8-4　同步 D 触发器的功能表

CP	D	Q^n	Q^{n+1}	功能说明
1	0	0	0	$Q^{n+1}=D=0$
1	0	1	0	
1	1	0	1	$Q^{n+1}=D=1$
1	1	1	1	
0	×	Q^n	Q^n	$Q^{n+1}=Q^n$

3．边沿 D 触发器

同步 D 触发器的电路结构简单，但当 CP=1 时，输入数据 D 的变化会直接引起输出状态的变化。为了避免在 CP=1 时，输入数据的变化直接引起触发器输出状态的变化，提高触发器的可靠性，增强其抗干扰能力，希望触发器只有在时钟 CP 的某一约定跳变（正跳变↑或负跳变↓）到来时，才接收输入数据，人们设计出了边沿 D 触发器。

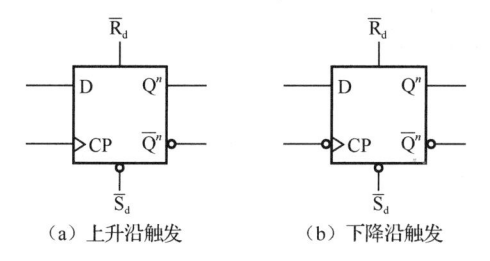

图 8-7（a）所示为上升沿触发边沿 D 触发器的逻辑符号，该触发器的逻辑功能是，当 $D=1$ 时，CP 上升沿到达后，触发器被置 1；当 $D=0$ 时，CP 上升沿到达后，触发器被清零。$\overline{R_d}$、$\overline{S_d}$ 分别是它的异步清零控制端和置 1 控制端，低电平有效。上升沿触发边沿 D 触发器的功能表如表 8-5 所示。

表 8-5 上升沿触发边沿 D 触发器的功能表

$\overline{R_d}$	$\overline{S_d}$	CP	D	Q^n	Q^{n+1}	功能说明
1	1	↑	0	0 1	0	清零，$Q^{n+1}=D=0$
1	1	↑	1	0 1	1	置 1，$Q^{n+1}=D=1$
1	1	0 1	×	Q^n	Q^n	保持 $Q^{n+1}=Q^n$
1	0	×	×	Q^n	1	异步置 1
0	1	×	×	Q^n	0	异步清零

在表 8-5 中，CP 所在列的箭头"↑"表示 CP 到达时上升沿触发了触发器；若用箭头"↓"表示，则是下降沿触发。下降沿触发边沿 D 触发器的逻辑符号如图 8-7（b）所示。

（a）上升沿触发　　（b）下降沿触发

图 8-7　边沿 D 触发器的逻辑符号

如果把 $\overline{R_d}=0$ 和 $\overline{S_d}=0$ 的情况去掉，只考虑 $\overline{R_d}=\overline{S_d}=1$ 时，CP 到达后 D、Q^n、Q^{n+1} 的关系，就得到边沿 D 触发器在 CP 作用下的 Q^{n+1} 的逻辑函数表达式：

$$Q^{n+1}=D\overline{Q^n}+DQ^n=D(\overline{Q^n}+Q^n)=D$$

即得到反映边沿 D 触发器特性的特性方程：

$$Q^{n+1}=D \text{（CP 上升沿或下降沿到达时有效）}$$

4．边沿 JK 触发器

边沿 JK 触发器也是利用 CP 的上升沿或下降沿使输出状态发生变化的触发器。图 8-8、图 8-9 和表 8-6、表 8-7 给出了下降沿触发的边沿 JK 触发器的各种表示。由表 8-7 可得到边沿 JK 触发器的特性方程为

$$Q^{n+1}=J\overline{Q^n}+\overline{K}Q^n \text{（CP 下降沿到达时有效）}$$

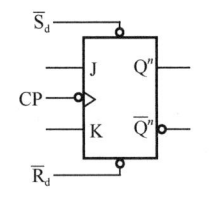

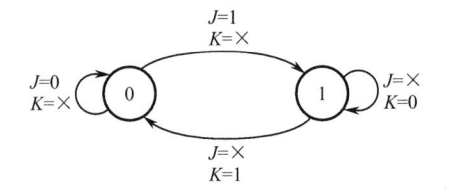

图 8-8 边沿 JK 触发器的逻辑符号（下降沿触发）　　图 8-9 边沿 JK 触发器的状态转换图

表 8-6　边沿 JK 触发器的功能表

$\overline{R_d}$	$\overline{S_d}$	CP	J	K	Q^n	Q^{n+1}	功能说明
0	1	×	×	×	×	0	清零
1	0	×	×	×	×	1	置1
0	0	×	×	×	×	不定	不允许
1	1	↓	0	0	0	0	$Q^{n+1}=Q^n$
1	1	↓	0	0	1	1	（保持）
1	1	↓	0	1	0 1	0	$Q^{n+1}=J$
1	1	↓	1	0	0 1	1	$Q^{n+1}=J$
1	1	↓	1	1	0	1	$Q^{n+1}=\overline{Q^n}$
1	1	↓	1	1	1	0	（翻转）
1	1	0	×	×	Q^n	Q^n	不变

表 8-7　边沿 JK 触发器的状态转换真值表

J	K	Q^n	Q^{n+1}
0	0	0	0
0	0	1	1
0	1	0	0
0	1	1	0
1	0	0	1
1	0	1	1
1	1	0	1
1	1	1	0

5．T 触发器

T 触发器的逻辑符号和状态转换图分别如图 8-10 与图 8-11 所示，其功能表和状态转换真值表分别如表 8-8 与表 8-9 所示。由表 8-9 可得到 T 触发器的特性方程为

$$Q^{n+1} = T\overline{Q^n} + \overline{T}Q^n$$

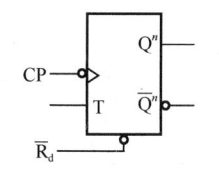

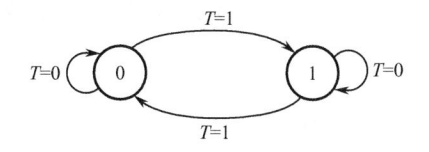

项目 8 60 秒计时电路的设计与制作

图 8-10 T 触发器的逻辑符号

图 8-11 T 触发器的状态转换图

表 8-8 T 触发器的功能表

$\overline{R_d}$	CP	T	Q^n	Q^{n+1}	功能说明
0	×	×	×	0	清零
1	↓	0	0	0	$Q^{n+1}=Q^n$
1	↓	0	1	1	（不变）
1	↓	1	0	1	$Q^{n+1}=\overline{Q^n}$
1	↓	1	1	0	（翻转）
1	0	×	Q^n	Q^n	$Q^{n+1}=Q^n$

表 8-9 T 触发器的状态转换真值表

T	Q^n	Q^{n+1}
0	0	0
0	1	1
1	0	1
1	1	0

6．T′触发器

T′触发器没有自己的逻辑符号，它实际上是 T 触发器、D 触发器和 JK 触发器的一种特例。在 CP 的作用下，T′触发器的特性方程为

$$Q^{n+1} = \overline{Q^n}$$

即输入一个 CP，T′触发器的输出状态就改变一次，由 T 触发器、D 触发器、JK 触发器转换成 T′触发器的逻辑图如图 8-12 所示。

(a) T≡1时，$Q^{n+1}=\overline{Q^n}$ 　　(b) D接$\overline{Q^n}$时，$Q^{n+1}=\overline{Q^n}$ 　　(c) J=K=1时，$Q^{n+1}=\overline{Q^n}$

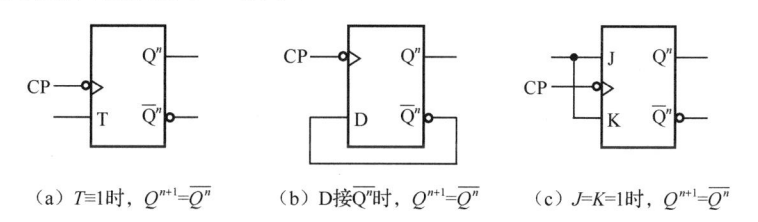

图 8-12 由 T 触发器、D 触发器、JK 触发器转换成 T′触发器的逻辑图

技能训练 31　集成锁存器功能测试

完成本任务所需仪器仪表及材料如表 8-10 所示。

集成锁存器功能的测试

表8-10 完成本任务所需仪器仪表及材料

序 号	名 称	型号或规格	数 量	备 注
1	数字万用表	DT9205	1个	
2	数字逻辑实验箱	THDL-1	1台	
3	集成锁存器	74HC373	1片	

项目 8 60 秒计时电路的设计与制作

任务书 8-3

任务书 8-3 如表 8-11 所示。

表 8-11 任务书 8-3

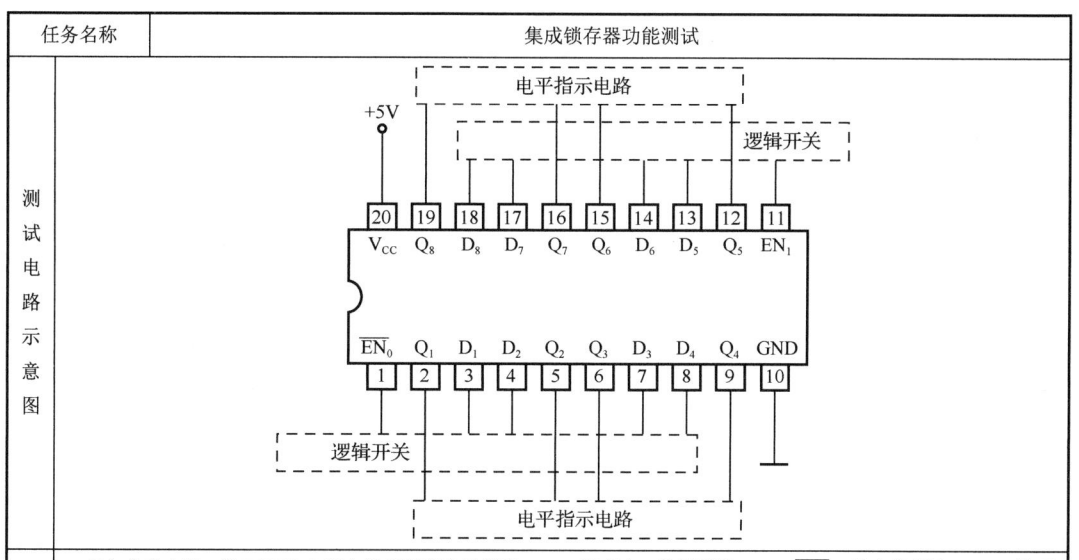

任务名称	集成锁存器功能测试																
测试电路示意图	（74HC373 引脚图：20-V_{CC}，19-Q_8，18-D_8，17-D_7，16-Q_7，15-Q_6，14-D_6，13-D_5，12-Q_5，11-EN_1；1-$\overline{EN_0}$，2-Q_1，3-D_1，4-D_2，5-Q_2，6-Q_3，7-D_3，8-D_4，9-Q_4，10-GND）																
步骤	(1) 参考上图，将 74HC373 插入数字逻辑实验箱的 DIP20 插座中，控制引脚 EN_1、$\overline{EN_0}$、输入数据端 $D_8 \sim D_1$ 接逻辑开关，$Q_8 \sim Q_1$ 接电平指示电路，按图所示连线，检查接线无误后打开电源。 (2) 设置 $\overline{EN_0}$ =0，EN_1=1，随机设置 $D_8 \sim D_1$ 为高或低电平，测量 $Q_8 \sim Q_1$ 是否与 $D_8 \sim D_1$ 的电平一样＿＿＿＿（是、否），改变 $D_8 \sim D_1$ 的值，$Q_8 \sim Q_1$ 是否会相应改变＿＿＿＿（会、不会）。 (3) 设置 $\overline{EN_0}$ =0，EN_1=0，随机设置 $D_8 \sim D_1$ 为高或低电平，测量 $Q_8 \sim Q_1$ 并记入下表中。																
	$\overline{EN_0}$	EN_1	D_8	D_7	D_6	D_5	D_4	D_3	D_2	D_1	Q_8	Q_7	Q_6	Q_5	Q_4	Q_3	Q_2 Q_1
	0	1															
	0	1															
	0	1															
	结论：$Q_8 \sim Q_1$ 是否与 $D_8 \sim D_1$ 的电平一样＿＿＿＿（是、否），改变 $D_8 \sim D_1$ 的值，$Q_8 \sim Q_1$ 是否会相应改变＿＿＿＿（会、不会）。 (4) 设置 $\overline{EN_0}$ =1，EN_1 任意，随机设置 $D_8 \sim D_1$ 为高或低电平，测量 $Q_8 \sim Q_1$ 并记入下表中。																
	$\overline{EN_0}$	EN_1	D_8	D_7	D_6	D_5	D_4	D_3	D_2	D_1	Q_8	Q_7	Q_6	Q_5	Q_4	Q_3	Q_2 Q_1
	1	×															
	1	×															
	1	×															
	结论：$Q_8 \sim Q_1$ 是否与 $D_8 \sim D_1$ 的电平一样＿＿＿＿（是、否），改变 $D_8 \sim D_1$ 的值，$Q_8 \sim Q_1$ 是否会相应改变＿＿＿＿（会、不会）。																
结论	只有当 $\overline{EN_0}$ =0，EN_1=1 时，74HC373 才能接收并输出数据；若 $\overline{EN_0}$ =0，EN_1=0，则 74HC373 输出的数据不随 $D_8 \sim D_1$ 的变化而变化。																

知识点　集成锁存器

集成锁存器内部的单元电路通常是 D 锁存器或 D 触发器。D 锁存器和 D 触发器的区别仅仅是触发信号不同，D 锁存器是电平触发，而 D 触发器则是上升沿或下降沿触发。

集成锁存器 74HC377 的内部电路图如图 8-13 所示，它的功能表如表 8-12 所示。由图 8-13 可知，74HC377 是由 8 个 D 触发器组成的 8 位数据锁存器，$\overline{\text{EN}}$ 是它的使能端，当 $\overline{\text{EN}}$ =0，且 CP 上升沿到达时，锁存器接收新输入的数据；当 $\overline{\text{EN}}$ =1 或无 CP 信号时，锁存器不接收数据。通常 74HC377 作为微型计算机的输入接口。

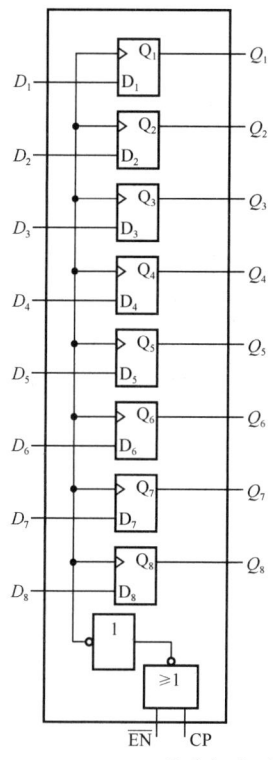

图 8-13　74HC377 的内部电路图

表 8-12　74HC377 的功能表

$\overline{\text{EN}}$	CP	D	Q^{n+1}
1	×	×	Q^n（不变）
0	↑	1	1（$Q^{n+1}=D$）
0	↑	0	0（$Q^{n+1}=D$）
×	0	×	Q^n（不变）

具有缓冲器的集成锁存器 74HC373 的内部电路图如图 8-14 所示，其功能表如表 8-13 所示。

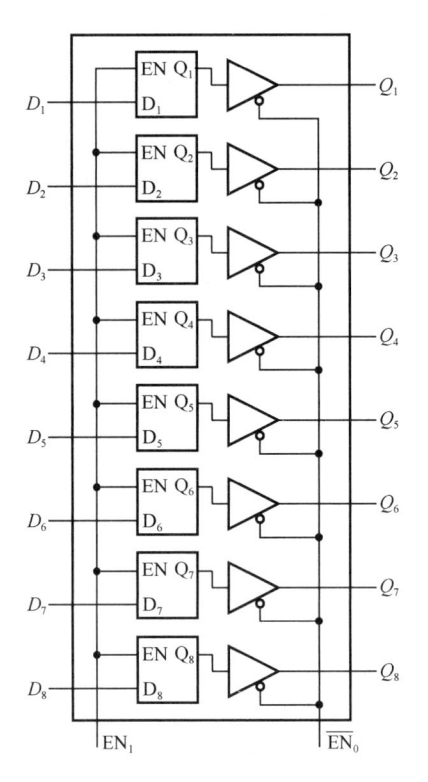

图 8-14　74HC373 的内部电路图

表 8-13　74HC373 的功能表

D 锁存器控制输入 EN_1	缓冲器控制输入 $\overline{EN_0}$	数据输入 D	数据输出 Q^{n+1}
×	1	×	高阻
1	0	1	1（$Q^{n+1}=D$）
1	0	0	0（$Q^{n+1}=D$）
0	0	×	Q^n（不变）

由图 8-14 可以看出，74HC373 是由 8 个 D 锁存器和 8 个三态缓冲器构成的 8 位数据锁存器。当 $EN_1=1$ 时，内部锁存器接收输入数据，并锁存数据；当 $\overline{EN_0}=0$ 时，三态缓冲器把锁存的数据送到输出端。通常 74HC373 作为单片机的输出接口。

技能训练 32　集成寄存器功能测试

完成本任务所需仪器仪表及材料如表 8-14 所示。

集成多功能移位寄存器 74HC194 的测试

集成移位寄存器的测试

表 8-14　完成本任务所需仪器仪表及材料

序　号	名　　称	型号或规格	数　　量	备　注
1	数字万用表	DT9205	1 个	
2	数字逻辑实验箱	THDL-1	1 台	
3	集成多功能移位寄存器	74HC194	1 片	
4	集成移位寄存器	74HC164	1 片	

项目 8　60 秒计时电路的设计与制作

任务书 8-4

任务书 8-4 如表 8-15 所示。

表 8-15　任务书 8-4

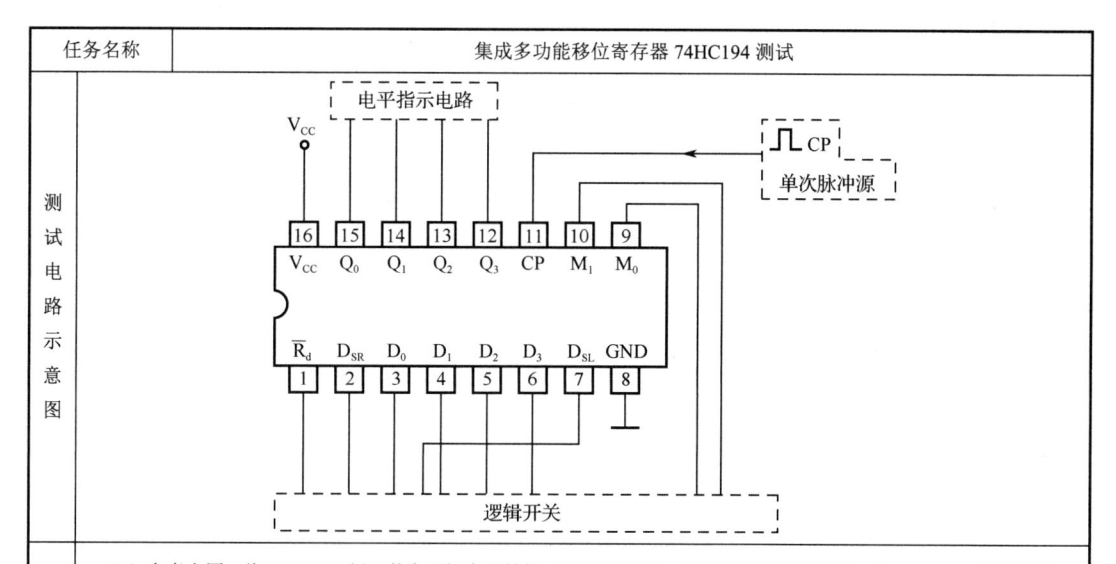

任务名称	集成多功能移位寄存器 74HC194 测试
测试电路示意图	（电路示意图：74HC194 芯片引脚连接电平指示电路、单次脉冲源 CP、逻辑开关）
步骤	（1）参考上图，将 74HC194 插入数字逻辑实验箱的 DIP16 插座中，并行输入数据引脚 D_3、D_2、D_1、D_0 和串行输入数据引脚 D_{SL}、D_{SR}，以及方向控制引脚 M_0、M_1 和清零引脚 $\overline{R_d}$ 均接实验箱的逻辑开关，时钟引脚 CP 接实验箱的单次脉冲按钮，输出端 Q_3、Q_2、Q_1、Q_0 接电平指示电路，按图所示连线。检查接线无误后打开电源。 （2）设置 $\overline{R_d}$、M_0、M_1 的状态，改变 D_3、D_2、D_1、D_0、D_{SL}、D_{SR} 的电平，按单次脉冲源发生按钮输入 CP 信号，测量输出引脚 $Q_3 \sim Q_0$ 的电平并记入下表中。

$\overline{R_d}$	M_0	M_1	D_3	D_2	D_1	D_0	D_{SL}	D_{SR}	CP 时钟	Q_3	Q_2	Q_1	Q_0	说明
0	×	×	×	×	×	×	×	×	×					
1	0	0	×	×	×	×	×	×	×					
1	1	1	0	1	1	0	×	×	↑					
			1	1	0	0	×	×	↑					
			1	1	1	1	×	×	↑					

（3）设置 $\overline{R_d}=1$，$M_0=0$，$M_1=1$，改变 D_3、D_2、D_1、D_0、D_{SL}、D_{SR} 的电平，按单次脉冲源发生按钮输入 CP 信号，测量输出引脚 $Q_3 \sim Q_0$ 的电平并填写下表。

CP 时钟次数	D_3	D_2	D_1	D_0	D_{SL}	D_{SR}	Q_3	Q_2	Q_1	Q_0
第 1 次	0	0	0	0	0	×				
第 2 次	0	0	0	0	1	×				
第 3 次	0	0	0	0	1	×				
第 4 次	0	0	0	0	0	×				
第 5 次	0	0	0	0	1	×				
第 6 次	0	0	0	0	0	×				
第 7 次	0	0	0	0	1	×				
第 8 次	0	0	0	0	0	×				

续表

任务名称	集成多功能移位寄存器 74HC194 测试										
步骤	(4) 设置 $\overline{R_d}=1$，$M_0=1$，$M_1=0$，改变 D_0、D_1、D_2、D_3、D_{SL}、D_{SR} 的电平，按单次脉冲源发生按钮，测量输出引脚 $Q_3 \sim Q_0$ 的电平并填写下表。										
	CP 时钟次数	D_3	D_2	D_1	D_0	D_{SL}	D_{SR}	Q_3	Q_2	Q_1	Q_0
	第 1 次	0	0	0	0	×	0				
	第 2 次	0	0	0	0	×	1				
	第 3 次	0	0	0	0	×	1				
	第 4 次	0	0	0	0	×	0				
	第 5 次	0	0	0	0	×	1				
	第 6 次	0	0	0	0	×	0				
	第 7 次	0	0	0	0	×	1				
	第 8 次	0	0	0	0	×	0				
结论											

项目 8　60秒计时电路的设计与制作

任务书 8-5

任务书 8-5 如表 8-16 所示。

表 8-16　任务书 8-5

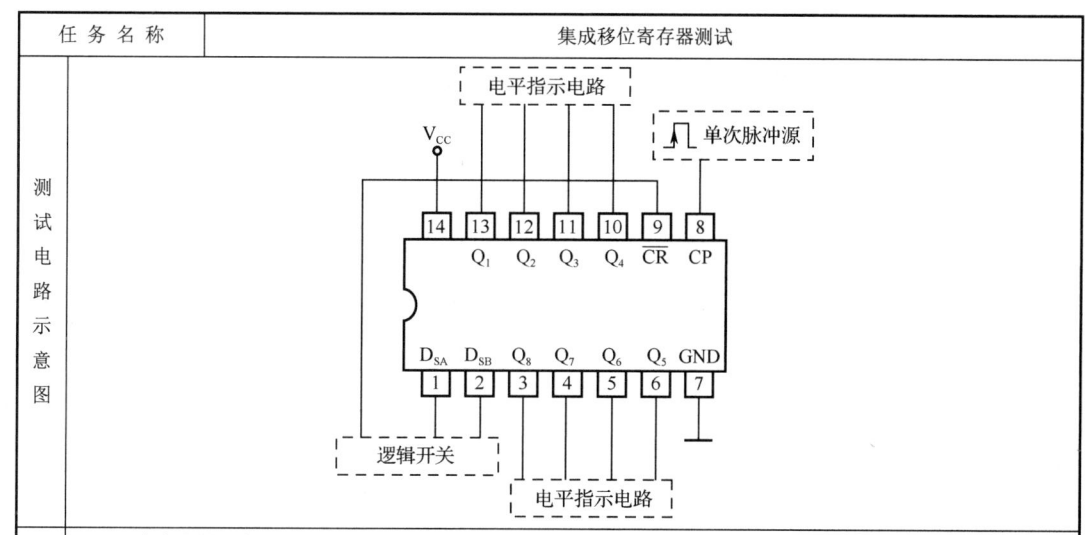

任务名称	集成移位寄存器测试

测试电路示意图	（74HC164 引脚连接图：14脚 V_{CC}；13-10脚 Q_1、Q_2、Q_3、Q_4；9脚 $\overline{CR}$；8脚 CP；1-2脚 D_{SA}、D_{SB}；3-6脚 Q_8、Q_7、Q_6、Q_5；7脚 GND。电平指示电路、单次脉冲源、逻辑开关连接如图所示）
步骤	（1）参考上图，将 74HC164 插入数字逻辑实验箱的 DIP14 插座中，输入数据引脚 D_{SA}、D_{SB} 和清零引脚 $\overline{CR}$ 接实验箱的高/低电平开关，时钟引脚 CP 接实验箱的上升沿发生按钮，按图所示连线。检查接线无误后打开电源。 （2）设置 $\overline{CR}=0$，测量输出引脚 $Q_8 \sim Q_1$ 的电平，$Q_8 \sim Q_1 =$ _____。 （3）设置 $\overline{CR}=1$，$D_{SA}=D_{SB}=1$，按一下 CP 端的上升沿发生按钮，测量输出引脚 $Q_8 \sim Q_1$ 的电平，$Q_8 \sim Q_1 =$ _____；连续按 CP 端的上升沿发生按钮 8 次，记录每次输出引脚 $Q_8 \sim Q_1$ 的电平，并填写下表。可以看出，每来一个上升沿 CP 信号，数据从 Q_8 至 Q_1 自____（左、右）往____（左、右）移动一位。 | $\overline{CR}$ | CP 时钟次数 | D_{SA} | D_{SB} | Q_8 | Q_7 | Q_6 | Q_5 | Q_4 | Q_3 | Q_2 | Q_1 | |---|---|---|---|---|---|---|---|---|---|---|---| | 0 | × | × | × | | | | | | | | | | 1 | 第1次 | 1 | 1 | | | | | | | | | | 1 | 第2次 | 1 | 1 | | | | | | | | | | 1 | 第3次 | 1 | 1 | | | | | | | | | | 1 | 第4次 | 1 | 1 | | | | | | | | | | 1 | 第5次 | 0 | × | | | | | | | | | | 1 | 第6次 | 0 | × | | | | | | | | | | 1 | 第7次 | 0 | × | | | | | | | | | | 1 | 第8次 | × | 0 | | | | | | | | | | 1 | 第9次 | × | 0 | | | | | | | | | | 1 | 第10次 | × | 0 | | | | | | | | | （4）要使输出引脚 $Q_8 \sim Q_1$ 的值为 10100110，如何设置 D_{SA}、D_{SB} 引脚，并送入 CP 信号，试做操作说明。
结论	

知识点　集成寄存器

用于寄存二值代码0和1的时序逻辑电路称为寄存器,寄存器通常由触发器组成。

图8-15是用两个D触发器组成的两位并行输入寄存器逻辑电路图。D_1'、D_0'是两位需要"寄存"的二值代码,当CP上升沿到达时,由D触发器的特性可知,$Q_1^{n+1}Q_0^{n+1} = D_1D_0 = D_1'D_0'$,并行输入的二值代码$D_1'$、$D_0'$被寄存在两个D触发器中,需要时,所寄存的代码可以从输出端Q_1和Q_0并行送出。

市场上的集成寄存器产品比较多,功能上除了能实现并行输入并行输出,还能实现串行输入并行输出、串行输入串行输出、并行输入串行输出等。图8-16和表8-17所示分别为集成多功能移位寄存器74HC194(CC40194)的引脚图和功能表。

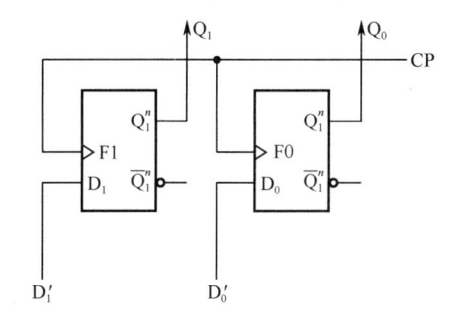

图 8-15　两位并行输入寄存器逻辑电路图 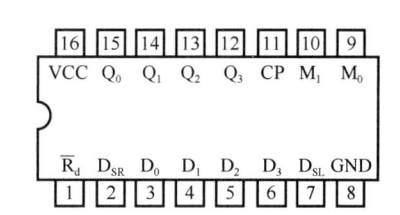　　　　图 8-16　74HC194 的引脚图

表 8-17　74HC194 的功能表

$\overline{R_d}$	M_1	M_0	CP	D_{SL}	D_{SR}	D_3	D_2	D_1	D_0	Q_3	Q_2	Q_1	Q_0	说明
			输入端							输出端				
0	×	×	×	×	×	×	×	×	×	0	0	0	0	异步清零
1	×	×	0	×	×	×	×	×	×	Q_3	Q_2	Q_1	Q_0	保持
1	0	0	×	×	×	×	×	×	×	Q_3	Q_2	Q_1	Q_0	保持
1	0	1	↑	×	S_0	×	×	×	×	S_0	Q_3	Q_2	Q_1	右移
1	0	1	↑	×	S_1	×	×	×	×	S_1	S_0	Q_3	Q_2	右移
1	0	1	↑	×	S_2	×	×	×	×	S_2	S_1	S_0	Q_3	右移
1	0	1	↑	×	S_3	×	×	×	×	S_3	S_2	S_1	S_0	右移
1	1	0	↑	S_3	×	×	×	×	×	Q_2	Q_1	Q_0	S_3	左移
1	1	0	↑	S_2	×	×	×	×	×	Q_1	Q_0	S_3	S_2	左移
1	1	0	↑	S_2	×	×	×	×	×	Q_0	S_3	S_2	S_1	左移
1	1	0	↑	S_0	×	×	×	×	×	S_3	S_2	S_1	S_0	左移
1	1	1	↑	×	×	D_3'	D_2'	D_1'	D_0'	D_3'	D_2'	D_1'	D_0'	并行输入

在图 8-16 中，$\overline{R_d}$ 是异步清零控制端；M_1 和 M_0 决定了 74HC194 的工作方式：M_1M_0=00，芯片处于保持状态，不接收寄存数据；M_1M_0=11，芯片工作于并行输入并行输出状态，D_3~D_0 为 4 位并行数据输入端，Q_3~Q_0 为 4 位并行数据输出端；M_1M_0=10，D_{SL} 为串行左移数据输入端，在每个 CP 的上升沿，D_{SL} 串行依次移入 Q_0~Q_3 中；M_1M_0=01，D_{SR} 为串行右移数据输入端，在每个 CP 的上升沿，D_{SR} 串行依次移入 Q_3~Q_0 中。

集成移位寄存器 74HC164 的内部电路图如图 8-17 所示，它的功能表如表 8-18 所示。

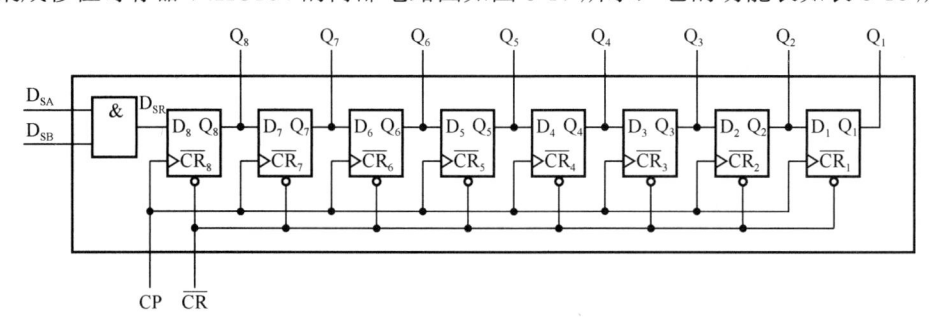

图 8-17 74HC164 的内部电路图

表 8-18 74HC164 的功能表

输入端				输出端								功能说明
$\overline{CR}$	CP	D_{SA}	D_{SB}	Q_8	Q_7	Q_6	Q_5	Q_4	Q_3	Q_2	Q_1	
0	×	×	×	0	0	0	0	0	0	0	0	清零
1	0	×	×	Q_8	Q_7	Q_6	Q_5	Q_4	Q_3	Q_2	Q_1	保持不变
1	↑	1	1	1	Q_8	Q_7	Q_6	Q_5	Q_4	Q_3	Q_2	输入为 1，右移一位
1	↑	0	×	0	Q_8	Q_7	Q_6	Q_5	Q_4	Q_3	Q_2	输入为 0，右移一位
1	↑	×	0	0	Q_8	Q_7	Q_6	Q_5	Q_4	Q_3	Q_2	

由图 8-17 和表 8-18 可以看出，74HC164 实际上是一个 8 位右移寄存器，右移信号 D_{SR} 是由 D_{SA} 和 D_{SB} 相与后送入的，因此，对于串行输入数据，只有 D_{SA} 和 D_{SB} 均为 1 时，输入的串行数据才是 1，只要 D_{SA} 或 D_{SB} 中有一个为 0，串行输入数据就为 0。当只有一路数据时，可把 D_{SA} 和 D_{SB} 并接后作为串行数据的输入。由图 8-17 也可以看出，该集成电路的主要应用是串行输入并行输出。

集成移位寄存器 CD4094 在移位寄存功能上与 74HC164 相当，不同的是，CD4094 带输出缓冲器。CD4094 的内部电路图如图 8-18 所示。

集成移位寄存器 74HC165 是并入左移串出移位寄存器，通常用于单片机输入口扩展。它的原理框图和功能表分别如图 8-19 与表 8-19 所示。

由图 8-19 和表 8-18 可知，D_7~D_0 为 8 位并行数据输入端，D_{SL} 为串行左移数据输入端，Q_8 和 $\overline{Q_8}$ 为互补串行数据输出端，CP_A 是左移驱动信号，上升沿有效。CP_B 是 CP_A 的控制信号，当 CP_B=1 时，CP_A 被封锁，即 CP_A 不起作用；当 CP_B=0，且 CP_A 的上升沿到达时，数据向左移一位，SH/$\overline{LD}$ 为并行输入数据的控制信号，当 SH/$\overline{LD}$ 由 1 变成 0 时，把 8 位并行

项目 8　60 秒计时电路的设计与制作

输入的数据输入寄存器；当 SH/$\overline{\text{LD}}$=1 时，允许数据串行左移。

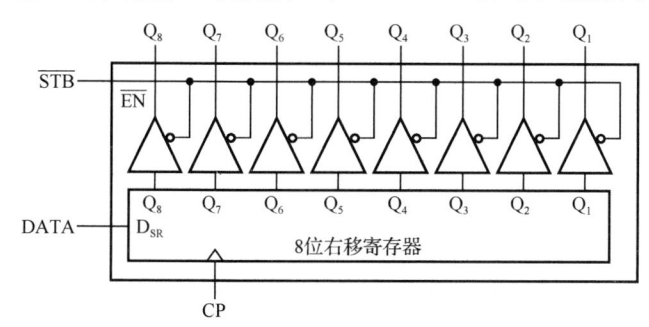

图 8-18　CD4094 的内部电路图

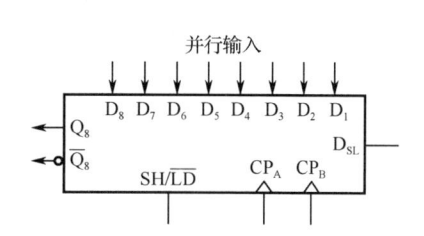

图 8-19　74HC165 的原理框图

表 8-19　74HC165 的功能表

SH/$\overline{\text{LD}}$	CP_A	CP_B	D_{SL}	D_8	D_7	D_6	D_5	D_4	D_3	D_2	D_1	内部								Q_8	$\overline{Q_8}$	功能
												Q_8	Q_7	Q_6	Q_5	Q_4	Q_3	Q_2	Q_1			
0	×	×	×	D_8	D_7	D_6	D_5	D_4	D_3	D_2	D_1	D_8	D_7	D_6	D_5	D_4	D_3	D_2	D_1	D_8	$\overline{D_8}$	并入
1	0	0	×	×	×	×	×	×	×	×	×	D_8	D_7	D_6	D_5	D_4	D_3	D_2	D_1	D_8	$\overline{D_8}$	保持
1	↑	0	1	×	×	×	×	×	×	×	×	D_7	D_6	D_5	D_4	D_3	D_2	D_1	1	D_7	$\overline{D_7}$	左移一位
1	↑	0	0	×	×	×	×	×	×	×	×	D_7	D_6	D_5	D_4	D_3	D_2	D_1	0	D_7	$\overline{D_7}$	左移一位
1	×	1	×	×	×	×	×	×	×	×	×	D_8	D_7	D_6	D_5	D_4	D_3	D_2	D_1	D_8	$\overline{D_8}$	保持

技能训练 33　集成二进制计数器测试

完成本任务所需仪器仪表及材料如表 8-20 所示。

74LS161 功能的测试

表 8-20　完成本任务所需仪器仪表及材料

序号	名称	型号或规格	数量	备注
1	数字万用表	DT9205	1 个	
2	数字逻辑实验箱	THDL-1	1 台	
3	集成二进制计数器	74LS161	1 片	

任务书 8-6

任务书 8-6 如表 8-21 所示。

表 8-21 任务书 8-6

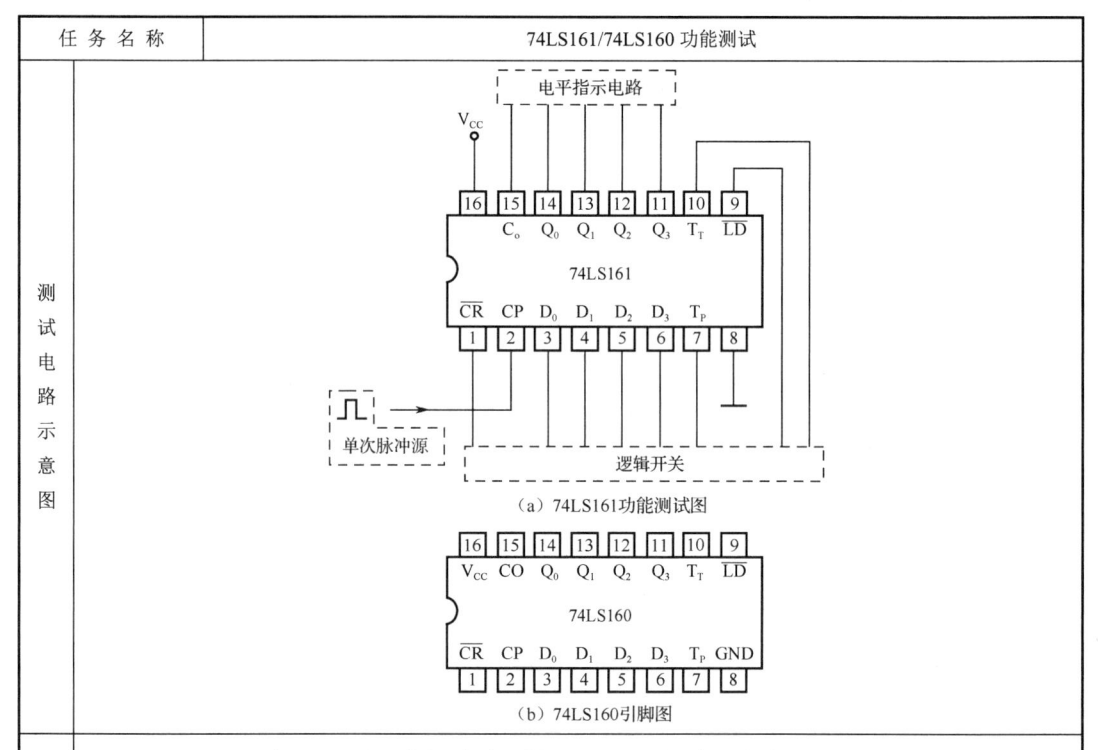

任务名称	74LS161/74LS160 功能测试												
测试电路示意图	（a）74LS161 功能测试图 （b）74LS160 引脚图												
步骤	（1）如图（a）所示，将 74LS161 插入数字逻辑实验箱的 DIP16 插座中，将 CP 接实验箱单次脉冲按钮，$\overline{CR}$、$\overline{LD}$、T_T、T_P、D_0、D_1、D_2、D_3 接逻辑开关按钮，输出端 $Q_3 \sim Q_0$ 接电平指示电路，按图所示连线，检查接线无误后打开电源。 （2）将 $\overline{CR}$ 置低电平，改变 $\overline{LD}$、T_T、T_P 的状态及输入 CP 脉冲，测试 $Q_3 \sim Q_0$ 的状态并记入下表中，$Q_3Q_2Q_1Q_0$=_____ 且保持不变。												
	$\overline{CR}$	$\overline{LD}$	T_T	T_P	D_3	D_2	D_1	D_0	CP 时钟次数	Q_3	Q_2	Q_1	Q_0	C_o
	0	×	×	×	×	×	×	×	×					
	1	0	×	×	0	0	1	1	↑					
	1	1	0	×	×	×	×	×	×					
	1	1	×	0	×	×	×	×	×					
	1	1	1	1	×	×	×	×	第 1 次 ↑					
	1	1	1	1	×	×	×	×	第 2 次 ↑					
	1	1	1	1	×	×	×	×	第 3 次 ↑					
	1	1	1	1	×	×	×	×	第 4 次 ↑					
	1	1	1	1	×	×	×	×	第 5 次 ↑					

续表

任务名称								74LS161/74LS160 功能测试					
步骤	$\overline{CR}$	$\overline{LD}$	T_T	T_P	D_3	D_2	D_1	D_0	CP 时钟次数	Q_3	Q_2	Q_1	Q_0	C_o
	1	1	1	1	×	×	×	×	第 6 次↑					
	1	1	1	1	×	×	×	×	第 7 次↑					
	1	1	1	1	×	×	×	×	第 8 次↑					
	1	1	1	1	×	×	×	×	第 9 次↑					
	1	1	1	1	×	×	×	×	第 10 次↑					
	1	1	1	1	×	×	×	×	第 11 次↑					
	1	1	1	1	×	×	×	×	第 12 次↑					
	1	1	1	1	×	×	×	×	第 13 次↑					
	1	1	1	1	×	×	×	×	第 14 次↑					
	1	1	1	1	×	×	×	×	第 15 次↑					
	1	1	1	1	×	×	×	×	第 16 次↑					
	1	1	1	1	×	×	×	×	第 17 次↑					
	(3) 将 74LS161 用 74LS160 芯片代替,重复上述步骤,74LS160 的引脚图参考图(b)													
结论	74LS161 是十六进制加法计数器,74LS160 是十进制加法计数器													

知识点　常用集成计数器

计数器是对 CP 脉冲进行计数的时序逻辑电路，常由触发器组成。若组成计数器的各个触发器的 CP 不是同一信号，则这样的计数器称为异步计数器；若组成计数器的各个触发器的 CP 为同一信号，则这样的计数器称为同步计数器。

M 进制计数器指的是计数器可以累加计数的数目为 M。$M=8$，计数器就是八进制计数器，表示能够计数的数目从 0 到 7（加法）或从 7 到 0（减法），即二进制的 000 到 111 或 111 到 000。

1. TTL 集成计数器 74LS161

74LS161 是一个集成十六进制同步加法计数器，其逻辑电路框图如图 8-20 所示，功能表如表 8-22 所示。

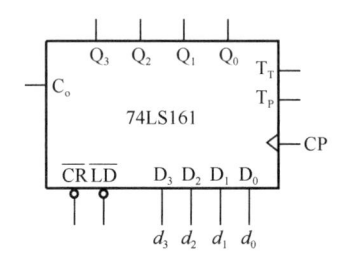

图 8-20　74LS161 的逻辑电路框图

表 8-22　74LS161 的功能表

输　入　端									输　出　端				
$\overline{CR}$	$\overline{LD}$	T_T	T_P	CP	D_3	D_2	D_1	D_0	Q_3	Q_2	Q_1	Q_0	C_o
0	×	×	×	×	×	×	×	×	0	0	0	0	0
1	0	×	×	↑	d_3	d_2	d_1	d_0	d_3	d_2	d_1	d_0	
1	1	0	×	×	×	×	×	×	保持				0
1	1	×	0	×	×	×	×	×	保持				0
1	1	1	1	↑	×	×	×	×	计数，当计数到 1111 时 C_o=1				

根据表 8-22，对 74LS161 的功能说明如下。

（1）异步清零功能。当 $\overline{CR}=0$ 时，不论其他输入如何，输出 $Q_3Q_2Q_1Q_0=0000$，表 8-22 中的 "×" 表示任意。

（2）同步并行置数功能。$\overline{LD}$ 称为预置数控制输入端，在 $\overline{CR}=1$ 的条件下，当 $\overline{LD}=0$ 时，在 CP 脉冲上升沿的作用下，预置好的数据 $D_3D_2D_1D_0$ 被并行地送到输出端，即此时的 $Q_3Q_2Q_1Q_0= D_3D_2D_1D_0= d_3d_2d_1d_0$。

（3）保持功能。在 $\overline{CR}=1$、$\overline{LD}=1$ 的前提下，只要 $T_T \cdot T_P=0$，计数器不计数，输出就保持原有状态不变。

（4）计数功能。正常计数时，必须使 $\overline{CR}=1$、$\overline{LD}=1$、$T_T \cdot T_P=1$。此时，在 CP 上升沿的

作用下，计数器对 CP 的脉冲个数进行加法计数。当计数到 $Q_3Q_2Q_1Q_0$=1111 时，C_o=1。C_o=1 的时间是从 $Q_3Q_2Q_1Q_0$=1111 时起到其状态变化时止。

如何根据功能表正确使用 74LS161 呢？首先要明确让它执行什么功能，然后要对每个输入端根据功能进行正确的设置。例如，用两片 74LS161 组成 8 位二进制数计数器，即 2^8 进制计数器，正确的连线如图 8-21 所示。

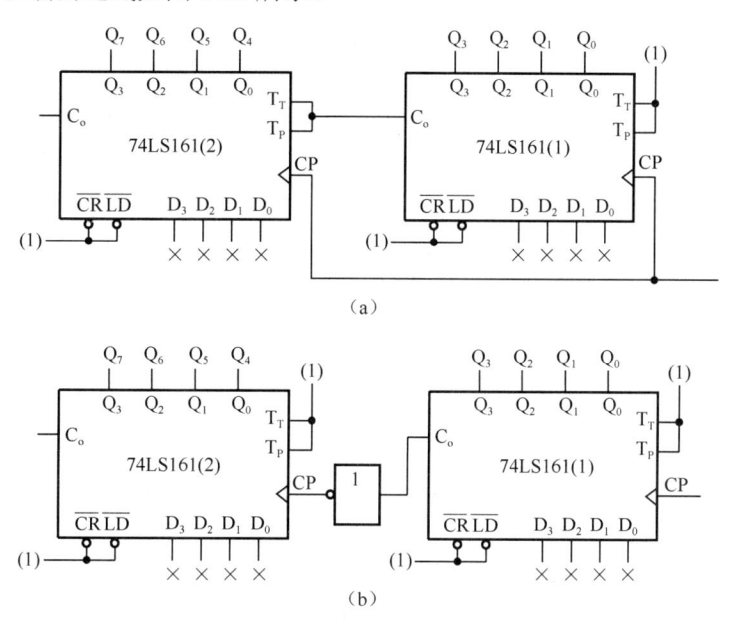

图 8-21 用两片 74LS161 组成 8 位二进制数计数器连线图

在图 8-21（a）中，两片 74LS161 用同一个 CP，CP 对 74LS161(1)每次都进行有效触发，而 CP 对 74LS161(2)的触发是受 $T_T·T_P$ 的控制的，只有当 74LS161(1)的 C_o=1 而使 74LS161(2)的 $T_T·T_P$=1 时，CP 才对 74LS161(2)进行有效触发。

在图 8-21（b）中，用 74LS161(1)的进位 C_o 信号经过非门后作为 74LS161(2)的 CP。注意：根据功能表，74LS161(1)的 C_o 若不经过非门，则在时序上将会出错。这是因为 74LS161(2)的计数发生在 74LS161(1)的 $Q_3Q_2Q_1Q_0$=1111 后往上加 1 变成 0000 时，而 74LS161(1)的进位 C_o 在该时刻由 1 变为 0，但 74LS161(2)的加 1 时钟是上升沿触发的，因此 C_o 必须经非门取反。综合图 8-21 中的两种连线方法，由于图 8-21（b）要增加一个非门且两片之间是异步计数的，速度比图 8-21（a）慢，因此图 8-21（a）所示的连线方法较好。

2. TTL 集成计数器 74LS160

74LS160 是集成十进制同步加法计数器，其逻辑电路框图、功能表与 74LS161 类似，所不同的是 74LS160 的输出 $Q_3Q_2Q_1Q_0$ 只能为 0000～1001，当 $Q_3Q_2Q_1Q_0$=1001 时，C_o=1。74LS160 的逻辑电路框图、功能表分别如图 8-22、表 8-23 所示。用两片 74LS160 组成一百进制计数器的连线图如图 8-23 所示。

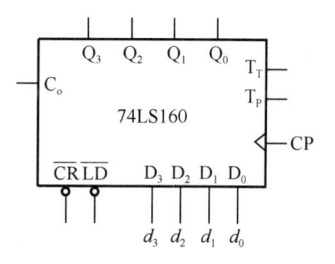

图 8-22 74LS160 的逻辑电路框图

表 8-23 74LS160 的功能表

$\overline{CR}$	$\overline{LD}$	T_T	T_P	CP	D_3	D_2	D_1	D_0	Q_3	Q_2	Q_1	Q_0	C_o
0	×	×	×	×	×	×	×	×	0	0	0	0	0
1	0	×	×	↑	d_3	d_2	d_1	d_0	d_3	d_2	d_1	d_0	
1	1	×	0	×	×	×	×	×	保持				
1	1	0	×	×	×	×	×	×	保持				
1	1	1	1	↑	×	×	×	×	计数				
1	1	1	1	↑	×	×	×	×	1	0	0	1	1

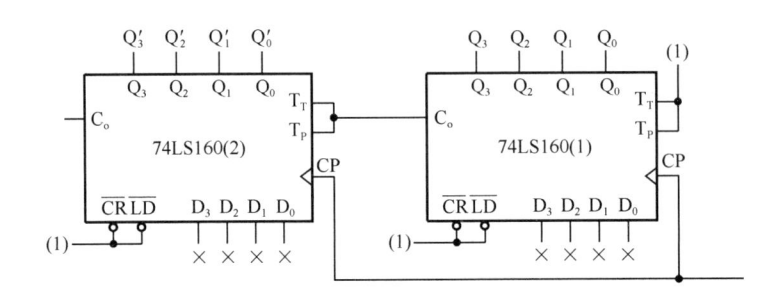

图 8-23 用两片 74LS160 组成一百进制计数器的连线图

3. 十进制同步加/减计数器 CC40192

CC40192 是双时钟同步计数器,它既可实现加法计数,又可实现减法计数,它的逻辑电路图、功能表分别如图 8-24 和表 8-24 所示,其功能时序图如图 8-25 所示。

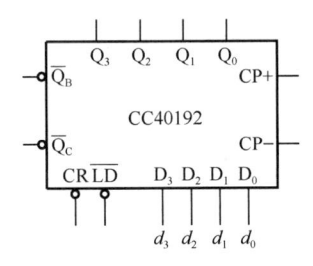

图 8-24 CC40192 的逻辑电路图

表 8-24 CC40192 的功能表

CR	$\overline{LD}$	CP+	CP−	D_3	D_2	D_1	D_0	Q_3	Q_2	Q_1	Q_0	$\overline{Q_C}$	$\overline{Q_B}$
1	×	×	×	×	×	×	×	0	0	0	0	1	1
0	0	×	×	d_3	d_2	d_1	d_0	d_3	d_2	d_1	d_0		

续表

输入端								输出端				
CR	$\overline{LD}$	CP+	CP-	D_3	D_2	D_1	D_0	Q_3	Q_2	Q_1	Q_0	$\overline{Q_C}$	$\overline{Q_B}$
0	1	1	1	×	×	×	×	保持					
0	1	↑	1	×	×	×	×	加法计数				1	1
0	1	0	1	×	×	×	×	1	0	0	1	0	1
0	1	1	↑	×	×	×	×	减法计数				1	1
0	1	1	0	×	×	×	×	0	0	0	0	1	0

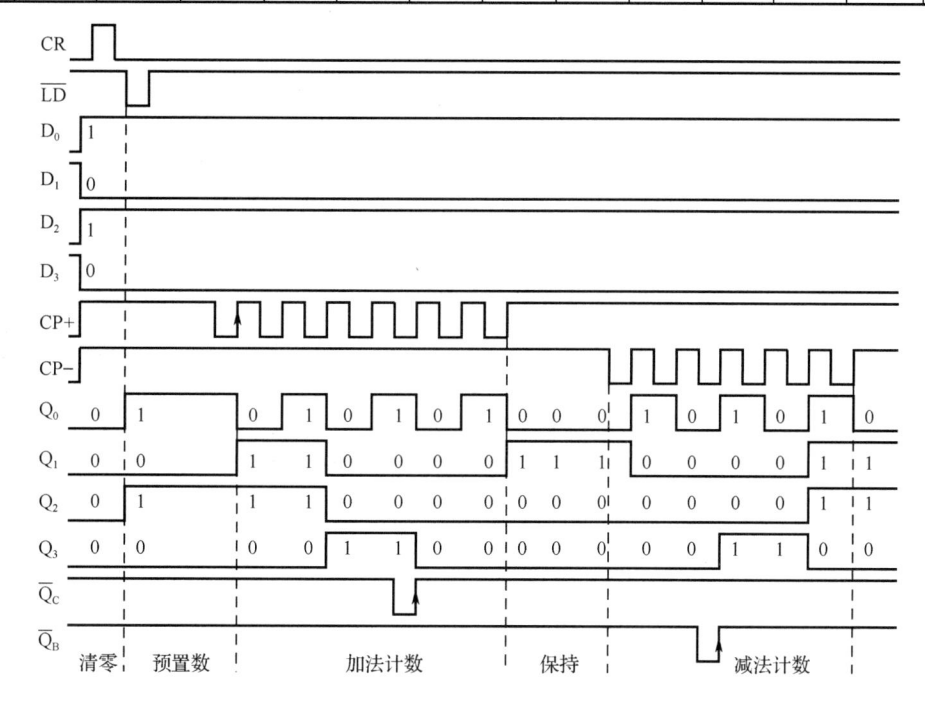

图 8-25　CC40192 的功能时序图

根据功能表和功能时序图，对 CC40192 的功能说明如下。

（1）异步清零功能。当 CR=1 时，无论其他输入如何，$Q_3Q_2Q_1Q_0$=0000。

（2）异步并行置数功能。在 CR=0 的条件下，只要 $\overline{LD}$=0，预置好的数据就被并行地送到输出端，即此时有 $Q_3Q_2Q_1Q_0=D_3D_2D_1D_0=d_3d_2d_1d_0$。

（3）保持功能。当 CR 为 0，$\overline{LD}$、CP+ 与 CP- 为 1 时，计数器不计数，输出保持原有状态不变。

（4）加法计数功能。当 CR 为 0，$\overline{LD}$ 与 CP- 为 1 时，在 CP+ 上升沿的作用下，计数器进行加法计数。

（5）减法计数功能。当 CR 为 0，$\overline{LD}$ 与 CP+ 为 1 时，在 CP- 上升沿的作用下，计数器进行减法计数。

（6）进位和借位功能。在进行加法计数时，当计数器计数到 $Q_3Q_2Q_1Q_0$=1001 时，CP+

还必须由高电平回到低电平,只有这样,$\overline{Q_C}$才输出进位负脉冲,从功能时序图中可以看出进位信号的时间,或者说,进位负脉冲的宽度只有CP+低电平的宽度。从功能时序图中也可以看出进位负脉冲的上升沿刚好和下一个CP+的上升沿同步,为此,进位负脉冲的上升沿可以作为高位计数器的CP+信号;在进行减法计数时,借位信号也具有和进位信号相同的特性,因此借位信号$\overline{Q_B}$的上升沿也可作为高位计数器的CP-信号。

根据以上对CC40192功能的说明,特别是根据功能时序图对端口$\overline{Q_C}$和$\overline{Q_B}$在时序上的说明可以肯定,在用两片CC40192接成一百进制加法计数器时,应按图8-26进行连线。

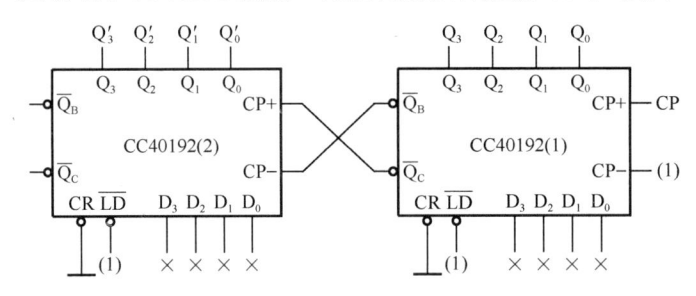

图8-26 用两片CC40192接成一百进制加法计数器连线图

技能训练34 八进制计数器的设计

完成本任务所需仪器仪表及材料如表8-25所示。

八进制计数器设计

表8-25 完成本任务所需仪器仪表及材料

序 号	名 称	型号或规格	数 量	备 注
1	数字万用表	DT9205	1个	
2	数字逻辑实验箱	THDL-1	1台	
3	集成二进制计数器	74LS160	1片	
4	集成四2输入与非门	CD4012	1片	

项目 8 60 秒计时电路的设计与制作

任务书 8-7

任务书 8-7 如表 8-26 所示。

表 8-26 任务书 8-7

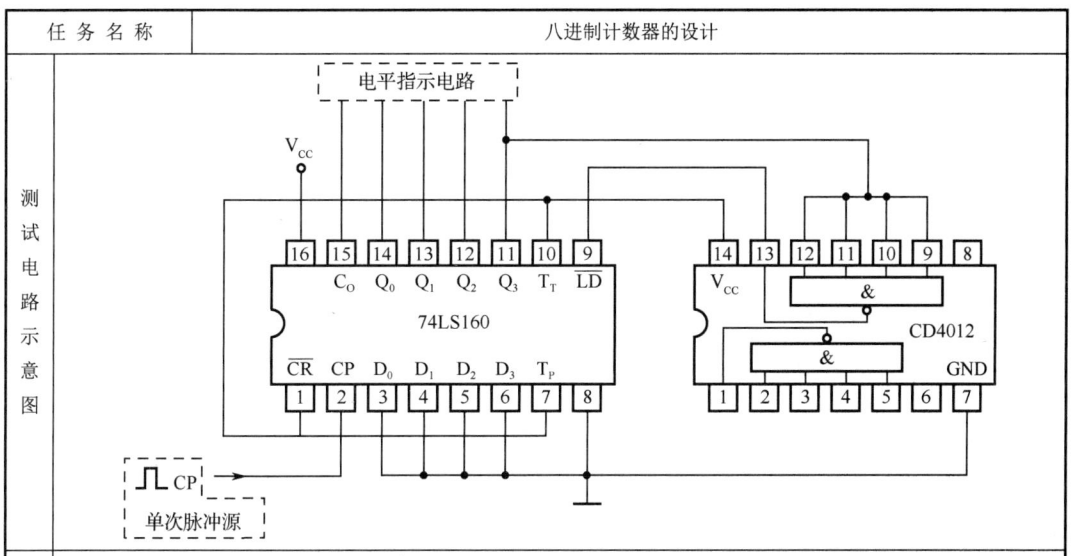

任务名称	八进制计数器的设计
测试电路示意图	（电路示意图：74LS160 与 CD4012 连接电路，含电平指示电路、V_{CC}、单次脉冲源 CP、$\overline{CR}$、CP、D_0、D_1、D_2、D_3、T_P、C_O、Q_0、Q_1、Q_2、Q_3、T_T、$\overline{LD}$ 等引脚标识）
步骤	(1) 如上图所示，将 74LS160、CD4012 分别插入数字逻辑实验箱的 DIP16、DIP14 插座中，将 CP 接实验箱单次脉冲源按钮，74LS160 的 $\overline{CR}$、T_T、T_P 接电源，D_3、D_2、D_1、D_0 接地，输出端 Q_3、Q_2、Q_1、Q_0 接电平指示电路，同时，Q_3 接 CD4012 与非门的输入端，与非门的输出端接 74LS160 的 $\overline{LD}$，按图所示连线，检查接线无误后开电源。 (2) 输入 CP 脉冲，测试 Q_3、Q_2、Q_1、Q_0 的状态，画出 Q_3、Q_2、Q_1、Q_0 的状态转换图并填入下表。 | CP	Q_3	Q_2	Q_1	Q_0	画出 Q_3、Q_2、Q_1、Q_0 的状态转换图
---	---	---	---	---	---
↑					
↑					
↑					
↑					
↑					
↑					
↑					
↑					
↑						 (3) 利用上述反馈置数法，用两片二进制计数器 74LS160 和一片四 2 输入与非门 CD4012 设计一个六十进制计数器（计数值为 0～59），完成原理图设计，写出测试步骤，进行电路安装与测试，撰写设计测试报告
结论	

项目 8　60 秒计时电路的设计与制作

知识点　高进制计数器变成低进制计数器的方法

目前，市售的集成计数器的进制只有应用最广泛的几种，如十进制、十六进制计数器等，在实用中需要其他进制计数器时，只能用已有的集成计数器产品经过一定的处置来得到。例如，需要用到六十进制计数器，但是市场上买不到六十进制计数器，此时就需要先把两片十进制计数器级联成一百进制计数器，再把它变成六十进制计数器。这就是所谓的把高进制计数器变成低进制计数器。把高进制计数器变成低进制计数器通常有两种方法：反馈清零法、反馈置数法。

1. 反馈清零法

通常所有的集成计数器都有异步清零功能，利用集成计数器的异步清零功能把高进制计数器变成低进制计数器的方法称为反馈清零法。

把高进制计数器变成低进制计数器总是要把高进制计数器的全部输出状态中的一部分去掉。例如，74LS160 是同步十进制计数器，它的输出状态共有 10 个，要把 74LS160 变成六进制计数器，就需要在 10 个状态中去掉 4 个，图 8-27（a）所示为根据 74LS160 的状态转换图，利用第 7 个状态 0110 的出现进行清零，从而去掉 0110、0111、1000、1001 四个状态，使原来的十进制计数器成为六进制计数器。利用 0110 这个状态的"出现"是指清零需要这个状态，但这个状态一出现，电路就被清零，因此这个状态出现的时间极短，故 0110 这个状态不能成为计数器的有效状态，计数器的有效状态为 0000～0101，共 6 个。由 74LS160 构成六进制计数器的连线图和它作为六进制计数器工作时的时序图分别如图 8-27（b）、（c）所示。

由于反馈清零信号 $\overline{CR}$ 的负脉冲随着计数器被清零而消失，因此 $\overline{CR}$ 负脉冲保持时间极短。如果组成集成计数器的各个触发器清零所需的时间有差异，则可能有些触发器没有真正清零，而此时清零信号已经消失，从而导致清零失败，产生差错。又由于集成计数器变成六进制计数器后，1001 状态被去掉，因此 C_o 总为低电平，即集成计数器本身不会送出进位信号。如果用 $\overline{CR}$ 的负脉冲作为进位输出信号，则会由于该脉冲宽度非常窄而不能有效地触发后边的触发器。从时序图上可以看出 $\overline{Q_2}$ 的上升沿在时序上刚好是六进制计数器的进位时序，因此用 $\overline{Q_2} = C'_o$ 作为进位信号。

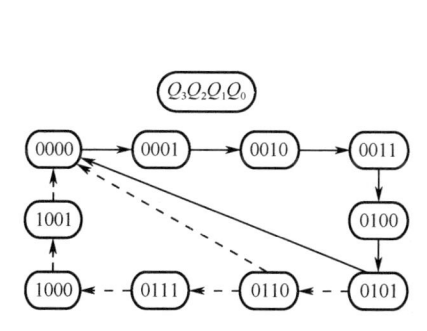

（a）由10个状态去掉4个状态的状态转换图　　（b）用反馈清零法把74LS160接成六进制计数器的连线图

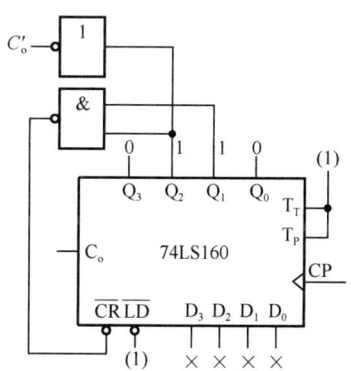

图 8-27　反馈清零法

(c) 工作时的时序图

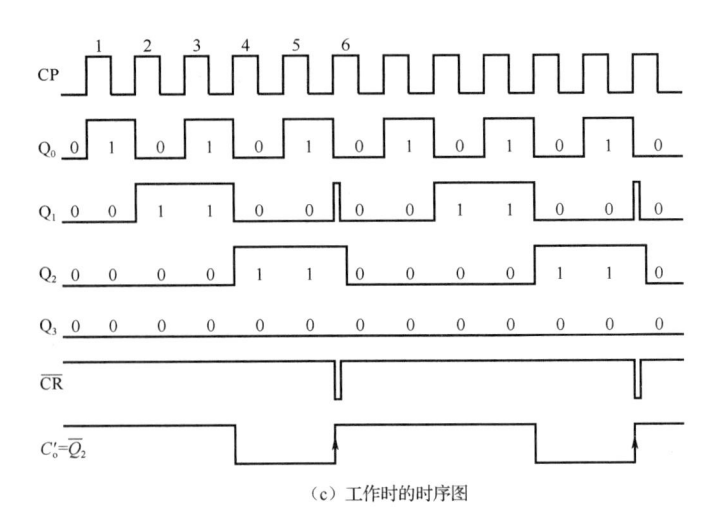

图 8-27 反馈清零法（续）

通过对由反馈清零法把高进制计数器变成低进制计数器的分析可知，这一方法存在着可靠性差、需要增加电路给出进位信号的不足，因此，只有在集成计数器没有预置功能的情况下才可以采用，对于像 74LS160 这样具有同步并行置数功能的集成计数器，均应采用反馈置数法。

2. 反馈置数法

（1）利用同步并行置数功能实现反馈置数。

对于具有同步并行置数功能的集成计数器，采用反馈置数法把高进制计数器变成低进制计数器既方便又可靠，图 8-28（a）、(b)、(c) 所示分别为把具有同步并行置数功能的 74LS160 接成六进制计数器的连线图、状态转换图和时序图。

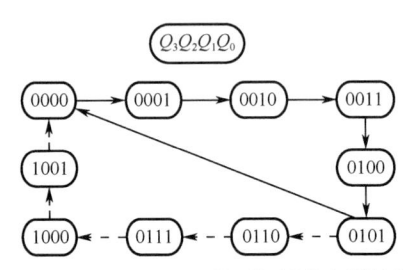

根据 74LS160 的功能说明，$\overline{LD}$ 是同步并行置数控制输入端，当 $Q_3Q_2Q_1Q_0$=0101 时，$\overline{LD}$=0；在下一个 CP 的作用下，$Q_3Q_2Q_1Q_0=D_3D_2D_1D_0$=0000，由图 8-28（c）可以看出，$\overline{LD}$ 的负脉冲是一个稳定的宽度为一个 CP 周期的信号，其上升沿和第 6 个 CP 的上升沿同步，因此 $\overline{LD}$ 既是置数控制输入端，又可作为进位输出端。

应特别注意的是，当用 74LS160 按反馈置数法接成六进制计数器时，第 7 个状态 0110 不出现，这是它与反馈清零法的一个区别。

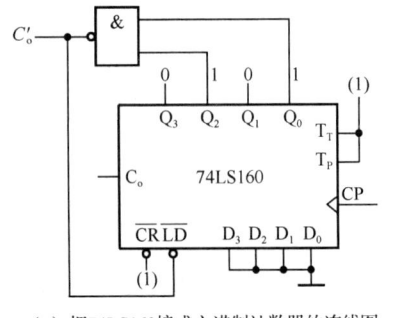

(a) 把74LS160接成六进制计数器的连线图　　(b) 把74LS160接成六进制计数器的状态转换图

图 8-28 利用反馈置数法把 74LS160 接成六进制计数器

(c) 把74LS160接成六进制计数器的时序图

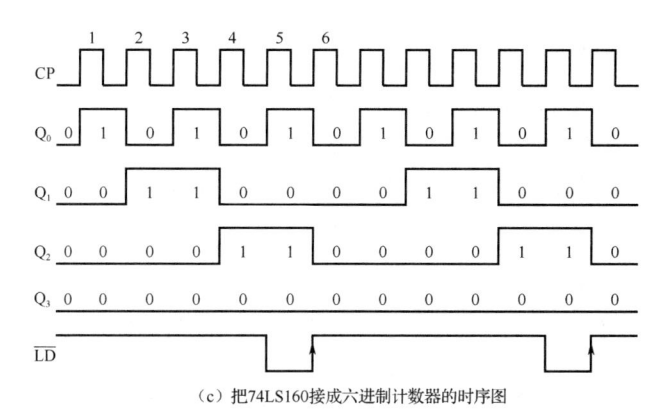

图 8-28 利用反馈置数法把 74LS160 接成六进制计数器（续）

（2）利用异步并行置数功能实现反馈置数。

异步并行置数功能是指只要预置控制输入 $\overline{LD}$ =0，无论 CP 如何，计数器的输出 $Q_3Q_2Q_1Q_0$ 应立即等于预置数，即 $Q_3Q_2Q_1Q_0=D_3D_2D_1D_0$=0000。利用异步并行置数功能把高进制计数器变成低进制计数器的方法与反馈清零法类同，也要借助第 7 个状态 0110 的出现，使 $\overline{LD}$ =0，从而立即使输出 $Q_3Q_2Q_1Q_0$ 等于预置数。$\overline{LD}$ =0 的时间极短，也不适合作为进位输出信号，但是置数的可靠性比异步清零的可靠性高，前面已介绍十进制集成计数器 CC40192 具有异步并行置数功能，用此功能把 CC40192 接成六进制计数器时的连线图、状态转换图和时序图分别如图 8-29（a）、(b)、(c) 所示。

(a) 用CC40192接成的六进制计数器的连线图

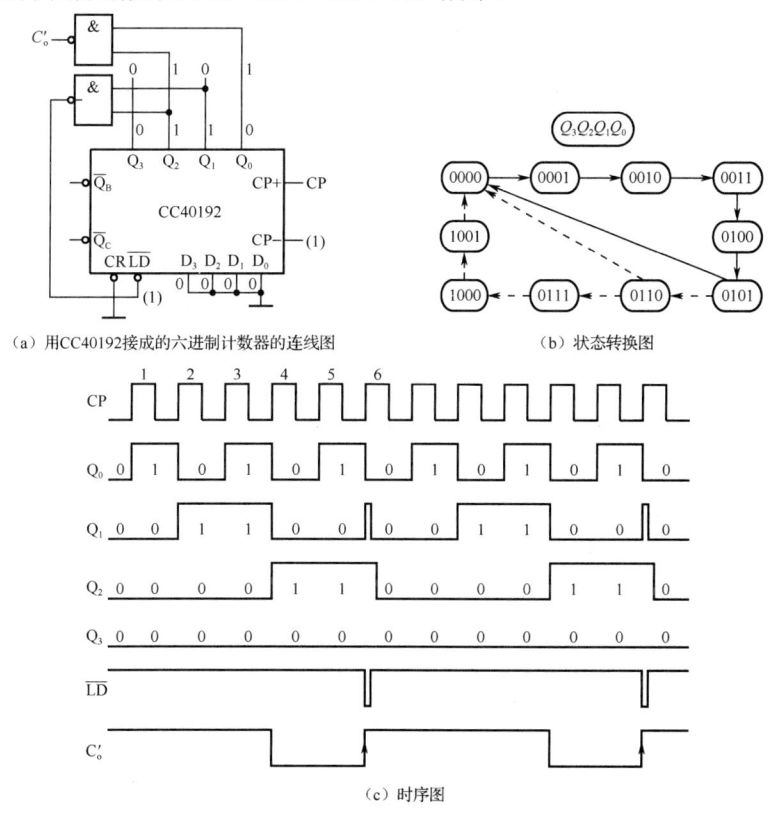

(b) 状态转换图

(c) 时序图

图 8-29 利用异步置数功能把 CC40192 接成六进制计数器

3. 六十进制计数器

（1）用两片 74LS160 接成六十进制计数器。

首先把两片 74LS160 接成一百进制计数器，再用同步并行置数功能把一百进制计数器变成六十进制计数器，其进位输出就取 $\overline{LD}$，如图 8-30 所示。

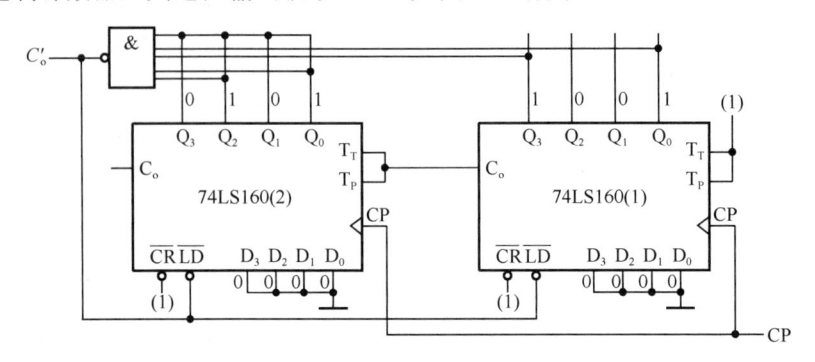

图 8-30 用两片 74LS160 接成的六十进制计数器连线图

（2）用两片 CC40192 接成六十进制加法计数器。

首先把两片 CC40192 接成一百进制加法计数器，再用异步并行置数功能把一百进制计数器变成六十进制计数器，进位 C'_o 取高位 CC40192 的 $\overline{Q'_2}$，如图 8-31 所示。

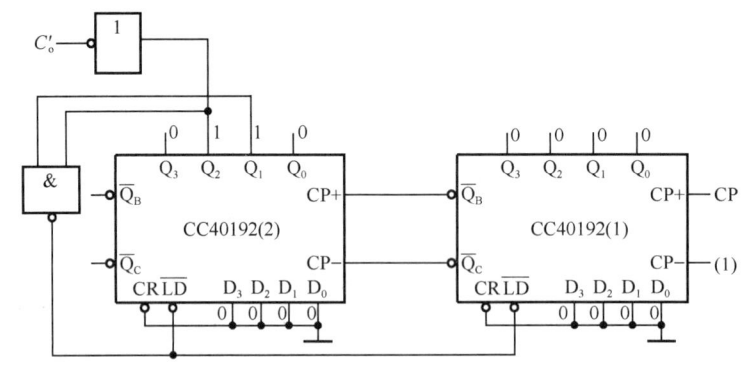

图 8-31 用两片 CC40192 接成的六十进制加法计数器连线图

同步时序逻辑电路的分析和同步计数器的设计

知识拓展　同步时序逻辑电路的分析和同步计数器的设计

数字系统在结构上是由组合电路和触发器组成的，其中触发器是必不可少的；在输出和输入的关系上，电路在 CP 到达时的输出状态不仅取决于电路在 CP 到达时的输入信号，还取决于 CP 到达前电路的输出状态，具有这样结构和特点的一类电路称为时序逻辑电路。时序逻辑电路分同步时序逻辑电路和异步时序逻辑电路两类。触发器电路里所有的触发器都有一个统一的时钟源，它们的状态在同一时刻更新，称为同步时序逻辑电路。而异步时序逻辑电路则是指触发器没有统一的时钟脉冲或没有时钟脉冲，电路的状态更新不是同时发生的。

时序电路的基本结构如图 8-32 所示，其中，I 为输入信号，O 为输出信号，E 为使触发器转换为下一个状态的激励信号，S 为触发器的状态信号。状态信号 S 被反馈到组合电路的输入端,与输入信号 I 一起决定输出信号 O。描述输出信号 O 与输入信号 I、状态信号 S 之间的关系的函数称为输出函数;描述激励信号 E 与输入信号 I、状态信号 S 之间的关系的函数称为激励函数,又称控制函数。

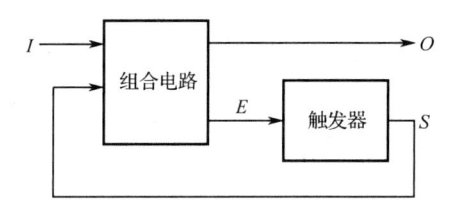

图 8-32 时序电路的基本结构

1. 同步时序逻辑电路的分析

同步时序逻辑电路的分析是指根据已有的电路图,通过画出状态转换图来分析电路的工作过程,以及其输入与输出之间的关系。分析步骤如下。

(1)根据给定的同步时序逻辑电路列出电路中组合电路的输出函数和各触发器的激励函数。

(2)列出组合电路的状态真值表。真值表的输入是时序逻辑电路的输入和现态,真值表的输出是时序逻辑电路的输出及各触发器的数据输入。

(3)列出时序逻辑电路的次态。

(4)画出状态转换图。

(5)分析时序逻辑电路的外部性能。

例 8-1 分析如图 8-33 所示的同步时序逻辑电路。

解:(1)列出电路的输出函数和触发器的激励函数。

$$\begin{cases} Z = A \oplus B \oplus Q \\ J = AB \\ K = \overline{AB} \end{cases}$$

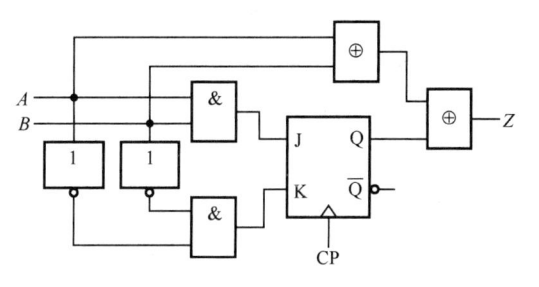

图 8-33 同步时序逻辑电路

(2)列出组合电路的状态真值表,如表 8-27 所示。

表 8-27 组合电路的状态真值表

现态	输	入	触发器输入		输 出
Q^n	A	B	J	K	Z
0	0	0	0	1	0
0	0	1	0	0	1
0	1	0	0	0	1
0	1	1	1	0	0
1	0	0	0	1	1
1	0	1	0	0	0
1	1	0	0	0	0
1	1	1	1	0	1

（3）列出时序逻辑电路的状态真值表。表 8-28 以时序逻辑电路的输入 A、B 和触发器的现态的所有可能的组合为输入，对照表 8-27，查得对应的 J、K 值，由 JK 触发器的功能表可以得到触发器的次态。

表 8-28 时序逻辑电路的状态真值表

现 态	输 入		次 态
Q^n	A	B	Q^{n+1}
0	0	0	0
0	0	1	0
0	1	0	0
0	1	1	1
1	0	0	0
1	0	1	1
1	1	0	1
1	1	1	1

（4）由表 8-28 画出状态转换图，如图 8-34 所示。

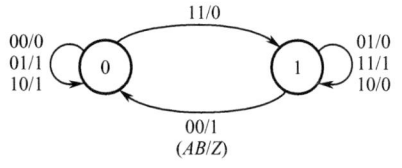

图 8-34 状态转换图

（5）分析时序逻辑电路的外部性能。由状态转换图可知，当 A、B 和 Q^n 中有奇数个 1 时，输出 $Z=1$，否则 $Z=0$；当 A、B 和 Q^n 中有两个或两个以上 1 时，$Q^{n+1}=1$，否则 $Q^{n+1}=0$。因此，此电路是一个串行二进制加法器，其中，A、B 为被加数和加数，Z 为和数，JK 触发器存放进位值。

2．模 2^n 同步加法计数器的设计

设计模 2^n 同步加法计数器的一般方法如下。

（1）用 T 触发器和有关门电路组成。

（2）无论触发器是用上升沿触发还是用下降沿触发，只要令组成计数器的各个触发器由低位到高位的激励函数为

$$\begin{cases} T_0 = 1 \\ T_1 = Q_0^n \\ T_2 = Q_0^n Q_1^n \\ T_3 = Q_0^n Q_1^n Q_2^n \end{cases}$$

即可组成模 2^n 同步加法计数器。

根据上述方法，用 4 个 JK 触发器组成的模 $2^4=16$ 同步加法计数器如图 8-35 所示，由逻辑电路可以看出，电路中的 JK 触发器实际上已经转换成 T 触发器。在电路图中，CP 是同时加到各个触发器上去的，但是 T 触发器只有在 $T=1$ 时才会触发翻转，对于 F_0 触发器，由于 $T\equiv1$，因此每个 CP 都使其触发翻转；而对于 F_1 触发器，$T_1=Q_0^n$，因此，必须待 $Q_0^n=1$ 以后，它才会在 CP 的作用下翻转。同理可以分析 F_2 触发器、F_3 触发器的翻转情况，从而

项目 8 60 秒计时电路的设计与制作

得到如图 8-36 所示的时序图,根据时序图画出状态转换图,如图 8-37 所示。

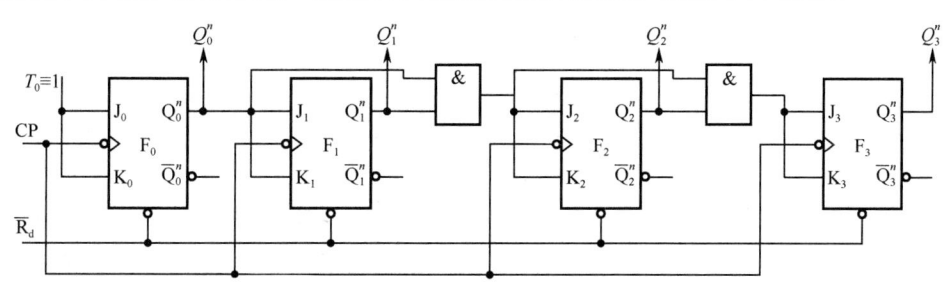

图 8-35 模 16 同步加法计数器

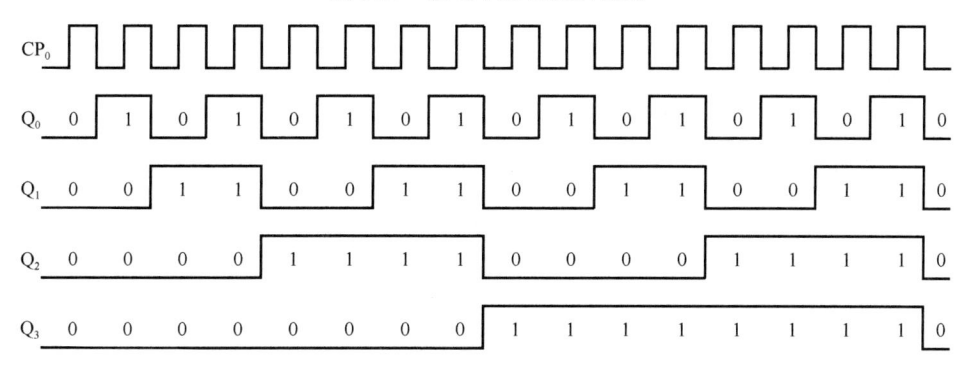

图 8-36 模 16 同步加法计数器的时序图

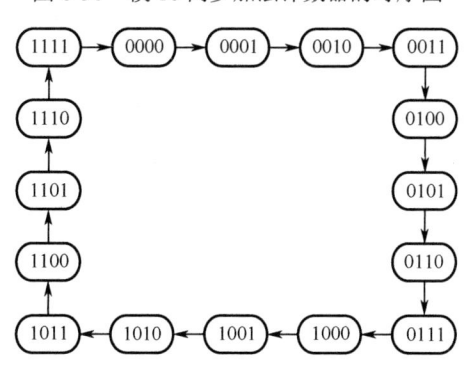

图 8-37 模 16 同步加法计数器的状态转换图

对模 16 同步加法计数器的分析,可以根据前述同步时序逻辑电路的分析方法,也可以按以下方法进行:首先把激励函数代入触发器的特性方程,得到各个触发器的次态关系式:

$$
\begin{cases}
Q_0^{n+1} = T_0\overline{Q_0^n} + \overline{T_0}Q_0^n \Big|_{T_0 \equiv 1} = \overline{Q_0^n} \\
Q_1^{n+1} = T_1\overline{Q_1^n} + \overline{T_1}Q_1^n \Big|_{T_1 = Q_0^n} = Q_0^n\overline{Q_1^n} + \overline{Q_0^n}Q_1^n \\
Q_2^{n+1} = T_2\overline{Q_2^n} + \overline{T_2}Q_2^n \Big|_{T_2 = Q_0^n Q_1^n} = Q_0^n Q_1^n \overline{Q_2^n} + \overline{Q_0^n Q_1^n}Q_2^n \\
Q_3^{n+1} = T_3\overline{Q_3^n} + \overline{T_3}Q_3^n \Big|_{T_3 = Q_0^n Q_1^n Q_2^n} = Q_0^n Q_1^n Q_2^n \overline{Q_3^n} + \overline{Q_0^n Q_1^n Q_2^n}Q_3^n
\end{cases}
$$

即

$$\begin{cases} Q_0^{n+1} = \overline{Q_0^n} \\ Q_1^{n+1} = Q_0^n \overline{Q_1^n} + \overline{Q_0^n} Q_1^n \\ Q_2^{n+1} = Q_0^n Q_1^n \overline{Q_2^n} + \overline{Q_0^n Q_1^n} Q_2^n \\ Q_3^{n+1} = Q_0^n Q_1^n Q_2^n \overline{Q_3^n} + \overline{Q_0^n Q_1^n Q_2^n} Q_3^n \end{cases}$$

在已知前态 $Q_3^n Q_2^n Q_1^n Q_0^n$ 后，就可以得到 CP 到达后的次态 $Q_3^{n+1} Q_2^{n+1} Q_1^{n+1} Q_0^{n+1}$。例如，前态为 $Q_3^n Q_2^n Q_1^n Q_0^n$ =0000，由上式可以算出 $Q_3^{n+1} Q_2^{n+1} Q_1^{n+1} Q_0^{n+1}$ =0001，逐个计算下去，就可以得到如图 8-36 和图 8-37 所示的电路的时序图与状态转换图。

3．模 2^n 同步减法计数器的设计

设计模 2^n 同步减法计数器的一般方法如下。

（1）用 T 触发器和有关门电路组成。

（2）无论触发器是用上升沿触发还是用下降沿触发，只要令各个触发器的驱动方程为

$$\begin{cases} T_0 = 1 \\ T_1 = \overline{Q_0^n} \\ T_2 = \overline{Q_0^n Q_1^n} \\ T_3 = \overline{Q_0^n Q_1^n Q_2^n} \end{cases}$$

即可组成模 2^n 同步减法计数器。

图 8-38 所示为用 4 个 T 触发器组成的模 16 同步减法计数器的逻辑电路图。

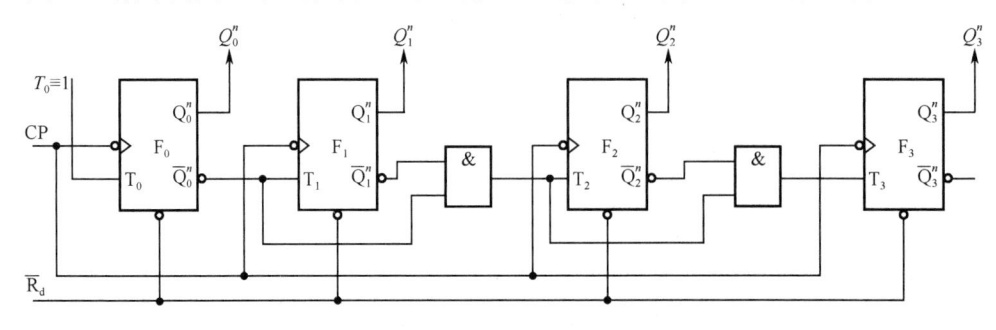

图 8-38　模 16 同步减法计数器的逻辑电路图

项目实施　60 秒计时电路的设计与制作

1．电路原理分析

（1）信号产生电路。

由 RC 组成的多谐振荡器的频率稳定性较差，电源电压波动、温度变化、RC 参数的变化都会使频率发生变化，在数字电路中，有时对频率的稳定性要求比较高，如时钟信号。石英晶体多谐振荡器是频率十分稳定的振荡器，它的频率稳定度 $\Delta f_0/f_0$ 可达 10^{-10}，这是因为该振荡器的频率取决于石英晶体的固有谐振频率，而与外接电阻、电容无关。各种谐振频率的石英晶体已被制成标准化、系列化的产品，在电子市场上到处有售。石英晶体的符号和由石英晶体构成的多谐振荡电路分别如图 8-39（a）、(b）所示。

60s 计时电路的设计与制作

项目 8 60 秒计时电路的设计与制作

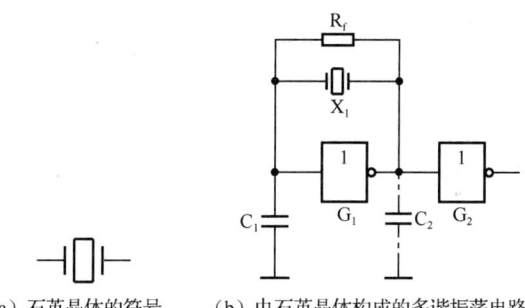

(a) 石英晶体的符号   (b) 由石英晶体构成的多谐振荡电路

图 8-39 石英晶体的符号和振荡电路

在图 8-39（b）中，非门 G_2 用来改善 G_1 的输出波形，增强石英晶体振荡电路的带负载能力；C_1 是频率微调电容；R_f 是反馈电阻，通常为几十兆欧；电容 C_2 起温度特性调整作用。

利用石英晶体多谐振荡器产生 1 秒信号的电路，即秒信号产生电路如图 8-40 所示，石英晶体的谐振频率为 32768Hz，经 G_1 振荡、G_2 整形以后，得到 f=32768Hz 的稳定信号，该信号经过 15 个 D 触发器组成的 2^{15}=32768 次分频，即可得到 1 秒信号。

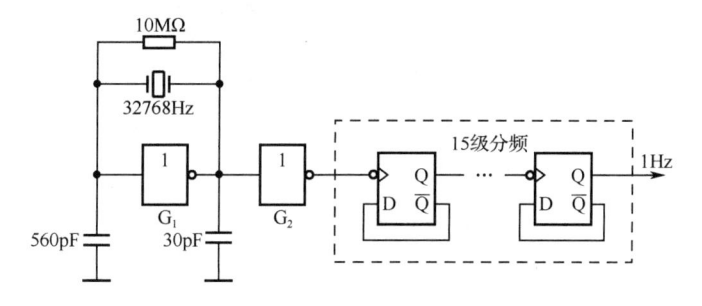

图 8-40 秒信号产生电路

CD4060 是集成 14 位二进制串行计数器，内部包含两个非门和 14 级 2 分频电路，是实现如图 8-40 所示的电路的理想器件。CD4060 引脚图如图 8-41 所示，其中的 Q_4~Q_{14} 依次是它的 2^4 分频、2^5 分频……2^{14} 分频输出脚，CR 是对 Q_4~Q_{14} 进行同时清零的控制输入端，高电平有效。

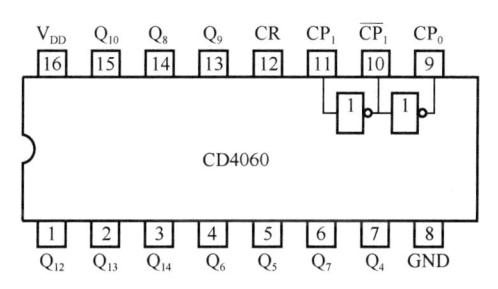

图 8-41 CD4060 引脚图

（2）六十进制计数、译码驱动显示电路。

六十进制计数、译码驱动显示电路由十进制计数器 74LS160、反码输出的数字显示译码器 74LS247 和共阳数码管 SM41056 组成。

在该电路基础上进行进一步的功能扩展可以考虑以下几点。

① 把由数码管显示的计时电路改成由发光二极管组成的计时电路。

② 给 60 秒计时电路增加提示功能，60 秒计时到增加声光提示。

③ 设计任意秒数倒计时系统。

2．PCB

根据图 8-1 制作完成的参考 PCB 如图 8-42 所示。

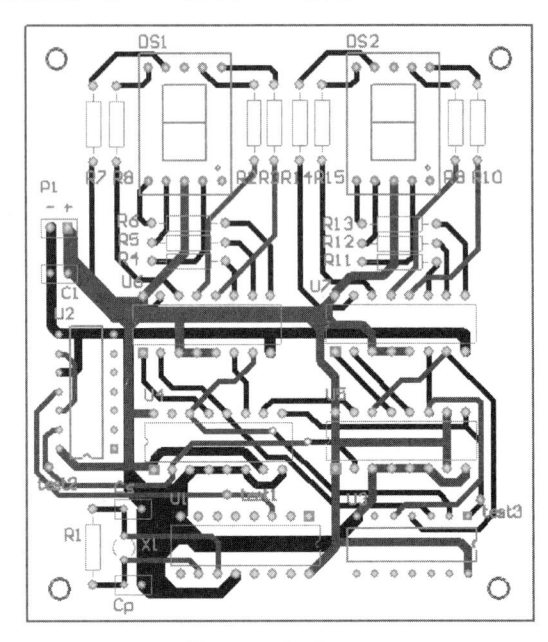

图 8-42　参考 PCB

3．仪器仪表及材料

完成本项目所需仪器仪表及材料如表 8-29 所示。

表 8-29　完成本项目所需仪器仪表及材料

序　号	名　　　称	型号或规格	数　　量	备　注
1	直流稳压电源	JC2735D	1 个	
2	数字万用表	DT9205	1 个	
3	数字逻辑实验箱	THDL-1	1 台	
4	电工工具箱	含电烙铁、斜口钳等	1 套	
5	成品 PCB 或万能电路板	10cm×10cm	1 块	
6	共阳数码管	SM41056	2 只	
7	反码输出数字显示译码器	74LS247	2 片	
8	十进制计数器	74LS160	2 片	
9	二 4 输入与非门	CD4012	1 片	
10	14 位二进制串行计数器	CD4060	1 片	
11	集成双 D 触发器	CD4013	1 片	
12	石英晶体	32.768kHz	1 个	

项目 8 60 秒计时电路的设计与制作

续表

序 号	名 称	型号或规格	数 量	备 注
13	电阻	20MΩ	1 只	
		680Ω	14 只	
14	电容	680pF	1 只	
		30pF	1 只	

习题 8

8-1 试画出上升沿触发的 D 触发器的 Q 的电压波形,已知 D 触发器的 CP 和 D 的输入波形如图 8-43 所示。

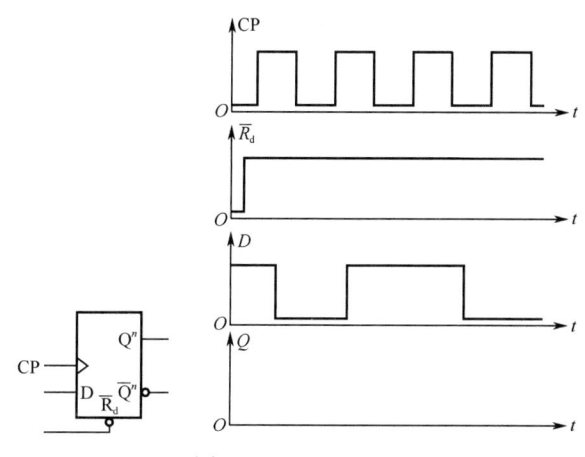

图 8-43 习题 8-1 图

8-2 已知下降沿触发的 JK 触发器的 CP、$\overline{R}_d$、J、K 的输入波形如图 8-44 所示,试画出 JK 触发器 $\overline{Q}$ 的波形图。

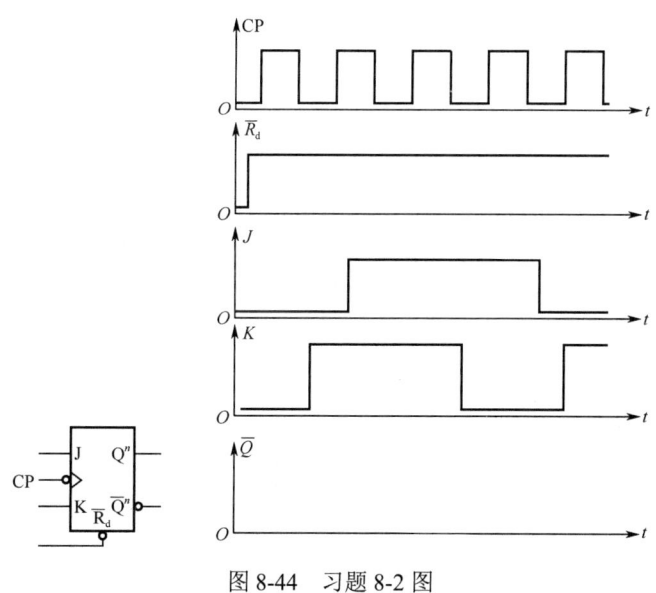

图 8-44 习题 8-2 图

8-3 在如图 8-45（a）所示的电路中，当 K 闭合一下又断开，即给 D 触发器的异步控制端一个负脉冲后，试在图 8-45（b）中画出 Q_1、Q_2、Q_3 在 CP 作用下的波形。

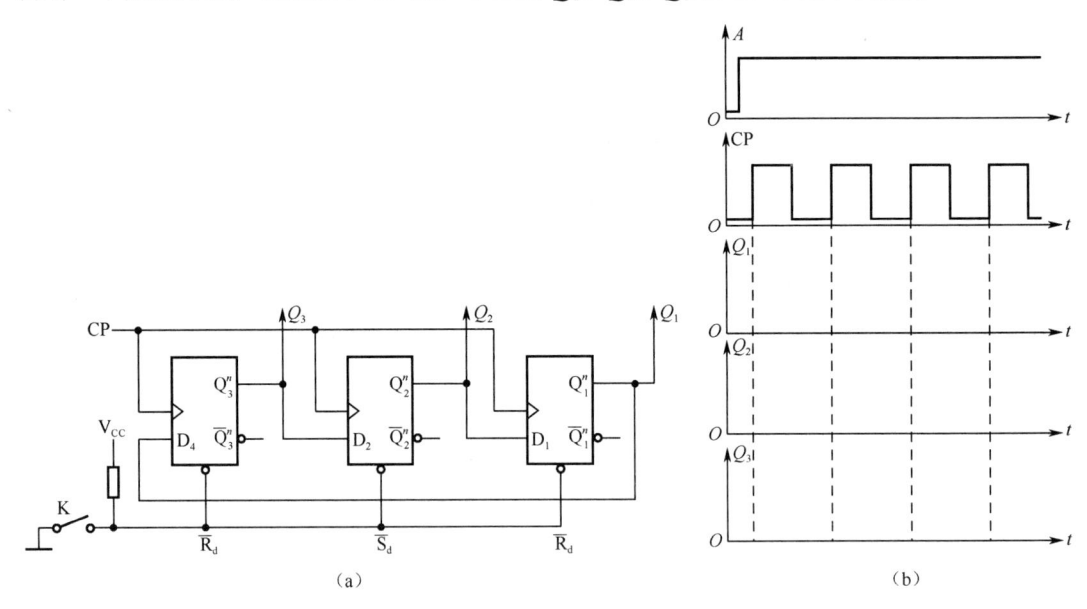

图 8-45 习题 8-3 图

8-4 用 74LS161 通过反馈置数法把它转换成十三进制计数器，要求画出转换后的逻辑电路框图。

8-5 用两片 74LS160 通过反馈置数法接成二十四进制同步计数器，画出连接后的逻辑电路框图。

8-6 图 8-46 所示为一个由 74LS161 和一个十六选一数据选择器构成的在 CP 作用下的可编序列信号产生电路，试画出在 17 个 CP 作用下，Q_3、Q_2、Q_1、Q_0 和 L 的波形。设初态为 $Q_3Q_2Q_1Q_0=0000$。

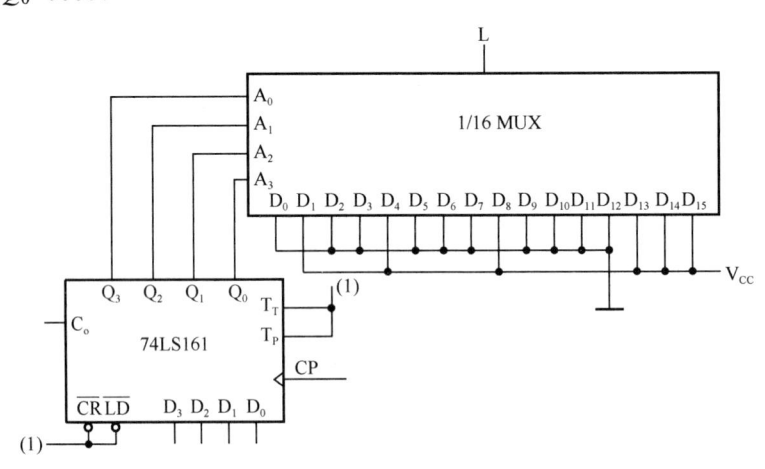

图 8-46 习题 8-6 图

8-7 图 8-47 所示为由一片 74LS160 和一个 4 线-10 线译码器构成的顺序信号产生电路，

试画出在 11 个 CP 作用下的 Q_3、Q_2、Q_1、Q_0 和 $Y_0 \sim Y_9$ 的波形图。初态为 $Q_3Q_2Q_1Q_0=0000$。

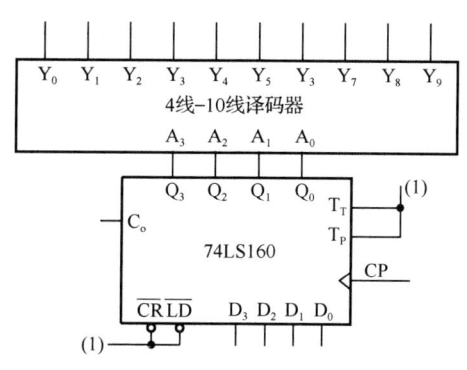

图 8-47 习题 8-7 图

8-8 根据图 8-1 回答下列问题。

（1）如果 74LS160 的 $\overline{LD}$ 改成 LD（LD=1 时有效），其他都不变，电路原理图应做怎样的改动？

（2）在秒信号产生电路中，双 D 触发器 CD4013 起什么作用？用一个 CC4000 系列 JK 触发器替代 D 触发器 CD4013 可以吗？为什么？

（3）如果你手上有一只看不出型号的 LED 数码管，如何确定它的引脚图，即如何判断数码管属于共阴数码管还是共阳数码管？如何确定 a、b、c、d、e、f、g 对应的引脚。

（4）计时电路在调试中出现了故障，故障现象是这样的：当六十进制计数器计到 59 秒时再来一个秒信号，不变成 00 秒，而变成 04 秒。在一般情况下，这是由什么原因导致的？应如何找出这个故障？

（5）在调试电路时，接上电源后，电路不工作，经检查，电源电压和极性均是正确的，此时应如何查找故障？